少年 Py 的大冒險

# 成為 Python AI
# 深度學習達人的第一門課

蔡炎龍、林澤佑、黃瑜萍、焉然　編著

 全華圖書股份有限公司

# 序言

近年來人工智慧最主要的重心在深度學習，也是因深度學習有許多突破性的發展，而讓人工智慧有了許多以前意想不到的應用。本書承襲前作《少年 Py 的大冒險：成為 Python 數據分析達人的第一門課》的風格，藉由輕鬆活潑的方式，從基本的原理開始，讀者可一步步跟著書中每個冒險，成為可以活用 AI 的深度學習達人吧！

這本書的內容，集結我們在台大、政大開設過機器學習和深度學習相關的課程，包括台灣人工智慧學校及業界、學界（高中、大學）多次工作坊。還有兩個磨課師課程，經多年來不斷地修正和新增，成為現在這本書的風貌。

這本書一再強調，AI 最重要的是，要知道電腦學習的那個函數是什麼。也就是說，要很清楚準備打造的 AI 模型，其輸入是什麼、輸出是什麼。這個模型必須是回答我們想知道的某個問題，也就是 AI 只不過就是要問個好問題。

這件事其實不需要會寫程式也可以做，但這看起來最簡單的事，依我們多年經驗來看，這也同時是最困難、最關鍵的事。我們會發現，可以做出很有意思的 AI 模型，其實是能非常有創意的去設計 AI 模型，也就是知道輸入是什麼、輸出是什麼。因此你會發現這本書一直希望大家去想，一個可能的 AI 專案。而你會發現，經不斷地練習，你越來越會問問題，也就越來越能靈活運用 AI。

也因此，不管是什麼樣的背景，都可以學習 AI，也都應該理解現代的 AI 是怎麼運作的。不要把這件事想得非常嚴重，「覺得好玩，才能學會一個東西」一直是我們最核心的想法。

所以這本書從 AI 的原理、怎麼去思考需要的 AI 模型應該是什麼開始說明，接著介紹神經網路三大天王的 DNN、CNN、RNN，來學會怎樣能寫出自己的神經網路。本書「帶著好玩的心情去冒險」的風格，大量運用 Gradio 這個有趣的套件，把書中的 AI 模型做成網路應用程式！

另外我們也介紹許多可以快速打造自己 AI 應用的方法。比如用著名的模型去做遷移式學習，用 Hugging Face 的 transformers 套件打造有趣的自然語言處理應用（比如用電腦創作歌詞），以及使用 DeepFace 打造人臉辨識、情緒辨識等等。對於生成對抗網路（GAN）及強化學習也有相當詳細地解釋。

本書作為教科書，大約是一個學期三學分的教材。我們盡可能把後面的數學原理說清楚（比如說 transformers），但不論自學或是作為教科書，在剛開始閱讀的時候如果覺得困難，可以先大概理解概念就好。唯一在梯度下降的部份，我們建議一定要能確實理解，因為這是深度學習的核心概念。

　　最後，再次感謝全華圖書出版社促成這本書的出版。現在就邀請大家，一起踏上深度學習的冒險旅程！

蔡炎龍、林澤佑、黃瑜萍、焉然
於政治大學應用數學系

# 第1篇【啟程】
## 打造裝備，踏上深度學習冒險旅程

# 第 2 篇【冒險】
## 深度學習的三大天王

# 第 3 篇【回歸】
# 發揮創意，看到 AI 的無限可能

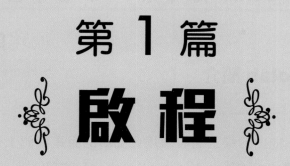

# 第1篇
## 啟程

打造裝備，
踏上深度學習冒險旅程

# 冒險1　Colab 免安裝的深度學習環境

## 1.1　Colab 簡介

　　Colab 是 Google 推出的線上開發環境，簡單的說是我們上一本書介紹過數據分析、人工智慧模型建構的主流平台 Jupyter Notebook 的雲端版。使用 Colab 只需要有 Google 的帳號即可操作，基本上使用免費的版本就已經很好用了，甚至它還可以使用 GPU 來加快運算速度。有需要的話也可以付費訂閱，價格也相當便宜。

　　對我們學習人工智慧來說，Colab 最大的好處就是不用安裝，又有免費的 GPU 可以使用。因此我們非常推薦大家使用 Colab！甚至之後大家做自己的專案時，也會發現 Colab 真的是一個很方便的工具。

## 1.2　建立一個 Colab Notebook

　　Colab Notebook 就是我們的一個專案，這和之前我們用的 Jupyter Notebook 是一樣的。只要在 Google 搜尋 Colab，或是直接打入下面的網址：

**https://colab.research.google.com/**

使用自己的Google帳號登入，會看到這樣的畫面。

此時只要按下「**新增筆記本**」，就有一個新的 Colab Notebook，可以開始寫程式了！就是這麼簡單！

在開始畫面如果注意到上面那一排選單，會發現還有個 GitHub 的選項。使用本書大部份的時刻你都可以不用自己從零開始，而是直接從書本的 GitHub 找到相對應的程式檔就可以了！

## 1.3　更改 Colab 的檔案名稱

一開始 Colab Notebook 的檔名都是 `Untitled.ipynb` 這類很沒有意義的名稱。我們當然可以、也應該改成比較適合的檔名。比如說，我們現在想改成「我的第一個 Colab 程式」，請在檔名的位置點一下，然後就可以修改了。記得要**保留副檔名 `.ipynb`**，這意思是 IPython Notebook，也就是 Jupyter Notebook。這段恩怨，我是說，這樣設計的原因可以參考前一本《少年 Py 的大冒險：成為 Python 數據分析達人的第一門課》中的說明。

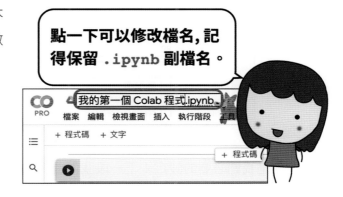

## 1.4 Colab 的建議設定

雖然使用 Colab 時，什麼也不用做就可以開始寫程式，不過有一個建議的設定請務必要設好。好在我們只需要設一次即可，之後 Colab 會記得你的設定。請在「工具」選單中選擇「設定」。

進入設定之後，請選擇「編輯器」的設定，然後不要勾選「自動觸發程式碼完成功能」。

這就是我們必要的設定！下一段我們會介紹不必要，但會讓我們心情很好的設定。

## 1.5 設狗狗貓貓陪你寫程式

一樣在設定中，這次選擇「其他」設定。你會看到「效能等級」，之下有「柯基犬模式」、「貓咪模式」和「螃蟹模式」。也許你會以為這是某種加速效能的功能，其實不是！勇敢地勾選這三個模式之後，會發現會有柯基犬、貓咪和螃蟹在螢幕上走來走去，陪你寫程式。除了讓我們寫程式的心情變好，這其實沒有其他任何功用。不過幾乎所有知道這功能的都會打開，因為真的非常療癒！

如果你還好奇「效能等級」下的下拉選單是設定什麼，那就勇敢的設成 "Many Power"。於是會發現在寫程式時有如玩電動玩具一般的爽快！

## 1.6 Colab Notebooks 資料夾

在第一次使用時，Colab 會在你的 Google Drive 中建立一個 **Colab Notebooks** 資料夾，你的程式 **.ipynb** 檔都會存在那裡。之後可以從你的 **Colab Notebooks** 資料夾中找到你寫的程式。

## 1.7　打開 GPU

找到「編輯」選單中的「筆記本設定」。

雖然我們正式開始寫深度學習的模型才會需要使用到 GPU，不過這裡先介紹怎麼打開。請進入到**「編輯」**選單，選擇**「筆記本設定」**。

從「硬體加速器」選擇 GPU！

在**「硬體加速器」**中選擇 **GPU**，這樣你的 Colab 就有 GPU 加速了！如果你好奇目前使用的 GPU 是什麼，可以打入下列的指令。如同 Jupyter Notebook，在 Colab 中要

執行一段指令是用 **shift-enter**。

```
!nvidia-smi -L
```

Out:

**GPU 0: Tesla K80**

這個例子，是用了 Tesla K80 GPU。**這裡驚嘆號是說直接在 Colab Notebook 中執行系統指令**，如果你有印象，在 Jupyter Notebook 也是這樣的。也就是說，如果你的電腦有 Nvidia 的 GPU，也可以在 Jupyter Notebook 中這樣輸入看你的 GPU 是什麼。或者，在終端機（命令提示字元）中打入這串指令（這時當然不用打驚嘆號）也可以。

 冒險旅程 1

1. 用 Colab 寫一個程式。如果之前有《少年 Py 的大冒險：成為 Python 數據分析達人的第一門課》的經驗，你會發現包括那很炫的互動都可以在 Colab 中使用！這個作業只是練習使用 Colab，沒有學過前一本書的也不用太擔心。可以在網路上找個簡單的 Python 程式試著執行看看。

# 冒險 2　瞭解 Colab 的檔案系統

## 2.1　Colab 的臨時雲端硬碟

在 Colab Notebook 左方有一些圖示，會發現一個資料夾的圖樣，那就是 Colab 提供給你的 **「臨時」**雲端硬碟。我們一時要存取一些檔案很方便，不過要記得這只是暫時的，當這個 Notebook 關閉之後，這些資料就會不見了！

點開之後，可以看到這個雲端硬碟的內容。預設有一個資料夾，叫 `sample_data`。

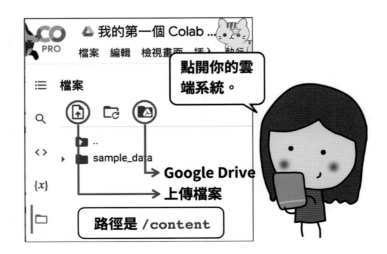

這個雲端硬碟的路徑是 **/content**，也是你的 Colab Notebook 預設的路徑。於是我們可以用魔術指令 **%ls** 欣賞一下這個雲端硬碟的內容。

```
%ls
```

Out:

**sample_data/**

可以看到，在這個資料夾中，的確只有一個 **sample_data** 資料夾。我們可以使用拖拉的方式，或運用上傳的功能把需要的檔案放到這個 **/content** 雲端硬碟中。對本書的練習來說，其實這已經非常足夠！但這畢竟是暫時的儲存空間，也就是你每一次都要自己上傳或下載檔案，實在是太麻煩了。因此接下來我們要介紹怎麼連上我們自己的 Google Drive。

## 2.2　連上自己的 Google Drive

有兩個方式可以連上我們的 Google Drive。一個是比較直覺的方式，那就是打開 Colab 提供給我們的臨時雲端硬碟，找到右上角 Google Drive 的圖示，勇敢的按下去。接著 Colab 會問你是不是要連線至 Google 雲端硬碟，自然是選要連線。

> **要允許這個筆記本存取你的 Google 雲端硬碟檔...**
>
> 連線至 Google 雲端硬碟時，這個筆記本中執行的程式碼將可修改
> Google 雲端硬碟的檔案，直到存取權遭到撤銷為止。
>
> 不用了，謝謝　　　連線至 Google 雲端硬碟

經過一段時間的認證過程，在 Colab 臨時雲端硬碟中會出現一個新的 **drive** 資料夾。點開 **drive** 資料夾會看到一個很俗氣叫 **MyDrive** 的資料夾，這就是你的 Google Drive！你可以繼續把它點開，會發現是自己在 Google Drive 中儲存的檔案，包括 Colab 為你打造的 Colab Notebooks 資料夾。

我們也可以「純手動」也就是下指令連上 Google Drive。

```
from google.colab import drive
drive.mount('/content/drive')
```

Out:

**Mounted at /content/drive**

這裡我們用的是 Colab 專用的指令叫 **drive**，需要從 **google.colab** 讀入。連上磁碟機的動作叫做 **mount**，於是我們就把自己的 Google Drive 給 **mount** 上來，放在 **/content/drive** 之下。

很有趣的是，下指令的時候還會問你要登入哪一個 Google Drive，也就是你用一個帳號使用 Colab，還可以連上另一個帳號的 Google Drive。

 **2.3  進入你的 Colab Notebooks 資料夾**

現在我們知道，Colab 提供給我們的雲端磁碟機是在 **/content** 之下，然後我們的 Google Drive 是連到 **drive** 之下的 **MyDrive** 之中。未來我們可能會希望和深度學習相關的檔案都放到自己 Google 雲端中的 Colab Notebooks 資料夾中。現在我們想進入這個資料夾，就要用 **%cd** 這個魔術指令（事實上這和我們在電腦命令列中用的指令 **cd** 是一樣的）。

```
%cd /content/drive/MyDrive/Colab\ Notebooks
```

Out:

**/content/drive/MyDrive/Colab Notebooks**

這裡面的 "  \  " 是空格的意思，我們也可以用引號括起來，自然的打空格就好。

```
%cd "/content/drive/MyDrive/Colab Notebooks/"
```

正常人能記得這麼一長串的名稱嗎？當然不行啊！所以我們要善用天下第一神鍵 **Tab** 鍵。你每打到一段，就按 **Tab** 鍵，Colab 會自動幫你補完！不但是檔名可以這樣做，以後我們寫程式也一樣可以。善用 **Tab** 鍵就會看起來好像很厲害的樣子，什麼神奇的東西都打得出來！

## 2.4　安裝新的 Python 套件

使用 Colab 另一個好處是我們可以很方便的安裝新的套件，只是因為 Colab 每次離線後，這些套件就會消失，所以每次都需要重新安裝。像本書大量的使用 **Gradio** 這個讓我們快速打造網頁應用程式的套件，要安裝的話就是在 Colab Notebook 中這樣下指令。

```
!pip install gradio
```

這裡的驚嘆號如同之前說的，就是要**執行系統指令**。

## 2.5　新增程式碼或文字（Markdown）儲存格

就像 Jupyter Notebook 一樣，一個 Colab 的儲存格最自然的當然是寫程式碼，但我們也可以用 **Markdown** 語法做筆記，在 Colab 叫做**「文字」儲存格**。如果不太清楚 Markdown 語法的，可以參考我們前一本《少年 Py 的大冒險》，也可以網路搜尋一下。這是標準的語法，非常方便做筆記，包括插入圖片、加入超連結、甚至打數學符號等等。

現在我們要介紹一個神秘的動作：把滑鼠移到當前儲存格大約中間的部份，此時我們往上移或往下移都會浮現「+ 程式碼」及「+ 文字」兩個選項。如果按了上面的按鈕，就會在上方出現新的程式碼或文字儲存格，反之就是在下方出現。這個技巧非常方便！雖然我們也可以用快捷鍵做到這件事，不過這個小技巧熟悉了就很直覺不會忘記。

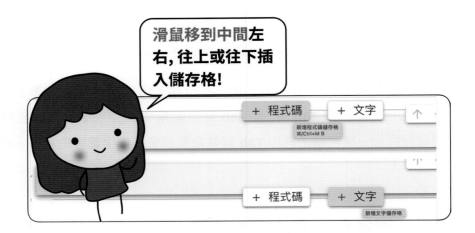

1. 把一張圖片上傳到你的 Colab 雲端磁碟中，然後用 Markdown 的語法把這張圖顯示出來。當然，如果你對 Python 是有經驗的，也可以寫段 Python 程式將圖形顯示出來。

**冒險 3　用 Anaconda 在自己電腦打造深度學習環境**

##  3.1　安裝 Anaconda（Mac M1 系列除外）

Anaconda 是非常方便的 Python 大補帖，已幫我們安裝好重要的數據分析、機器學習的套件。如果使用 Windows、Linux 或 Intel 版的 Mac 電腦，我們要安裝的是個人版的 Anaconda，請到官網，拉到最下方，找自己的平台下載安裝程式安裝即可。

## Anaconda Installers

**Windows ⊞**

Python 3.9
64-Bit Graphical Installer (510 MB)

32-Bit Graphical Installer (404 MB)

**MacOS 🍎**

Python 3.9
64-Bit Graphical Installer (515 MB)

64-Bit Command Line Installer (508 MB)

**Linux 🐧**

Python 3.9
64-Bit (x86) Installer (581 MB)

64-Bit (Power8 and Power9) Installer (255 MB)

64-Bit (AWS Graviton2 / ARM64) Installer (488 M)

64-bit (Linux on IBM Z & LinuxONE) Installer (242 M)

https://www.anaconda.com/products/individual

至於 M1 版的 Mac，Anaconda 終究是會支援的，但本書完成的時候還未支援。所以使用 M1 版 Mac 的朋友，可以先確認是不是已有專用的版本，如果還是沒有，請看下一節安裝 Miniconda。

##  3.2　安裝 Miniconda（M1 版 Mac）

如果用前面的方法安裝 Anaconda 的，就可跳過本節。事實上，也有不少人覺得

Anaconda 太肥大，所以都會安裝迷你版的 Anaconda，也就是 Miniconda，再安裝自己需要的套件。

我們先去 Miniconda 的下載區。

| Platform | Name | SHA256 hash |
|---|---|---|
| Windows | Miniconda3 Windows 64-bit | b33797064593ab2229a01 |
| | Miniconda3 Windows 32-bit | 24f438e57ff2ef1ce1e93 |
| MacOSX | Miniconda3 MacOSX 64-bit bash | 786de9721f43e2c7d2803 |
| | Miniconda3 MacOSX 64-bit pkg | 8fa371ae97218c3c005cd |
| | Miniconda3 macOS Apple M1 64-bit bash (Py38 conda 4.10.1 2021-11-08) | 4ce4047065f32e991eddd |
| Linux | Miniconda3 Linux 64-bit | 1ea2f885b4dbc30986628 |
| | Miniconda3 Linux-aarch64 64-bit | 4879820a10718743f945d |
| | Miniconda3 Linux-ppc64le 64-bit | fa92ee4773611f58ed933 |
| | Miniconda3 Linux-s390x 64-bit | 1faed9abecf4a4ddd4e0d |

`https://docs.conda.io/en/latest/miniconda.html`

找到給 M1 版 Mac 使用的安裝程式，下載下來。現在打開終端機，進入已下載程式的資料夾。一般都在自己家目錄的「下載項目（Downloads）」中，所以你可以這樣下指令。

```
> cd ~/Downloads
```

如果你還記得，我們也可以打 **cd**，按一下空白鍵，找到包含安裝程式的資料夾，拖拉到終端機中，這個資料夾的路徑就會很神奇的出現了！如果我們下載的檔案叫

**Miniconda3-latest-MacOSX-arm64.sh**，請打入以下指令進行安裝。

```
> sh Miniconda3-latest-MacOSX-arm64.sh
```

注意這是因為本書完成時，給 M1 Mac 的版本只有 **.sh** 這種要這麼安裝的版本，如果發現已經有更親切點兩下安裝的版本當然可以選親切版！

## 3.3　更新你的 Nvidia GPU Driver（Windows 或 Linux）

如果你的電腦有 Nvidia 的 GPU，請去官網更新你的 GPU 趨動程式（你可以搜尋 NVIDIA drivers）。

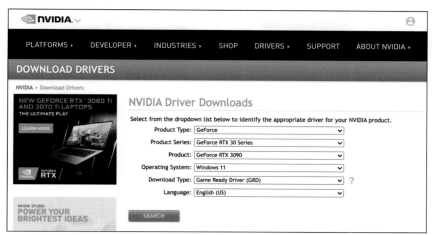

`https://www.nvidia.com.tw/Download/index.aspx?lang=tw`

選擇你的 GPU 下載就可以。唯一的問題可能是到底要 Game Ready 還是 Studio 的版本呢？對於深度學習本身，你下載哪個都沒差，但 Game Ready 顯然是為了遊戲做了許多優化，是比較常更新的。Studio 一般是為了影像、3D 繪圖等等軟體優化，比較沒有那麼常更新，也許比較穩定。所以**確定只是為了深度學習的機器，可以使用 Studio 的版本**。

## 3.4　Conda 和 pip 安裝 Python 套件

Python 有個標準的套件管理程式叫 **pip**，而 Anaconda 也有個自己的套件管理程式叫 conda。因為我們是用 Anaconda 安裝 Python 的，所以一般而言相容性等等都是用 **conda** 安裝比較好。不過有時也會碰到 **conda** 沒有的套件，我們還是會採用 **pip** 去安裝。

Python 的套件管理程式。

**pip**

**conda**

### 3.5　打開終端機

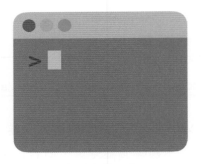

現在打開終端機，在 Windows 裡請找到 **Anaconda (Powershell) Prompt**，Linux 或是 Mac 就是**終端機**。這就是完全用指令來操作電腦的界面，雖然對初學者會覺得可怕，但不用擔心，我們並不會介紹太可怕的東西。而且，習慣之後，在終端機下指令會讓你覺得自己很懂電腦的感覺。

### 3.6　建一個深度學習虛擬環境

所謂 Python「虛擬環境」就是一套完整的 Python 系統，可能會安裝一些特別的套件。建構虛擬環境是一個好習慣，尤其深度學習的版本更新很快，想要更新又怕把原來裝得好好的系統弄壞，就可以建構一個虛擬環境。現在我們來建構本書主角 TensorFlow 的虛擬環境。首先先幫這個虛擬環境想個名稱，這裡推薦用 TensorFlow 和

Python 版本命名。例如我們準備裝 Python 3.8 和 TensorFlow 2.x 版（這是本書出版時比較穩定的組合，你知道方法後也可以試著用更新的版本），就可以用 **tf2py38** 當虛擬環境的名稱。之後如果又建了更新版本的虛擬環境，跑起來也沒有問題，就可以勇敢的把舊的虛擬環境砍了。

在終端機中，我們要建個新的虛擬環境，並指定 Python 版本要 3.8 版是像這樣做。

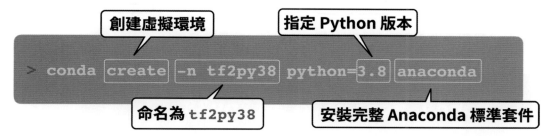

這裡有幾點要說明一下。首先，我們最後加上 **anaconda**，意思是要把 Anaconda 的標準套件全裝進去，很多高手是不建議這樣的！因為這會讓整個系統太肥，也可能有許多你不需要的套件。但是，這樣做對初學者比較友善，所以我們建議這樣子。如果你是發現某個套件沒裝不會驚慌失措的，還有像 **M1 系的 Mac 用 minicoda 的，請把最後的 anaconda 拿掉。**

在 conda 的虛擬環境中，就算我們不說也是會裝 Python 的。只是有可能這個 Python 會太新，和 TensorFlow 還有點相容性上的問題，這裡示範怎麼指定安裝的 Python 版本。

## 3.7　進入和退出我們的虛擬環境

以後我們直接用 Jupyter Notebook，就可以很方便的切換虛擬環境！所以一般我們真的要進入或退出虛擬環境，其實都只是為了安裝套件而已。總之，我們要進入一個虛擬境是用 **activate**，退出是用 **deactivate**。

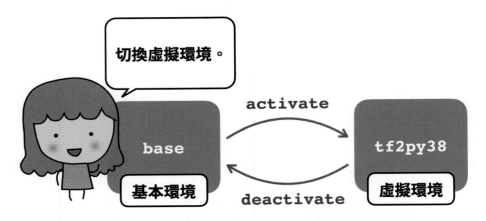

現在，我們要進入剛剛建好的 **tf2py38** 中，就是這樣做。

```
> conda activate tf2py38
```

退出回到原來預設環境中時，當然不用再打環境的名稱，只要用

**conda deactivate** 即可。我們大概也不太會用到，因為裝好套件之後，把終端機關掉就好。

## 3.8　安裝 TensorFlow（Windows/Linux 篇）

現在終於到我們重頭戲，要安裝 TensorFlow 了！ TensorFlow 是 Google 推出的深度學習框架，也是本書的主角。如果你的電腦有 Nvidia 的 GPU，就是打入一行指令。

```
> conda install tensorflow-gpu
```

這裡是指定要安裝 TensorFlow 2.6 的版本，其實不設也可以，就會安裝現在最新的版本。如果電腦是沒有 GPU 的，我們建議就直接用 Colab。不過你還是想裝的話，就是這麼做。

```
> conda install tensorflow
```

### 3.9　安裝 TensorFlow 的準備工作（M1 Mac 篇）

目前深度學習的套件，都是用 Nvidia 的 GPU 加速。像 Apple 已很久沒有用 Nvidia GPU 的機型，所以以前用 Mac 寫深度學習的程式，是無法用 GPU 加速的！這真的差別非常大！但是，因為 Apple 支援了 TensorFlow 的 Metal 技術，簡單說就是不用 Nvidia 的 GPU 也可以用 TensorFlow，所以**不管你是過去 Intel 版的 Mac，用 AMD 的 GPU；或是新的 M1 系列的 Mac，都可以 GPU 加速！**

我們來看看這麼令人振奮的事要怎麼做。首先，如果你是**用 M1 系列晶片的 Mac**，你需要先安裝一些專用 TensorFlow 相關套件，叫做 **tensorflow-deps**。

指定 Apple 頻道!

```
> conda install -c apple tensorflow-deps
```

這裡 **-c apple**，意思是不要用 **conda** 預設版本，而是到某個第三方提供的頻道安裝。版本時常會更新，這當中也會有比較不相容的版本出現喔！這次我們是到 Apple 頻道，也就是由 Apple 提供的套件。

### 3.10　安裝 TensorFlow（Mac 篇）

好了，一切準備就緒，現在我們可以準備在 Mac 上安裝 TensorFlow 了。在本書出版之際，在 **Intel Mac 的安裝上有個小 bug**，那就是安裝式對系統版本會誤認。因此如果使用 Intel 版的 Mac，可能要先在終端機中打入這一行。

```
> export SYSTEM_VERSION_COMPAT=0
```

接著正式安裝其實很簡單。這次要用 **pip** 安裝 TensorFlow Mac 專用版！還要裝 TensorFlow 的 Metal，讓我們可以沒有用 Nvidia GPU，照樣能開心 GPU 加速。

```
> pip install tensorflow-macos
> pip install tensorflow-metal
```

## 3.11  執行 Jupyter Notebook

現在我們安裝好了 TensorFlow，準備來執行 Jupyter Notebook 了。首先，請確定你回到了 **base**，也就是預設的環境中。萬一不確定，也不想用 **deactivate** 的方式，那就關掉終端機再重開就好了。

如果你**用 M1 Mac，而且照我們建議用 Miniconda**，你預設環境還沒有 Jupyter Notebook，所以請先安裝 **jupyter**。

```
> conda install jupyter
```

接著，是不管用什麼系統都要做的，那就是我們要安裝 **nb_conda**。功用是什麼呢？這功用可大了！就是之後不管裝了多少個虛擬環境，每次都在預設環境執行 Jupyter Notebook 都可以找到！現在我猜大家都知道要怎麼安裝了。

```
> conda install nb_conda
```

現在，你可以關掉終端機。我們準備示範你怎麼打開 Jupyter Notebook，也就是日後我們要開心寫程式的環境。你之後每次都該這麼做。

首先，你要決定一個 Python 工作資料夾。比如說你下載了本書的範例，有一個叫 **Python-AI-Book** 的資料夾。

你需要由終端機中，用 **cd** 進入這個資料夾。這一步萬分重要！許多同學沒有做這一步，常常寫了偉大的作品，不知自己的程式存在哪裡。我們老朋友都知道，可以用個方便的方法，就能知道你的目標資料夾路徑。那就是打入 **cd**，按一下空白鍵，然後用滑鼠把你的目標資料夾拖進終端機，一放手就出現這個資料夾的路徑！這時你只要按 **enter** 鍵，就會進入那個資料夾了。

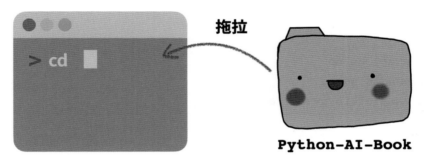

這時，你就可以執行 **jupyter notebook**，開始寫程式了！

1. 請在自己的電腦安裝好可以執行 TensorFlow 的系統。注意！雖然我們採相對保守的方式（沒有硬是衝最新版），我們也預期大家應該可以順利安裝。但安裝上你可能還是會因為種種原因出現問題。試著 Google 看看能不能找到解決的方法。最後不要忘了，其實我們還有 Colab，所以一時沒有成功也不要緊，還是可以繼續我們即將正式展開的旅程！

冒險4 互動模式的複習

 **4.1 讀入基本套件**

這本書和之前《少年 Py 的大冒險》第一本一樣,都鼓勵大家每次把基本數據分析的套件讀進來。在深度學習中,我們依然要處理數據,所以之後即使沒有說,也是假設這些套件都已經準備好。這是請大家要注意的地方。

```
%matplotlib inline

import numpy as np
import pandas as pd
import matplotlib.pyplot as plt
```

很快複習一下這段程式。首先 **%matplotlib inline** 是畫圖時直接在網頁上呈現出來。而 **numpy** 是所有數學運算要用到的套件,**pandas** 幫我們做資料清理,而 **matplotlib** 是 Python 標準畫圖套件。

 **4.2 定義一個函式,就能互動!**

Colab 或是 Jupyter Notebook 中,要使用很酷的互動模式,只要定義一個有引參數的函式就可以。現在我們寫個簡單的 BMI 計算函式。

定義一個函式,就能互動!

```
def bmi_cal(h, w):
    h = float(h)/100
    w = float(w)
    bmi = w/(h**2)
    message = f" 你的 BMI 是 {bmi:.2f}。"
    print(message)
```

這個函式相信不是太難理解，就是輸入一個人的身高 h（公分）、體重 w（公斤），就能依據公式計算出 BMI 來。只是 BMI 計算公式中，身高是以公尺為單位，因此需要做一些轉換。

同時我們考量輸入時使用者可能輸入文字、浮點數或是整數，不管哪一種都換成浮點數以免發生什麼亂子。大概就是這樣了！輸出的時候用 Python 新型 **f-string** 格式化方式，顯示 BMI 到小數點第二位。

很快的試用一下，果然如我們預期，就是幫我們算出 BMI 值來。

```
bmi_cal(170, 80)
```

Out:

你的 BMI 是 27.68。

## 4.3　互動版的 BMI 計算機！

我們有了函式，就可以互動了。這時要由神秘的 **ipywidgets** 中，讀入 interact_manual 函式。互動時可以選 interact，和 interact_manual，前者是即時的變化，後者是好好等使用者輸入，按下鍵後才執行。

**interact_manual**

資料都輸入，按個鍵才互動。

**interact**

即時互動。

兩個常用的互動模式。

```
from ipywidgets import interact_manual
```

這個時候，我們互動 GUI 界面的程式就來了！

```
interact_manual(bmi_cal, h=" 請輸入你的身高（公分）",
                w=" 請輸入你的體重（公斤）");
```

Out:

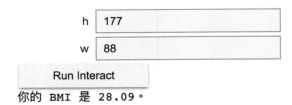

|   |     |
|---|-----|
| h | 177 |
| w | 88  |

Run Interact

你的 BMI 是 28.09。

要互動基本上只要指定是哪一個函式，然後引入的參數給個範例就好。記得**每一個資料型態就對應一種互動的方式**！比方說我們用字串當範例，就會出現文字輸入格。就是這麼簡單！

冒險旅程 4

1. 想個有趣的主題，做個互動的小程式吧！

# 冒險 5　用 Gradio 神速打造 Web App！

## 5.1　超酷炫 Gradio 套件

如果覺得 Jupyter Notebook（Colab）互動模式已經夠酷的話，現在我們要介紹更酷炫的 **Gradio**。**Gradio** 是個專門要讓你展示機器學習模型（比如說本書要做的所有模型）的套件，最酷的是它可以神速把你的模型變成一個網路應用程式！也就是說，你只要傳個網址給親朋好友或是老闆客戶，他們馬上就能在自己的手機上、平板上或電腦上，用瀏覽器使用你的大作！

## 5.2　一樣是有函式，就能互動！

和 Jupyter Notebook 的互動模式一樣，只要有函式，就能互動！所以我們可愛的 BMI 計算機再度登場。

```
def bmi_cal(h, w):
    h = float(h)/100
    w = float(w)
    bmi = w/(h**2)
    message = f" 你的 BMI 是 {bmi:.2f}。"
    return message
```

你是不是覺得和上一個單元的 BMI 計算程式好像有 87 分像，那是因為⋯ 基本上真的是一樣的程式！唯一不同的地方是 **Gradio 要求輸出一定要用 return 回傳**，就是這樣了。

照例來試用看看，這真的就是一般用 **return** 回傳結果的函式。

```
bmi_cal(170, 80)
```

Out:

' 你的 BMI 是 27.68。'

## 5.3 安裝 Gradio 套件

現在來安裝 **Gradio** 套件, 使用 Colab 每次都要這樣裝。另外，同學們也能在自己電腦上安裝，與 Colab 不同，只需要裝一次就好，平常在終端機裡裝就行了。

```
!pip install gradio
```

這裡有驚嘆號的意思是執行系統指令。在 Colab 上比較不用擔心，因為是 Google 的機器，但自己電腦上務必要知道指令是要做什麼事的。

安裝完成套件，就 **import** 進來。**Gradio** 官方推薦用 **gr** 當縮寫。

```
import gradio as gr
```

## 5.4　瞬間完成一個 Web App ！

一切準備就緒，來打造我們的 Web App 吧。首先，先做一個互動界面，而 **Gradio** 喜歡把這個界面叫 **iface**。你可以發現，這和之前用 **ipywidgets** 的互動方式很像。只是在 **Gradio** 中，輸入和輸出不是用範例，而是直接說明輸入或輸出什麼。

```
iface = gr.Interface(bmi_cal,
                     inputs=["number", "number"],
                     outputs="text")
```

我們的例子中，輸入是數字，輸出是文字。也可以看到，如果輸入或是輸出大於一個，就要用串列串起來。這些都應該很容易理解。再來就是見證奇蹟的一刻了，我們只要用 **launch** 上架，我們的 web app 就完成了！

```
iface.launch()
```

Out：

```
Colab notebook detected. To show errors in colab notebook,
set `debug=True` in `launch()`
Running on public URL: https://40766.gradio.app


This share link expires in 72 hours. For free permanent
hosting, check out Spaces (https://huggingface.co/spaces)
```

這裡的重點就是那個 **https://xxxxx.gradio.app** 連結！這是隨機出現的，所以你的編號會不一樣。這時，你就可以把這個連結拿去炫耀！不管手機、平板還是電腦的瀏覽器都可以使用！

在自己電腦上，記得要設參數 share=True，別人才看得到哦。

```
iface.launch(share=True)
```

## 5.5　怎麼知道 Gradio 有哪些輸入輸出選項？

剛剛看到 **Gradio** 超炫示範，其實只是冰山一角。**Gradio** 還有更多很酷的事等我們去發現！最好學習的方式是去看 **Gradio** 的官方說明文件：

**https://gradio.app/docs/**

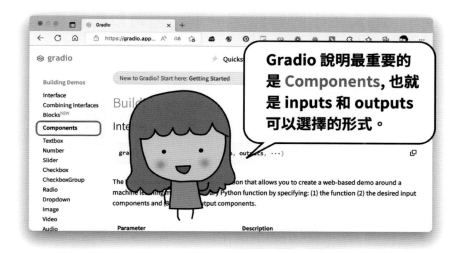

　　雖然說明文件看起來可怕，但其實最重要的只有 Input Components 和 Output Components，也就是輸入和輸出有什麼選擇。仔細看一下會發現不得了，除了我們看過、或想得到的文字、數字、數值滑桿、勾選框等等之外，還有圖片、聲音等等都可以！

　　我們先選個使用過的 Number 來看看。上面有一欄詳細版解說看來有點可怕，等一下就不會怕了，不過我們暫時先不談。目前的重點是看到有告訴我們快速的縮寫 shortcut ！像 Number 輸入格式，快速縮寫就是之前用的 **"number"**。

## 5.6　輸入輸出好好設定一下，還可以做得更炫！

　　如果勇敢的去看 **Gradio** 說明文件，我們會發現有些隱藏在裡面的寶藏。比方說，看看數字輸入元件 **Number** 的說明，雖然可怕，但重點都在最上面：可以看到「正式」引用是要打入 **gr.Number**，而我們真的有興趣的參數好像就是 **label**，看來似乎是可以改元件顯示出來的名稱的。下面有詳細說明，發現真的和我們想的一樣！

　　於是這裡試著把身高、體重兩個輸入用正式引用的方式，元件變數就設成 **inp1, inp2**，用 **label** 加入比較清楚親切的說明。

```
inp1 = gr.Number(label="請輸入身高（公分）")
inp2 = gr.Number(label="請輸入體重（公斤）")
```

　　我們再看看 **Interface** 的說明，發現新玩具叫 **title** 和 **description**！這應該也很容易猜到是要做什麼的吧？快來試試看。

```
iface = gr.Interface(函式名稱,
                inputs = 輸入元件,
                outputs = 輸出元件,
                title = App 顯示名稱,
                description = App 說明
)
```

```
iface = gr.Interface(bmi_cal,
                    inputs = [inp1, inp2],
                    outputs = "text",
                    title="BMI 計算機 ",
                    description=" 輸入你的身高體重 ， 幫你計算 BMI!")
```

如此一來打造了一個更像樣的 web app，二話不說，快上架吧！

```
iface.launch()
```

　　這樣再度出現一個神秘網址，可以用任何裝置的瀏覽器打開，除了分享炫耀，也可以自己看看是不是很有成就感？

 冒險旅程 5

1. 學會用 **Gradio** 之後，是不是燃起了要自己打造 web app 的欲望呢？打造一個你自己的 web app，尤其看看能不能研究出更有趣的輸入或輸出元件的使用。　■

 冒險 6　人工智慧就是問個好問題，化成函數的形式學個函數！

## 6.1　把問題變成「函數」吧！

所謂 AI 不過是**「打造一個函數學習機，把我們想學的函數學起來！」**有很多可以讓電腦幫你處理的問題，都可以用 AI 來幫我們做。像是我想請電腦分辨這隻動物是什麼？明天的股票是漲還是跌？玩遊戲再來要怎麼走等等，都有可能可以化成一個 AI 的問題。

我覺得這個問題, 應該可以用 AI 來做!

而到底可不可以用 **AI** 來做，最重要的關鍵是我們能不能**把問題都化成一個函數**。所以，我們先要有一個想要知道的問題。

接著，重頭戲來了，我們需要把這個問題化成一個函數。為什麼呢？那是因為函數可以說是這個問題的**解答本：輸入我們的問題**，希望這個好聰明的 AI 模型可以幫我們回答，也就是**答案**。

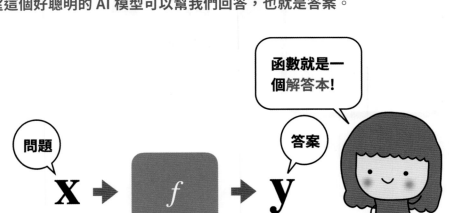

函數就是一個解答本!

問題　　　　　　　　　答案

$$\mathbf{X} \rightarrow f \rightarrow \mathbf{y}$$

輸入　　　　　　　　　輸出

　　注意化成函數形式的時候，並不需要知道函數長什麼樣子！也就是不需要知道像什麼 $y = f(x) = x^2$ 之類的公式，只要確定是個函數就好。這本書會教大家，我們怎麼樣用深度學習的方式打造一個函數學習機，找出這個函數！

## 6.2　輸入或是輸出，都需要是張量的型態！

　　因為是給電腦算的，所以 AI 模型的輸入和輸出，都必須是所謂的**張量（tensor）**的型態。這字眼看起來很可怕，其實輸入和輸出都必須是一個數字，或是一堆數字。**因為是一個函數，每次輸入或是輸出的數字個數，也就是維度要固定**。不能這次輸入三個數字，下次輸入五個數字這樣。

　　**輸入又被稱為特徵（feature）**，所以如果輸入有三個，就被稱為三個特徵。依照問題的本身，有可能輸入只有一個特徵，也就是一個數字。平常我們說的數字，像 87、94.87 等等的，我們稱為**純量（scalar）**；當然，大部份的問題特徵都不只一個，比如說 ，我們知道這叫做**向量（vector）**；有些問題，例如圖片，更適合表示成**矩陣（matrix）**。還有沒有更複雜的數據呢？當然有啊，比如說立體的矩陣。更複雜的呢？我們沒詞了。於是，**不管是純量、向量、矩陣或更複雜的資料型態，我們統稱為張量！**

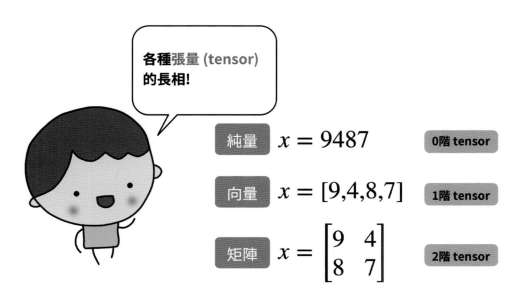

各種張量 (tensor) 的長相!

| 純量 | $x = 9487$ | 0階 tensor |

| 向量 | $x = [9,4,8,7]$ | 1階 tensor |

| 矩陣 | $x = \begin{bmatrix} 9 & 4 \\ 8 & 7 \end{bmatrix}$ | 2階 tensor |

用程式來簡單說明一下張量,先把我們陣列會使用的套件先載入進來吧!

```
import numpy as np
import matplotlib.pyplot as plt
```

首先,先來介紹純量。舉例來說,以 9487 這四個數字為例子,把 9、4、8、7 每個數字分別存放起來。

```
x = np.array([[9], [4], [8], [7]])
x
```

Out:

```
array([[9],
       [4],
       [8],
       [7]])
```

來看一下 **x** 的 **shape** 吧!可以更了解資料的長相。但是要怎麼來解讀這個長相的意思呢?簡單地說,表示我們有 4 筆輸入資料,每一筆資料皆存放一個數值的概念。

```
x.shape
```

Out:

```
(4, 1)
```

接著,再來介紹向量,我們把例子改成是有兩筆資料,第一筆資料為 9487,第二筆資料為 8745。此時,**x** 與純量的例子有看出哪裡有差異嗎?每筆資料的數值數量不只一個,而是多個數值。

```
x = np.array([[9, 4, 8, 7], [8, 7, 4, 5]])
x
```

Out:

```
array([[9, 4, 8, 7],
       [8, 7, 4, 5]])
```

當然,要再次看一下 **x** 的 **shape**。表示說有兩筆資料,每一筆資料有 4 個數值的長相。

```
x.shape
```

Out:

```
(2, 4)
```

是不是覺得這根本難不倒你。那麼可以思考看看矩陣的長相會是怎樣呢？我們使用上面向量的例子，來繼續接著介紹矩陣。先把向量 **x** 的第一筆資料 9487，設成 **a**，再把向量 **x** 的第二筆資料 8745，設成 **b**。

```
a = x[0]
b = x[1]
```

先來確認一下，**a** 是不是 **x** 的第一筆資料。

```
a
```

Out:

```
array([9, 4, 8, 7])
```

現在，要來使用一個很方便的函數：**reshape**。**reshape** 方便之處，在於你可以先預覽一下改變資料長相後的樣子，預覽不會動到你原始的 **a** 長相。

```
a.reshape(2,2)
```

Out:

```
array([[9, 4],
       [8, 7]])
```

確認好 **a** 長相是以矩陣方式呈現後，就可以取代原本 **a** 資料了。順便也把 **b** 也改成矩陣的模式，此時，**a**、**b** 都是矩陣了。

```
a = a.reshape(2,2)
b = b.reshape(2,2)
```

有兩個矩陣後，把 **a**、**b** 兩個矩陣合在一起，現在有兩筆資料，一筆資料為 **a**，一筆資料為 **b**。接著，也來確認一下 **x** 的資料已經儲存 **a**、**b** 兩筆資料了。

```
x = np.array([a,b])
x
```

Out:

**array([[[9, 4],**
**        [8, 7]],**

**       [[8, 7],**
**        [4, 5]]])**

我們來看一下 **x** 的長相吧！第一個 2 表示我們現在有 2 筆資料，後面兩個 2，表示每個資料為 2 乘 2 的矩陣。

```
x.shape
```

Out:

**(2, 2, 2)**

 ## 6.3　八哥辨識的例子

舉一個實際的例子，可能比較容易理解上面在說什麼。在台灣常見的八哥，有俗稱土八哥的八哥、白尾八哥和家八哥這三種八哥。有天我們在河濱公園拍到一隻八哥，想知道這隻八哥是什麼。於是我們可能會有**「我拍到一隻八哥，想知道這隻八哥是什麼？」**這樣的問題。

最自然化成一個函數的形式，可能會是這個樣子。

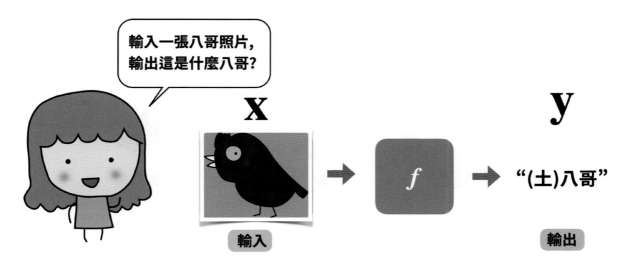

## 6.4　記得輸入輸出都必須是張量！

　　還記得，我們輸入和輸出都必須是一堆數字，更精確的說，是張量的形式嗎？輸入部份很簡單，因為現在都是數位相片，意思是照片本身就是一堆數字組成的。

　　電腦不像人類一樣，看到一隻八哥，會說：「啊，這土八哥啊。」之類的話，它只能說出數字。那怎麼辦呢？其實很容易，我們就把每種八哥一個編號，比如說土八哥是 1，白尾八哥是 2，家八哥是 3 這樣。

我們之後會學習，怎麼樣打造一台函數學習機，把八哥辨識學起來。真的成功的話，新拍到的一隻八哥照片，就能用 AI 辨識了！例如輸入一張八哥照片，我們的 AI 模型輸出是 1.2。因為 1.2 最接近 1，就知道這應該是 1 號八哥，也就是土八哥！

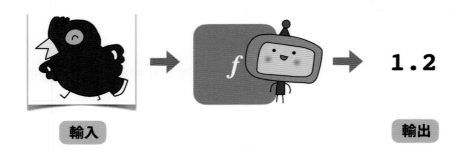

## 6.5　One-Hot Encoding 和 Softmax

　　AI 真的就是這麼簡單，如同八哥辨識，我們先確定想做什麼，然後就把我們的問題化為函數的形式。不過這裡還有一點要提的，這是日後**分類型問題**（比方說我們八哥辨識就是分類型的問題）中，一直會用到的小技巧：**one-hot encoding 和 softmax**。

　　會需要這些技巧的原因是這樣。想像輸入一張八哥照片到我們的 AI 模型中，得到的輸出是 2.5。這樣的情況，我們要怎麼解釋發生什麼事呢？難道告訴別人，「我的 AI 模型告訴我們，這隻八哥 50% 的機會是白尾八哥，50% 的機會是家八哥。」可是，明明白尾八哥和土八哥比較像，分不清的話也該是這兩類的八哥啊！會有這樣子的事，是因為我們給每個八哥的編號，就只是一個代號，並沒有數字的大小關係。

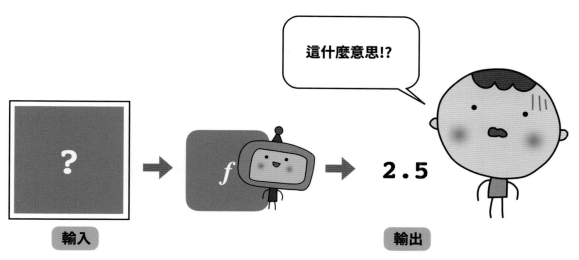

一個小小的技巧可以解決這種問題，那就是 **one-hot encoding**。有三個類別時，我們不再只用一個數字表示，而是用一個三維向量表示。第一個位置表示是或不是土八哥，第二個位置表示是或不是白尾八哥，最後一個位置表示是或不是家八哥。於是，土八哥我們就會以 $[1,0,0]$ 這樣表示，白尾八哥是 $[0,1,0]$，而家八哥是 $[0,0,1]$。

這裡輸出是一個三維的向量，也就是有三個數字輸出。我們需要依此修改我們的函數，輸入還是一張照片，輸出不再是一個數字，而是三個數字。

上面已經大概懂 one-hot encoding 的想法後，我們來載入 one-hot encoding 常用的套件，來操作看看吧！

```
from tensorflow.keras.utils import to_categorical
```

先假設 x 為 0 到 5，六個數值。在這邊可以當作我們有六個類別。

```
x=[0,1,2,3,4,5]
```

接著我們使用 **to_categorical**，這邊說明一下，第一個參數為你想要變成 one-hot encoding 的資料們，以這個例子為 **x**。第二個參數為 **6**，表示為你想讓它有幾個類別。二話不說，直接用程式碼來展示一下。

```
x_1 = to_categorical(x,6)
x_1
```

Out:

```
array([[1., 0., 0., 0., 0., 0.],
       [0., 1., 0., 0., 0., 0.],
       [0., 0., 1., 0., 0., 0.],
       [0., 0., 0., 1., 0., 0.],
       [0., 0., 0., 0., 1., 0.],
       [0., 0., 0., 0., 0., 1.]], dtype=float32)
```

當然如果以書中八哥的例子，就是 3 個類別：分別為八哥、白尾八哥、家八哥。使用這個技巧之後，本來只有一個輸出就可以依據類別分類，修改成三個輸出了。

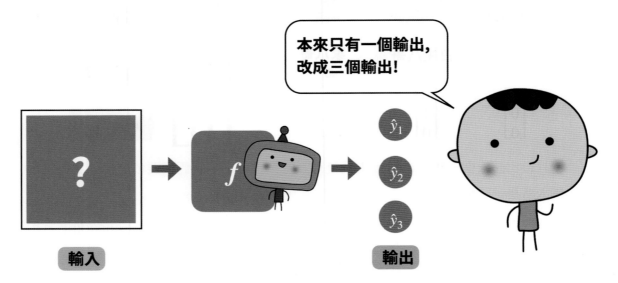

假如這個模型真的訓練成功了，實際使用大概是這樣的場景。輸入了一張照片，我們可以得到三種八哥的得分，比如說 1.9、1.1、0.2。這樣子的情況，因為土八哥得分最高，我們就知道這是土八哥。比剛才只有一個輸出有意思的地方是，還會知道第二高分是白尾八哥，最低分也就是最不可能的是家八哥。

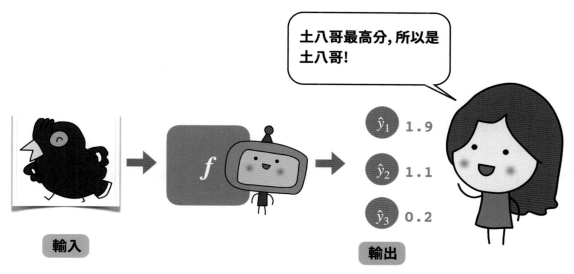

如果，我們能把這三個數字，**維持原本的大小關係（大的還是大，小的還是小），但加起來等於 1**。這麼一來，我們更能解釋，我們的 AI 模型判斷，61% 的機會是土八哥，28% 的機會是白尾八哥，只有 11% 的機會是家八哥。

你可以想想看要做到這樣子的事，該怎麼去做。一個很標準的做法就叫做 **softmax**，我們在練習題中會發現，雖然你找到 softmax 公式的話看來有點可怕，但其實是很自然的想法。

## 6.6　準備訓練資料

設計好了我們的 AI 模型，也就是確定輸入是什麼，輸出是什麼之後，我們就要依這個模型的輸入輸出型態，準備訓練資料。比方說，在八哥辨識的例子中，我們就需要去找很多很多八哥的照片，並且**標記（labeling）**這是哪一種八哥。

電腦和人類一樣，為了考 100 分，有時會偷偷把答案背起來！也就是說，在訓練期間，我們的 AI 模型好像很厲害，結果正式上場正確率很低！這種背答案的情況，叫做**過度擬合（overfitting）**。要確保可愛的 AI 模型沒有在背答案，可以把一些資料保留起來，不要參與訓練，等訓練好了再給我們的 AI 模型「考試」。訓練中使用的叫做**訓練資料（training data）**，而保留當考題的叫做**測試資料（testing data）**。

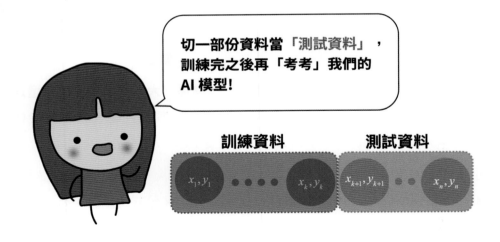

## 6.7 深度學習需要大量資料！

其實 AI 的方法很多，這本書用的叫深度學習的方式，好處是我們不太需要知道函數長什麼樣子，也不需要幫電腦先找出最重要的特徵。比如八哥辨識，直接把八哥的照片送進去就好，不需要提示電腦，這隻八哥的嘴是白的、身體是黑的等等的重點提示。

意思就是，**深度學習中，電腦會自己看著辦。** 但是要電腦自己發現這些特徵，就要有足夠多的範例才有可能。一般來說，**一個類別我們需要準備 1000 筆資料。** 也就是八哥辨識中，每種八哥都需要準備 1000 張照片！

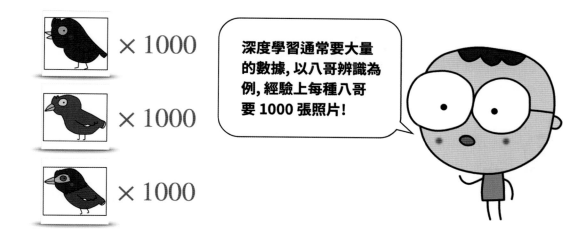

總結要進行人工智慧專案時，起手式三步驟：

1. 問一個好問題。
2. 把我們的問題化成函數的形式。
3. 準備訓練及測試資料。

　　要注意並不是化成一個函數的形式，我們就一定可以進行 AI 模型的建置。要考慮**是否能找到足夠多的訓練資料**（常常需要上萬筆），還有**訓練資料是不是在我們合理努力下可以取得**（比如說用 Google 找到足夠多的照片）。

　　到目前為止我們起手式三部曲，好像沒有什麼技術，也就是一般認為「懂人工智慧」的部份。這裡要強調的是，**起手式三部曲才是人工智慧專案成敗的核心！**尤其是問出一個適合 AI，真的能幫我們解決實務需求的好問題，通常是需要具備專業的背景，還

有 AI 的概念才有可能的。而經驗也是一個重要的因素，在不斷去思考什麼樣的東西可以用 AI 來做，我們會越來越有想法，也越來越有創意。會發現一開始沒想到可以做的，之後換個方式問就可以做了！

這本書也會有許多這樣的例子。總之，像我們之前一樣，帶著有趣好奇的心情，踏上深度學習的旅程吧！

 冒險旅程 **6**

1. 試著想一個你認為 AI 可以做的問題，並且把這個問題化成函數的形式：也就是非常清楚的說明，你的輸入是什麼，還有期待的輸出是什麼。最好在同樣的問題之下，可想想是不是還有其他函數的形式，也可以直接或間接回答原本的問題。請一定要考慮，這個函數準備訓練資料，是不是夠多，容不容易取得。

2. 想想看你的話要怎麼做 softmax。簡化一點的版本，就是有三個任意的數字 $a, b, c$，思考要做怎麼樣的轉換變成 $\alpha, \beta, \gamma$，保留原本的大小關係，並且讓 $\alpha + \beta + \gamma = 1$。提示是你可以先簡化這個問題，假設 $a, b, c$ 三個數字都大於 0 的情況。另外，你也可以直接 Google 去找 softmax 的公式是什麼，但要用你自己的方式去解釋為什麼公式是這樣。

**冒險7 打造函數學習機三部曲**

 ## 7.1 不同的 AI 有什麼差別？

所謂 AI 就是打造一個「函數學習機」，把我們想學的函數學起來！不同的 AI 只是不一樣的方式去打造函數學習機。現在大家大概都是把 AI 分成最廣義的 AI、機器學習和深度學習。這些不同的 AI 關係可以由下圖看出。

簡單的說，任何用電腦打造函數學習機的方式都可以叫做 AI。最廣義的 AI 有可能這規則都是我們教電腦的，比方說過去我們有經驗、或者我們有公式去計算都可以。再來機器學習是真的有點讓電腦自己去學！像前一本《少年 Py 的大冒險》裡面，介紹了一些機器學習的方法。如果大家還記得，我們有做鳶尾花的分類，而輸入不是鳶尾花的照片，而是花萼、花瓣的長度和寬度。也就是說，機器學習裡面，常常需要幫電腦找出我們認為重要的特徵，當成輸入。

那深度學習呢？深度學習通常把我們真的要輸入的資料輸入就好，不需要幫電腦歸納找出重要特徵。比方說鳶尾花的辨識，就直接輸入鳶尾花的照片就好。不用告訴電腦「你可能要注意花萼、花瓣的大小」之類的事。意思就是我們要電腦「**自己看著辦！**」也因此，用深度學習中，通常需要比較多的「範例」讓電腦去學習。所謂的「範例」專有名詞叫「訓練資料」。也就是說，用深度學習打造函數學習機，通常需要較多的訓練資料！

簡單說，所有的 AI 都一樣，就是打造一個函數學習機把我們想學的函數學起來。深度學習只是用一種稱為神經網路（Neural Networks）的方式，打造函數學習機。整個打造的過程如同前一本書機器學習的部份一樣，我們分別稱之為打造函數學習機三部曲：**打造函數學習機、訓練、預測。**

## 7.2　三部曲之一：打造「函數學習機」

深度學習除了三大天王 DNN、CNN、RNN，還有一些其他技巧我們會慢慢介紹。

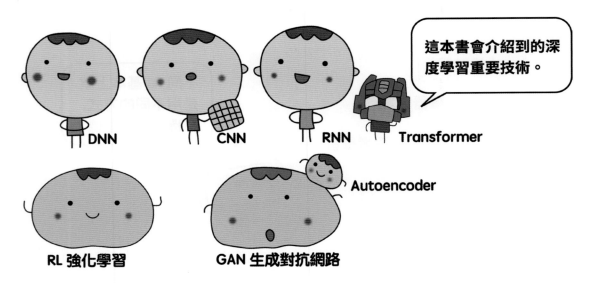

一般我們都會把打造好的函數學習機記為 $f_\theta$，這裡的 $\theta$ 表示需要調整的參數，在神經網路會是模型的權重和偏值。總之我們就是決定一組參數 $\theta$，函數學習機學出的函數就決定了。

也就是說，我們任意的**「初始化」**給每個參數一個數值，這時這個以神經網路打造的函數學習機就可以動了！換句話說，做八哥辨識的系統，就會幫我們做八哥辨識！但當你滿心歡心的讓它去辨識八哥，會發現唬爛的居多⋯

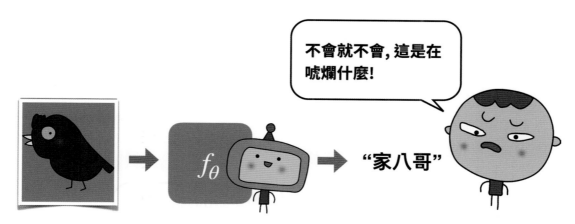

此時就是要使用我們準備好的訓練資料，來讓函數學習機變強一點，也可以說是調整函數學習機的參數，讓它將參數調整好，真的把函數學起來！

## 7.3　三部曲之二：拿訓練資料好好的訓練它！

設計好函數學習機後，我們會想開始訓練它，讓它的正確率變高，所以我們會定義一個**損失函數（loss function）**。損失函數可以想成是一個扣分函數，或者是誤差函數。也就是用來觀察目前神經網路做出來的答案，與正確答案相差多少。

損失函數是參數 $\theta$ 的函數，我們常把損失函數記為 $L(\theta)$。記得 $L(\theta)$ 表示和正確答案的差距，我們希望這個數值是越小越好。因此訓練的目標就是找到一組最佳參數 $\theta^*$，使得 $L(\theta)$ 是最小的！

訓練的方式為 gradient descent 梯度下降法，因為神經網路的特性，也稱為 backpropagation 反向傳播法，後續再詳細介紹。

## 7.4 三部曲之三：預測

現在的 AI 能做的事就是「預測」。這裡要說明的是，我們所說的預測，不限於對未來的預測，而是更一般的：**對於沒有看過的情境，也能正確判斷出來，就稱為預測。**

以八哥辨識的例子來說，不管我們再怎麼努力收集照片，剛剛才拍到的那隻八哥自然不會在我們訓練資料集中。所以對我們的函數學習機來說，這是「沒有見過的情境」。但如果訓練成功，我們可以期待看過這麼多隻不同的八哥，神經網路應該也能正確判斷出這是哪一種八哥。這樣的情況我們就叫做**預測**。

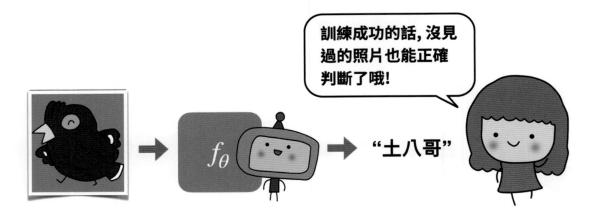

訓練成功的話, 沒見過的照片也能正確判斷了哦!

$f_\theta$

"土八哥"

 冒險旅程 7

1. 深度學習例子中，像是視覺影像、醫療醫學等等，不同領域的應用廣泛，請去找出有什麼是報導 AI 的應用。然後思考一下，如果是你，你會訓練哪一個（或哪幾個）函數學習機，來做到這樣的目標。

# 冒險 8　運用深度學習的種種想法

## 8.1　股票自動交易

如果想做出一個預測股價的模型。可能可以很天真的把開盤日期輸入，比如說第一天交易當成 1、第二天交易當成 2，接著依此類推，把日期化成數字再丟進函數，輸出的部分就是關切股票的收盤價，這樣確實是一個函數沒錯，機器也會幫助我們學習出一個函數，但不合理的是，輸入日期這個資訊太少了，不太可能就這樣推出收盤價為多少。

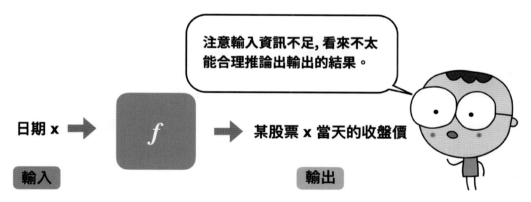

更詳細的說，這樣輸入第幾個交易日，只是單純的標號，沒有任何資訊可以推出收盤價是多少。我們可以像時間序列中「自迴歸」的方式一樣，試著將前一周五天的收盤價丟進去，並且用 DNN、CNN 或 RNN 當成函數形式（當然還有很多其他方法可以使用），嘗試看看能不能更準確的預測收盤價。

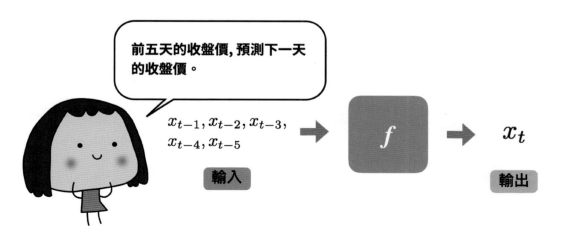

　　這時候可能專家會說「拜託，股價是沒有辦法預測的！」因為有人相信股市是隨機的，沒有辦法預測的！但是如果我們真的想要一個自動交易系統，還可以找什麼樣的函數呢？因為我們的目標是做交易，所以可以讓電腦自動去做交易。此時，可以改成輸入是某支股票過去 20 天的股價資料，輸出為買、不交易、賣，這三種選項，讓電腦直接去做到交易這件事情。

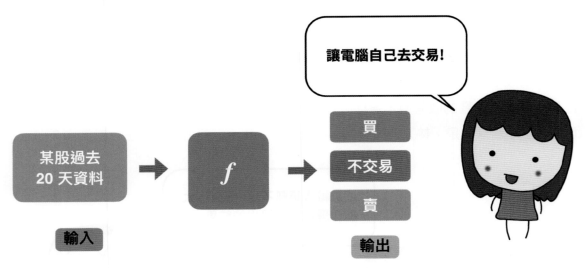

　　如果真的訓練成功，這樣電腦就可以知道什麼時候該買賣股票。但其實這樣的設計，訓練資料很難準備，一個可能是我們可以改用**強化學習**的方法，全新角度切入！這看來有點神奇的技巧，其實只是更有創意的把問題化成函數。在後面討論 AlphaGo 的例子時，會再說明什麼樣的情境適合強化學習，並且在後面的冒險中更詳細的介紹。

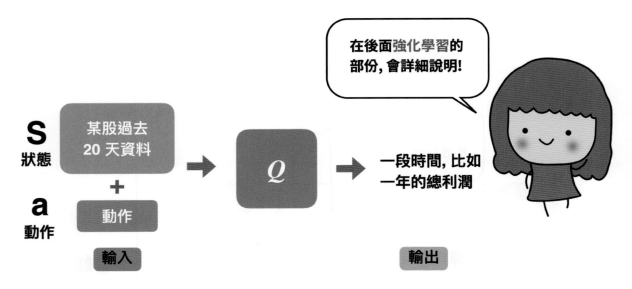

## 8.2　流感病毒篩檢

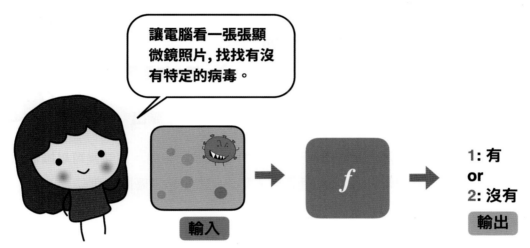

今天因為流感疫情爆發，我們想要知道某位病人有沒有感染某種流感病毒，希望可以透過輸入一張顯微鏡的照片，找找看某位病人有沒有特定的病毒。輸入是顯微鏡照片，輸出是有或沒有。因為流感病毒篩檢這個，在這邊是圖形辨識的問題，所以我們可以使用 **CNN 模型**來進行函數建構。

## 8.3　全壘打預測

如果想要知道某位 MLB 選手新球季的全壘打數可以到多少，這個問題可以輸入前一年的棒球數據資料，然後我們會想辦法盡量去輸入更多的特徵。根據政大學長姐做出的模型，每一位球員在每一年都有 15 個特徵，其中有一些可能跟全壘打沒有太大的關係，有一些可能是其他數字的線性組合構成的。這個全壘打預測輸出的部分，就是新球季的全壘打數量。

就算不是棒球迷也會想到說，只是從去年的資料就去預測下一年，這件事情可能比較困難。因為去年有可能是特別的一年，比如說是某位球員棒球生涯大爆發，也可能受傷或是養病休息，因此只看一年的數據會不準。這時我們就可以用**有「記憶」的神經網路**來做。

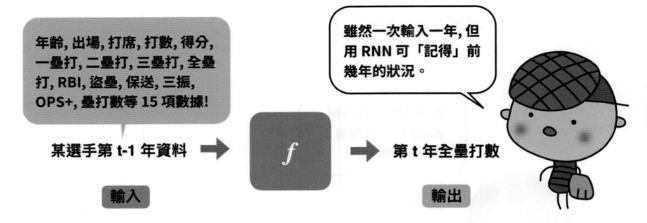

實作之後可能會發現，要精確地預測全壘打數量並不容易。這時候**可以換個想法**，不要想辦法去猜測棒球精確的數目，而是改去猜測全壘打數量區間就可以了！

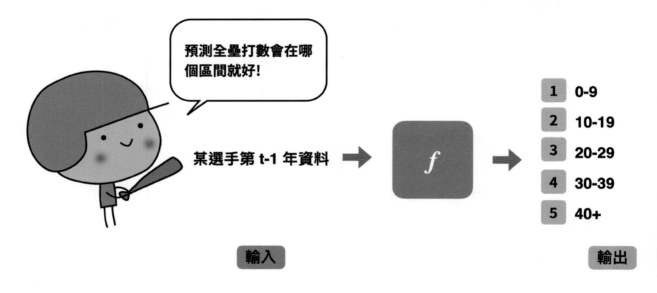

## 8.4　對話機器人

　　想想如果要打造一個對話機器人，該學哪個函數呢？比方說做的是客服機器人，很自然我們會想，那就客戶說的話當輸入，輸出就是對話機器人的回應。但這樣做會有問題，因為一個函數輸入和輸出的維度要一樣，所以我們會要求「客戶說話要一定的長度，對話機器人回應也是一定的長度。」但這明顯的不切實際！

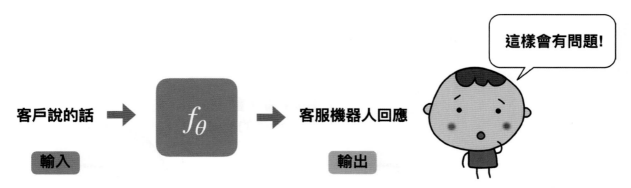

　　那我們可以學哪個函數呢？令人驚呆的是，居然是學一個看來簡單到不可思議的函數，就是「前一個字去預測下一個字！」

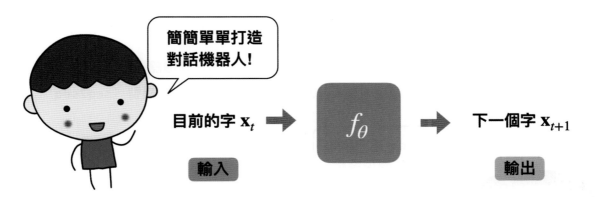

　　問題是，每一個字後面會接的字不是唯一的！比如說，我們有句「今天天氣很好」這樣的訓練資料，於是「天」這個字後面有可能接「天」，但是也有可能接「氣」。這樣子會產生一對多的情況，也就是要學的不是一個函數！

　　但如果我們採取**有記憶的神經網路 RNN**，一切就沒有問題了。因為輸入不只是一個字，還有之前的「記憶」。比方說「今天天氣很好」的第一個天，之前只有「今」這

樣的記憶；而到了第二個天，就有「今天」這個記憶。**兩次的記憶不同，所以輸入就是不一樣的！**

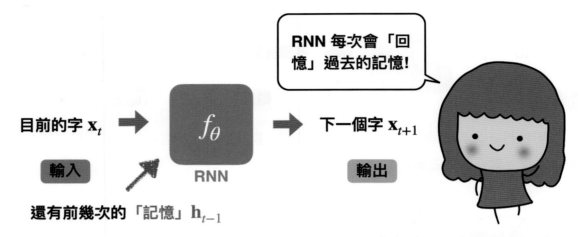

神奇的事發生了，用這樣的方式，我們就能打造一個對話機器人！這種可以不定長度的輸入、不定長度輸出的模型，稱為 **sequence-to-sequence 模型**（seq2seq）。

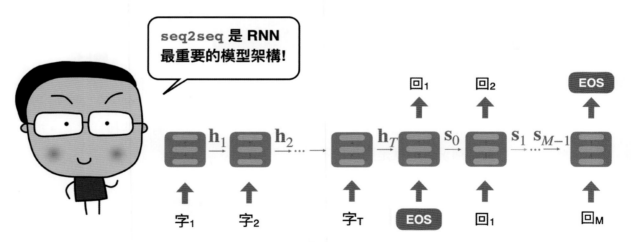

如果字 $_1$，字 $_2$，…，字 $_T$ 是客戶說的話，而回 $_1$，回 $_2$，…，回 $_M$ 是對話機器人的回應。現在客戶說了第一個字 $_1$，輸入以後，我們的 RNN 神經網路可以預測下一個字，但這個階段不是重點。重點是會把目前的記憶，這裡表示為 $h_1$ 向量，當下一個階段的輸入。如此每增加一個字，記憶也會跟著改變，直到最後一個字 $x_T$ 輸入，我們得到整句話的記憶 $h_T$。這時告訴神經網路，客戶說完話了，於是輸出的字就會當成第一個回應的字，我們記為回 $_1$，然後依此類推再生成回 $_2$，…，回 $_M$，完成整句要回應的話。

翻譯機器人也可以用同樣的方式設計，比如說輸入是英文的句字，輸出是中文的翻譯。

## 8.5　情境配樂

　　假設我們想做一個影音平台，讓使用者上傳影片。這個平台可以依影片內容自動產生背景音樂。這該怎麼做呢？一個自然的想法可能是，輸入一段影片，輸出是由電腦創作符合情境的配樂。

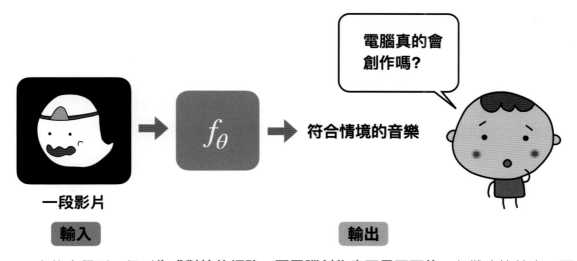

　　之後會學到一個叫**生成對抗的網路，要電腦創作也不是不可能**，但難度比較高。而仔細想想，我們的問題只要自動配樂，是不是「創作」並不是那麼重要。可以換個想法，我們只需要看出這影片是恐怖的、浪漫的、熱血的等等，也就是先做**影片的分類**。

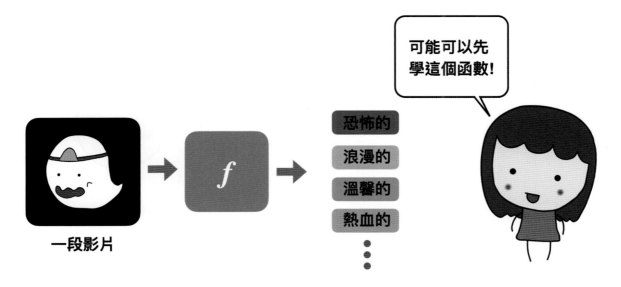

注意這樣並沒有完成我們原來要配樂的需求，可能的作法是每種類別我們準備五首曲子。於是比方說電腦覺得是熱血型的影片，就再隨機從熱血的五首曲子，隨機挑出一首當配樂！這又出現一個重點，我們**不一定要讓 AI 模型完成所有工作，可以只是其中的一部份**！於是你會發現，思考哪個才是我們要學的函數，比想像中更有挑戰性，也更有趣！

## 8.6　AI 要怎麼打敗世界棋王呢？

2016 年 AlphaGo 以 4:1 擊敗世界棋王李世乭，當年是個非常轟動的消息！於是大家可能會好奇：「要怎麼做能讓電腦會下圍棋呢？」而且目標是讓電腦厲害到可以打敗世界棋王。我們很自然的會想，那應該就輸入是棋盤上目前的狀況，輸出就是下在哪個位置是最好的這樣吧。

這樣子的想法的確很有道理，但會有兩個問題。最嚴重的問題是，我們真的知道下哪個位置是最好的，還好到可以打敗世界棋王，那我們不就要有「超過世界棋王的水準」嗎？這顯然不太合理。

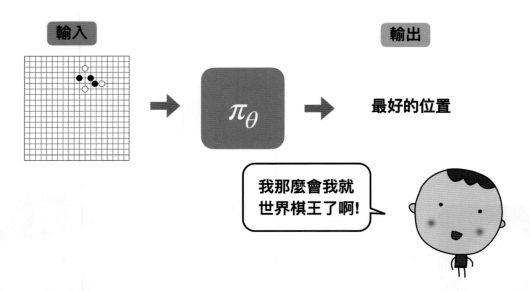

再者，我們只靠餵棋譜去訓練，進而訓練出一個中規中矩這樣的資料量並不足夠。原因是圍棋變化實在太大了！圍棋棋盤是 $19 \times 19 = 361$ 大小，所以先下個黑子有 361 個可能性，再下一個白子是 360，以此類推，於是總共有 361! 的可能。雖然有些狀況不會發生要去掉，但好奇的話你可以算一下、欣賞一下這是個什麼概念的數字，而 Python 剛好是很適合算這種超大數字的程式語言。

總而言之，我們很難直接訓練好傻好天真的那個函數。那要怎麼做呢？原來是要去想，要化成怎麼樣的函數，電腦可以通過**一直玩一直玩，自己生訓練資料去訓練自己！**這聽起來有點神奇的技巧是強化學習，這本書之後也會提到。

## 8.7　小結論

對於許多想解決的問題，可能有不同的方式可以去建構函數學習機。因此呢，我們開始多多培養，**「啊，這個問題我可以怎麼樣轉成 AI 問題」**這樣的習慣。所以請大家多多練習：

(1) 多觀察生活周遭的事物，看有沒有辦法透過函數學習機來解決某個問題。

(2) 注意你的函數學習機不一定要解決所有的問題，可以只是一個部份。

(3) 同樣的問題或許可以建構出不同的函數學習機，多發揮一下你的創意！

(4) 還是一樣，函數學習機輸入是什麼，輸出是什麼要非常清楚。而訓練資料要能夠在合理努力下，取得大約上萬個範本。

剛開始練習的時候，解決的問題可能都比較直接，比如說放進一張動物圖片，希望辨識出是什麼動物，但經過多多練習之後，你會發現在看問題的維度上會有所改變，也更知道什麼方法較可能解決問題。

冒險旅程 8

1. 看一下新聞介紹 AI 又有什麼神奇的應用，想想如果是你，會是去打造什麼樣的函數學習機？

2. 問一個你想要解決的問題，用三種不同的方式去打造函數學習機。並且說明為什麼這些函數學習機可以幫你解決（也許不是完全解決）你原本的問題。這三種函數學習機你可以想像哪些比較容易，哪些會比較困難嗎？

3. 雖然和 AI 沒有直接關係，好奇的話計算一下 361!，也就是圍棋大約會有的變化情況，是個怎麼樣概念的數字。

# NOTE

# 第 2 篇

## 冒 險

## 深度學習的三大天王

DNN          CNN          RNN

 **冒險 9　神經網路的概念和全連結神經網路**

## 9.1　用神經網路打造我們的函數學習機

我們說過，所有的 AI 基本上都是，打造一個「函數學習機」，把想學的那個函數學起來。如同前面說到的，就是很清楚地把函數的輸入和輸出想好，比如說我們想學一個兩個特徵（輸入），一個輸出這樣的函數。

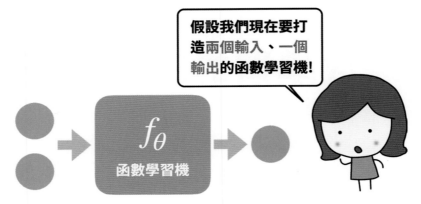

假設我們現在要打造**兩個輸入、一個輸出**的函數學習機！

$f_\theta$
函數學習機

不同 AI 不一樣的地方只是：打造函數學習機的方式不同。這本書討論的**深度學習**，基本上就是**用神經網路的技術，打造我們的函數學習機**。

許多 AI 的技術，都要先把最好的特徵找出來，而不是把所有我們覺得相關的全放進去。比如說做動物辨識，一張照片的數據量可能太大了，我們需要想辦法找到更低維度，也就是更少的數字就代表這張照片的某些特徵。

另外，很多的技術，都需要知道我們處理的數據有什麼特性，比如說線性迴歸需要知道數據是，嗯，長得一副線性樣。簡單說就是，神經網路的特性是我們把問題化成函數就好，其他就是電腦自己看著辦！因為讓電腦自己看著辦，所以**一般神經網路會需要大量的訓練資料**。這「大量」到上萬筆數據這樣，是非常常見的！

許多 AI 技術，看來好像「可解釋性」都很高。比如說我們熟悉的線性迴歸，兩個輸入、一個輸出的話，要調整的就是 $w_1$，$w_2$ 和 $b$ 等等參數。如果 $w_1$ 這個參數比 $w_2$

大，那我們可能會說，「比較起來，$x_1$ 這個參數比 $x_2$ 重要啊」之類的話。

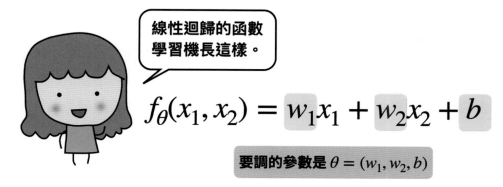

線性迴歸的函數
學習機長這樣。

$$f_\theta(x_1, x_2) = w_1 x_1 + w_2 x_2 + b$$

要調的參數是 $\theta = (w_1, w_2, b)$

相較之下，很多人就會把神經網路認定為一個「黑盒子」，沒有解釋力。這其實是種誤解。或許從神經網路的特性，我們更能抓到神經網路的精神。

首先，神經網路輸入的部份叫**輸入層**，輸出叫**輸出層**。而那個函數學習機的本體，就叫做**隱藏層**。隱藏層可以做很多層，每一層就是接上一層（可能是輸入層）傳來的數據，經過計算，再傳給下一層。每個隱藏層可以有三種不同設計方式：DNN、CNN、RNN 型的設計，這我們會一一介紹。

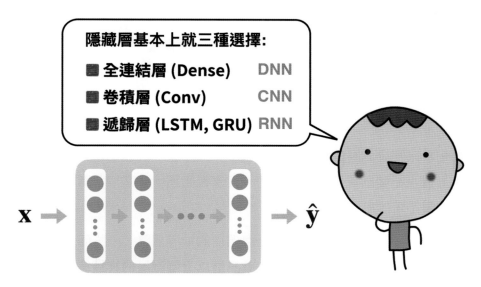

隱藏層基本上就三種選擇:
■ 全連結層 (Dense)　　DNN
■ 卷積層 (Conv)　　　 CNN
■ 遞歸層 (LSTM, GRU) RNN

$\mathbf{x} \rightarrow \quad \rightarrow \quad \cdots \rightarrow \quad \rightarrow \hat{\mathbf{y}}$

**每一層用了幾個「神經元」，就會有幾個輸出。**神經網路的重點就是，每一層的輸出可以視為一種機器的「理解」，因此**分析神經網路會專注在某個隱藏層的輸出，而不是單一參數上。**目前這段看起來可能很抽象，先記得這件事，慢慢會越來越能理解這是什麼意思。

## 9.2 深度學習是什麼？

在上個世紀，大約是 1986 左右開始，神經網路可以說非常紅。其中一個原因就是有個 **Universal Approximation Theorem** 證明了我們想要學的那個函數，一個隱藏層的神經網路就能學得會！於是當時大多數的神經網路，大概都是一層或兩層隱藏層的架構。

可是大約到了 1995 年，大家又對神經網路沒有興趣了。Meta AI 的首席科學家，也是很多人稱「CNN 之父」的 Yann LeCun 說，主要是神經網路理論很美好，但當年「真的要做出一個實用的模型不容易」。原因是神經網路要成功的三個要素當年不具備：程式難寫、電腦運算力弱、沒有大數據。簡單說就是，**要做出一個實用的神經網路模型當時是很困難的。**

而本世紀本來神經網路的缺點一一被克服。比方說，現在要寫神經網路的程式真是太容易了！上個世紀要出現像是我們這本，大家看完馬上會寫很多實務應用的神經網路的書，基本上是不可能的。

一方面為了不要讓大家聯想到有個悲傷過往的神經網路，一方面研究者也發現比較多個隱藏層是有些好處的，所以**「三層，或三層以上隱藏層的神經網路」**，我們就稱為**「深度學習」**。

後來大家普遍覺得，我們要潮就做深度學習。於是再簡單的問題，都打造三層以上的神經網路，開始有點矯枉過正。於是現在基本上**「用神經網路打造的函數學習機，我們都稱為深度學習」**。

## 9.3　神經網路基本運算元件「神經元」的運作方式

　　神經網路基本運算單元叫做神經元，前面已經說過，每一個隱藏層會接前面來的數據，這一層每一個神經元會依前面收到的數據計算。每一個神經元都會輸出一個數字，是這個神經元計算的結果。所以說，這**一個隱藏層有幾個神經元，就會輸出幾個數字**。

　　好消息是哪種神經網路，神經元都是基本的運算單元，而**每個神經元的運算方式是一樣的！**現在我們就來看看一個神經元要如何運作吧。每個神經元都會接從前一層傳來的若干個輸入，就好像人體的神經元，會接收前面神經元傳來的刺激一樣。收到這些數據，一個神經元會送出一個數字。現在我們以一個有「三個輸入」的神經元為例，來看看最後應該輸出什麼數字。

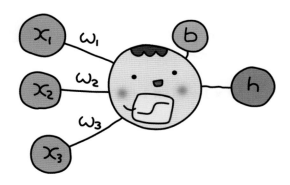

　　假設前面的神經元傳來 $x_1, x_2, x_3$ 這三個數字（三個刺激），這三個刺激對我們的重要性可能不一樣。於是我們有三個參數 $w_1, w_2, w_3$，去調整它們的**權重 (weights)**，也就是重要性。於是我們就可以算這個神經元接收的加權總刺激（加權和）。

$$\sum_{i=1}^{3} w_i x_i = w_1 x_1 + w_2 x_2 + w_3 x_3$$

　　更一般化我們可以再加上一個**偏值 (bias)**，做一個基準的調整。而這個數據我們可以想成，是**調整後的加權和**，或**調整後的總刺激**。

$$\sum_{i=1}^{3} w_i x_i + b = w_1 x_1 + w_2 x_2 + w_3 x_3 + b$$

重點是，這裡不管是**權重、偏值都是經過學習得到的**，也就是並不是我們告訴神經網路該設多少。

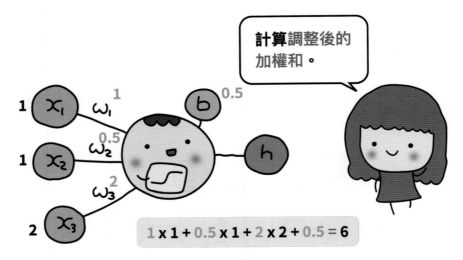

舉例來說，我們經過初始化，或者 $w_1 = 1$，$w_2 = 0.5$，$w_3 = 2$，$b = 0.5$，這時接到一筆數據進來：$x_1 = 1$，$x_2 = 1$，$x_3 = 2$，用這組參數進去算，可以得到調整後的加權和是 6。這個調整後的加權和當然可以開開心心當這神經元的輸出，不過這會有一個嚴重的問題：「這是一個線性的函數。」

然後很悲傷的事情是，線性函數加線性函數還是線性的，甚至線性函數合成線性函數還是線性的。於是我們用一堆神經元組出來的神經網路，就是一個線性的神經網路！

要解決這個問題也很簡單，就是把這個數值送出去之前，再用個**「非線性」的函數轉換一下**就好啦。

##  9.4　激發函數

前面說到，一個神經元接收到前面傳來的數字，算出調整後的加權，我們還需要做個非線性的轉換才能送出去！這個非線性的函數我們稱為**激發函數（activation function）**。

$$\varphi(\sum_{i=1}^{3} w_i x_i + b) = h$$

　　有幾個有名的激發函數，其實我們不用操太多心。開始不知道該怎麼選的時候，可以選擇本世紀的明星激發函數 **ReLU**。這是一個很簡單的激發函數，輸入值小於零，輸出就是 0；而**輸入大於 0 時，輸入什麼就輸出什麼**！

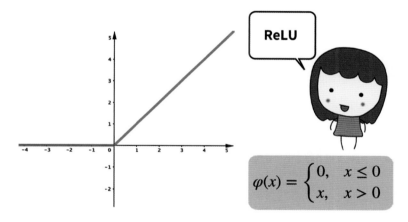

$$\varphi(x) = \begin{cases} 0, & x \le 0 \\ x, & x > 0 \end{cases}$$

　　現在，把自己當一個神經元，用 ReLU 當激發函數來完成我們剛剛的計算。記得這是一個三個輸入的神經元，權重 $w_1 = 1$，$w_2 = 0.5$，$w_3 = 2$，偏值 $b = 0.5$，現在接收到輸入是 $x_1 = 1$，$x_2 = 1$，$x_3 = 2$，計算一下輸出應該是多少？

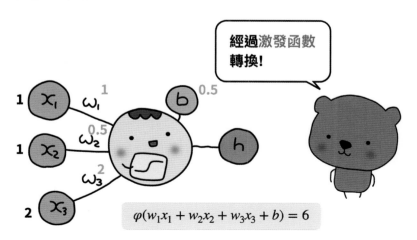

$$\varphi(w_1 x_1 + w_2 x_2 + w_3 x_3 + b) = 6$$

前面我們算過加權和是 6 了,所以把 6 放到 ReLU 裡面。輸入為 6,輸出結果等於 6,是不是很簡單?

激發函數基本上是個非線性函數就好,除了 ReLU 之外,常用的還有 sigmoid、tanh 等等。

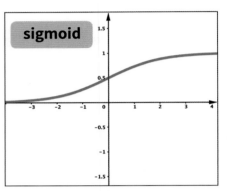

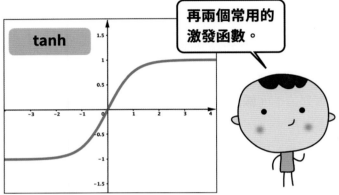

再兩個常用的激發函數。

## 9.5　全連結神經網路

終於要學習第一個重要的神經網路架構,也就是我們**稱為 DNN 的全連結神經網路**(Fully Connected Neural Networks)。基本上,上個世紀很夯的就是這個 DNN。決定我們的輸入和輸出是什麼後,設計每個隱藏層都是全連結層的神經網路很簡單,只需要決定要**「幾個隱藏層,每個隱藏層要幾個神經元」**,就設計好一個全連結神經網路了!

我們假設現在要做的神經網路每個神經元都是完全連結的型態,輸入層為 2 個神經元,輸出層為 1 個神經元。設計神經網路只需要設計隱藏層有幾層、每層幾個神經元。

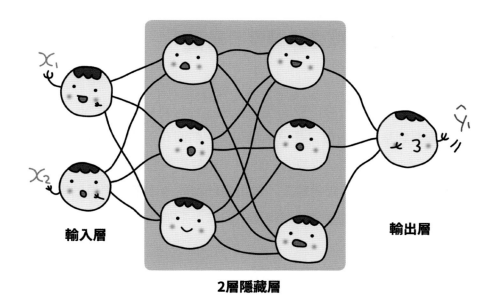

**輸入層**　　　**2層隱藏層**　　　**輸出層**

　　為了方便說明，我們做個簡單的兩層神經網路，兩層都用三個神經元。前面說過，神經網路就是一層一層計算完數字，輸出到下一層。因為每個神經元，經過前面介紹的計算，就會輸出一個數字。比方說第一個隱藏層，有三個神經元，因此有三個輸出到下一層。而全連結的意思是，每一層的神經元和下一層的神經元是完全連結的！也就是**這層每一個輸出，會傳到下一層每一個神經元上。**

DNN 是一層的每個神經元, 會把輸出送到下一層所有神經元上！

　　全連結時，連結的密度最高，所以這樣的隱藏層也被稱為 dense layer，這也是為什麼我們簡稱為 **DNN，就是 Dense Neural Networks 的意思。**不過這裡要注意，很多地方說到 DNN，其實指的是 Deep Neural Networks，也就是深度學習神經網路。

## 9.6　接下來就是要調整參數了！

建好了神經網路函數學習機，要調整的參數，也就是那些權重 $w_1, w_2, \ldots$，還有偏值 $b_1, b_2, \ldots$ 等等要調整的參數數目都已經固定了。前面有看到，只要給了權重、偏值，每個神經元接到任何的輸入都可以算它的輸出。也就是對整個神經網路來說，**給權重、偏值指定數值之後，我們放入任何輸入，輸出是什麼就確定了**。簡單的說，這時的神經網路就會動了！一開始我們就會需要用神秘的方法，把神經網路做初始化，也就是設參數的起始值！

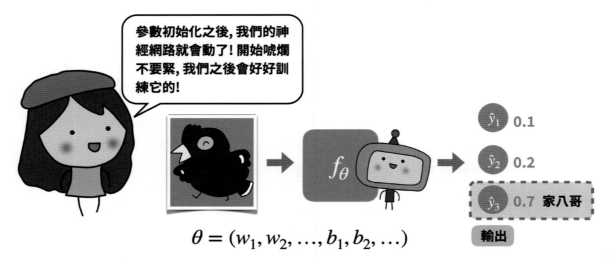

參數初始化之後, 我們的神經網路就會動了! 開始唬爛不要緊, 我們之後會好好訓練它的!

$$\theta = (w_1, w_2, \ldots, b_1, b_2, \ldots)$$

$\hat{y}_1$ 0.1
$\hat{y}_2$ 0.2
$\hat{y}_3$ 0.7 家八哥
輸出

**初始化**這個神秘過程是怎麼做的呢？其實就是亂給的，哦，不是，**是隨機給的**。一開始可以想見，雖然會動，可是都是唬爛居多。比如八哥辨識系統，我們輸入一張土八哥的照片，神經網路可能會認為是家八哥。但這只是它沒唸書裸考的狀況，接下來的冒險，就是說明怎麼好好訓練神經網路，讓它好好學習！

## 9.7　小結論：深度學習就是建一層層「隱藏層」

這一次的冒險，我們知道神經網路函數學習機，就是把一層層的隱藏層建構起來。再一次，每個隱藏層基本上有三大天王：DNN、CNN、RNN 型三種選擇。打造完神經網路，接下來就是好好訓練它，要怎麼去做正是下一次的冒險主題。

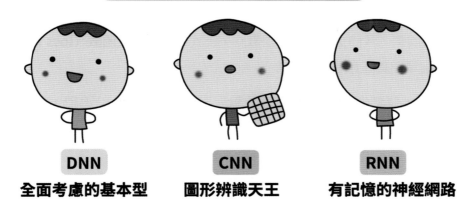

神經網路的三大天王

**DNN**
全面考慮的基本型

**CNN**
圖形辨識天王

**RNN**
有記憶的神經網路

 冒險旅程 **9**

1. 你可以寫個小程式，模擬一個神經元的動作嗎？你可以假設是三個輸入的神經元，用 ReLU 做激發函數。注意！我們很喜歡寫成一次可以輸入多筆數據的形式，比如可以同時輸入兩筆輸入：

   `[[1.7, 0.4, -1.3], [0.8, 1.2, 0.5]]`

   然後同時輸出兩筆結果。

2. 持續發想或者修改之前想到的深度學習應用。再一次，一個 AI 模型，要有很清楚的輸入、很清楚的輸出，同時要能準備足夠多的訓練資料。

# 冒險 10 神經網路的學習方式

前面的冒險說到，我們會用「扣分函數」，正式名稱叫**損失函數（loss function）**，來觀察我們神經網路與正確答案相差多少。

這次的冒險，我們會再次看到損失函數要調的參數是 $\theta$ 的函數，所以損失函數常常表示為 $L(\theta)$。我們的目標就是找到一組參數 $\theta^*$，這組參數帶入損失函數，使得 $L(\theta^*)$ 值最小。意思也就是說，這時我們的函數學習機 $f_{\theta^*}$，是「答題狀況最好的」函數學習機。

這聽起來很複雜的事，其實沒有想像中可怕，我們就一起踏上這次的冒險旅程，看看神經網路是怎麼樣神奇地學會東西的吧。

## 10.1　Loss function 看我們的函數學習機和真實數據差多遠

現在假設有 K 筆訓練資料：

$$\{(\mathbf{x}_1, \mathbf{y}_1),(\mathbf{x}_2, \mathbf{y}_2),\ldots,(\mathbf{x}_K, \mathbf{y}_K)\}$$

這意思是說，對於任意介於 1 到 K 的正整數 $i$，我們輸入 $\mathbf{x}_i$ 時，正確答案是 $\mathbf{y}_i$。此時，可愛的神經網路 $f_\theta$ 輸入 $\mathbf{x}_i$ 時，也會輸出一個答案，我們記為 $\hat{\mathbf{y}}_i = f_\theta(\mathbf{x}_i)$。

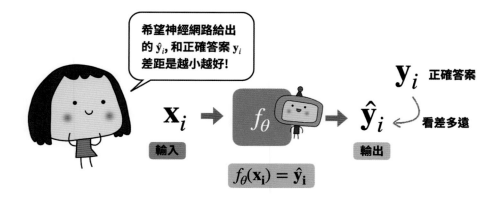

任何合理計算誤差的方法都是可以的，比如說輸出 $\hat{\mathbf{y}}_i$ 是一個 m 維的向量。那就可以考慮正確答案 $\mathbf{y}_i$，及 $\hat{\mathbf{y}}_i$ 兩個是 m 維空間的兩個點，於是用小時候我們就會的計算兩點距離的方法。設 $\mathbf{y}_i = [a_1, a_2, \ldots, a_m]$，$\hat{\mathbf{y}}_i = [b_1, b_2, \ldots, b_m]$，兩者的差異就是

$$\| \mathbf{y}_i - \hat{\mathbf{y}}_i \| = \sqrt{(a_1 - b_1)^2 + (a_2 - b_2)^2 + \cdots + (a_m - b_m)^2}$$

數學家其實很討厭開根號，所以常常會把這個距離再平方，然後把所有訓練資料的誤差加起來、再平均，這就是有名的**均方誤差（MSE, Mean Squared Error）**。

$$L(\theta) = \frac{1}{2N} \sum_{i=1}^{N} \| \mathbf{y}_i - f_\theta(\mathbf{x}_i) \|^2$$

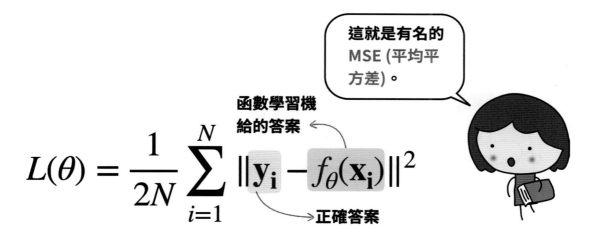

這裡要說明一下，平均除以 N 就好了啊，為何要乘上 1/2 呢？原來這前面乘上 1/2，是為了讓微分後可以把前面的係數消掉變成 1。這樣就會得到美美的式子！

## 10.2 神經網路的參數調整

重頭戲來了，要怎麼去調整參數呢？對於某個參數 $w$ 而言，其實就是用下面這個「簡單的」公式：

$$-\eta \frac{\partial L}{\partial w}$$

這就是 $w$ 該調整的大小。是不是好有道理……相信大多數的人都不知道這在說什麼。

記得損失函數 $L(\theta)$ 完全由參數，也就是我們神經網路的權重 $w_1, w_2, \ldots$ 及偏值 $b_1, b_2, \ldots$ 決定的。要調整這些參數，找到 $L(\theta)$ 的最小值，這感覺就很困難。於是我們去找數學家幫忙，數學家就會說出很無恥的話，比如說「**假裝只有一個參數**」：假設用深度學習打造的函數學習機只有 $w$ 一個參數。

這時，就可以用 $y = L(w)$ 這個方程式，畫出函數的長相。還記得參數初始化，我們都會隨機選一個點。假設這時選到了點 $w = a$，這時的問題是，要往左移還是往右移會走到讓損失函數變小呢？

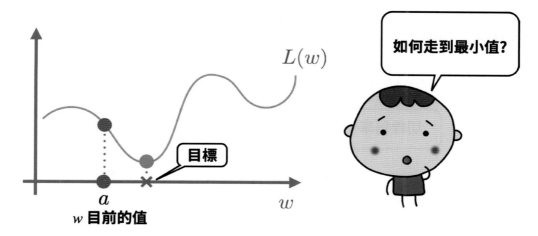

如果像圖裡的例子，從人的角度來看會希望往右邊走（正向）。可是電腦怎麼「看」呢？關鍵就在於切線，求切線斜率就是微積分一開始學的技巧。

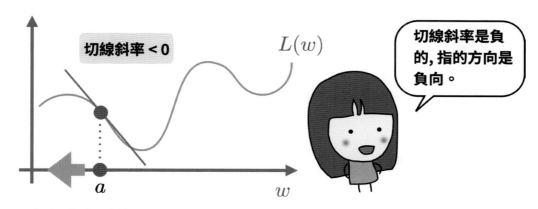

回想起微積分美好時光，函數上某個點的切線，和原來函數長得很像。比如說斜率是負的話，函數變化率是負的，也就是函數是遞減的。如果切線斜率是負，順著這個方向往左邊調整，則會剛好走向和最小值相反的方向。於是我們發現一件事，那就是**「極小值方向和切線斜率指的方向是相反的」**，於是我們往「負」的切線斜率調整就好！

在微積分裡，求切線斜率就是微分、算出在某一個點的導數。即使沒學過微積分也不要擔心，在 $w = a$ 點的切線斜率符號是這樣：$L'(a)$。我們還有萊布尼茲的符號，對任意的 $w$ 來說，在 $w$ 的切斜線率是 $L'(w) = \dfrac{dL}{dw}$。

所以呢，如果原來 $w = a$，我們可以更新 $w$ 的值為 $a$ 再加上負的切線斜率。也就是新的 $w = a - L'(a)$。抽象用函數寫法的話，就是新的 $w$ 值應該是 $w - \dfrac{dL}{dw}$。

### 新的 $w$ 值:

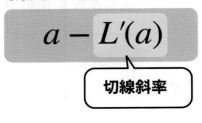

$$a - L'(a)$$

切線斜率

是不是真的可以呢？有點緊張。

### 或是函數抽象的寫法:

$$w - \frac{dL}{dw} \implies w$$

是不是真的可以成功呢？我們試試看的話會發現常常有兩個情境。第一種情況是，更新後更接近最小值的位置，只是還沒有到最小值。這告訴我們，**神經網路學習可能不會一次到位，要學好幾次！**

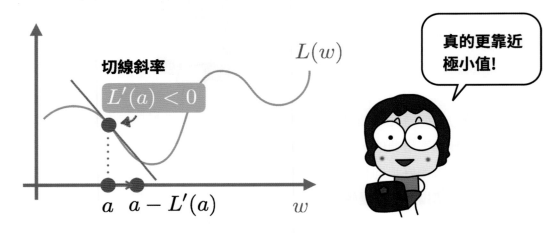

第二種情況是，是否有可能跑過頭呢？答案是可能的！這有沒有很嚴重？大家可能會覺得應該還好，因為根據我們做法的原理，下次會再回頭。但也許就這樣永遠跳來跳去，不會走到最低點。甚至也可能就跳到別的地方去！這該如何是好呢？那很容易，**就是每次不要調太多就好了。**

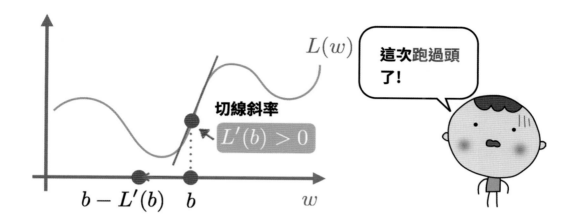

### 10.3　函數學習率 Learning Rate

　　為了不要跑過頭，我們不要一次調太大，會乘上一個小小的數，叫做**學習速率**（**Learning Rate**），通常我們記為 $\eta$。學習速率是我們自己給的，當然一般不要太大。雖然設得小可能會訓練比較多次，但夠小的話終究是會收斂的。新的 $w$ 就會調整為：

$$w - \eta \frac{dL}{dw}$$

你可能會好奇，這樣的調整方法是否只能到**局部極小值（Local Minimum）**，而不一定能走到**絕對極小值（Global Minimum）**嗎？答案是很有可能的。那這樣的結果影響會很大嗎？在實務上其實沒有我們想像中的大。因為初始值是隨機給定，如果訓練情況不好，訓練再多次還不好，我們可以重新來一次，讓模型從頭再來。如果發現重新訓練很多次，神經網路的結果還是沒有很好，可以回頭看看神經網路模型本身是否需要修正，甚至設計新的函數來解決我們的問題。

 ## 10.4　當不只一個參數該怎麼辦？

前面就是一個參數的神經網路，訓練的原理。但是一個參數的神經網路合理嗎？這當然不合理啊！還記得我們一個神經元，有三個輸入就有 4 個參數要調了啊！現在，我們認真地問數學家，這時該怎麼辦。結果，數學家比我們想像中邪惡，他們會說：「**還是假裝只有一個參數！**」

還是假裝只有一個參數!

**數學家真是比我們想像中還要邪惡...**

舉個簡單的例子，看數學家怎麼做到這邪惡的事情。假設我們的神經網路有三個參數 $w_1, w_2, b_1$ ，而損失函數長這樣：

$$L(w_1, w_2, b_1) = (b_1 + 2w_1 - w_2 - 3)^2$$

我們把這個神經網路初始化，假設各參數的值如下：

$$w_1 = 1, \; w_2 = -1, \; b_1 = 2$$

想知道 $w_1$ 這個參數該怎麼調整，$L$ 就只保留 $w_1$ 這個參數，其他 $w_2 = -1, b_1 = 2$ 的值都直接給它帶進去，於是 $L$ 當場只剩下一個參數：

$$L_{w_1}(w_1) = L(w_1, -1, 2) = 4w_1^2$$

簡化成這樣後，就可以用一個變數調整的方式去調整權重：

$$w_1 \;\leftarrow\; w_1 - \eta \frac{dL_{w_1}}{dw_1}$$

這和一個參數時的調整方式是一模一樣的！於是我們可以用同樣的方式去調整 $w_2, b_1$，完成所有參數的調整！

你可能會想，這樣子實在太無恥了！可是如果有學過微積分的話，就會發現這種「假裝只有一個變數」去微一個多變數函數，就是偏微分，也就是說：

$$\frac{\partial L}{\partial w_1} = \frac{dL_{w_1}}{dw_1}$$

所以多參數的時候，其實就是一一調整。

$$w_1 \;\leftarrow\; w_1 - \eta \frac{\partial L}{\partial w_1}$$

$$w_2 \;\leftarrow\; w_2 - \eta \frac{\partial L}{\partial w_2}$$

$$b_1 \;\leftarrow\; b_1 - \eta \frac{\partial L}{\partial b_1}$$

和之前一個變數一樣的方法！

如果記得微積分裡，分別對三個變數偏微分，就是 $L$ 這個函數的梯度，記為 $\nabla L$：

$$\nabla L = \begin{bmatrix} \dfrac{\partial L}{\partial w_1} \\[2ex] \dfrac{\partial L}{\partial w_2} \\[2ex] \dfrac{\partial L}{\partial b_1} \end{bmatrix}$$

調整參數的公式就可以寫成這樣，因為是向著梯度的反方向走，因此叫做**梯度下降法（Gradient Descent）**：

$$\begin{bmatrix} w_1 \\ w_2 \\ b_1 \end{bmatrix} - \eta \nabla L$$

記得我們所有參數記為 $\theta$，所以一般梯度下降公式的寫法就會長這樣：

$$\theta - \eta \nabla L(\theta)$$

梯度下降法可說是個萬用手法，也就是說不管你的深度學習函數學習機是怎麼建構的，不管你選什麼樣的損失函數，都可以使用梯度下降法去訓練你的神經網路。

冒險旅程 **10**

1. 試著自己寫一個 Python 程式，用梯度下降的方法，做一個變數的損失函數 $L(w)$，隨機取一個起始點，然後慢慢逼近最小值發生的點。我們建議兩個函數試試，選其中一個做就可以了！還沒學過微積分也不用擔心，我們也把每個函數的微分結果寫出來，另外也建議 $w$ 的範圍。

   (1) $L(w) = w^2$，此時 $L'(w) = 2w$，$w$ 範圍 $[-1,1]$。

   (2) $L(w) = w^4 - 2.5w^3 + 1.2w^2 + 1$，此時 $L'(w) = 4w^3 - 7.5w^2 + 2.4w$，$w$ 範圍 $[-1,2]$。

   你可以發現其中一個簡單很多，如果對 Python 或是數學不是那麼熟悉就選擇第一個是沒有問題的！

2. 常用的損失函數，除了有均方誤差（Mean squared error, MSE）以外，分類問題也很常使用交叉熵（cross-entropy），去找下交叉熵（cross-entropy）方法的優缺點，以及使用的時機是什麼情境呢？

冒險11 實作手寫辨識：MNIST 數據集

我們終於要來打造一個神經網路了！要使用一個非常有名，叫 MNIST 的數據集。這是包含許多 0 到 9 手寫數字的數據集，原本是由 NIST 美國國家標準暨技術研究院做的兩組數據集，之後由在本書會出現好幾次的著名 AI 學者 Yann LeCun 等人修改而成的 MNIST 數據集。

## 11.1 把我們的問題化為函數

我們想做手寫辨識，很直覺化成函數的方式，就是輸入一個掃描的手寫數字，然後希望電腦輸出這個數字是什麼，也就是輸出這是一個什麼數字。

這是一個很標準的分類問題：就是一個數字進來，我們要知道這是 0 到 9 哪一個，也就是哪一類的數字。如同之前提到的，在分類問題中，常常會改為 one-hot encoding 的形式。因為我們一共有 0 到 9 的數字，所以輸出共有 10 個數字。

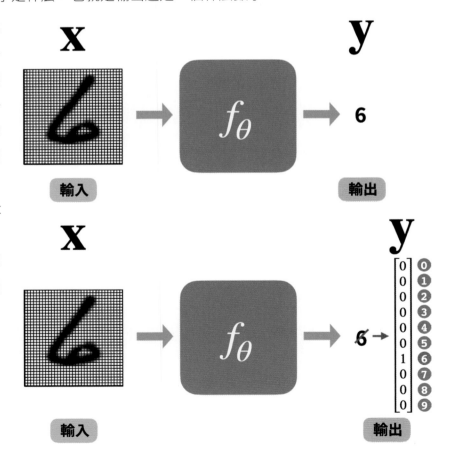

MNIST 一個數字的圖檔都是 28 X 28 的大小，用灰階表示：0 表示白色，255 表示黑色，也就是數字越小越白，越大越黑。就全連結神經網路 DNN 而言，我們則需要將這 28 X 28 的矩陣 「拉平」成 784 維的向量。所以最終我們的模型就是輸入有 784 個數字，而輸出是 10 個數字這樣的函數。

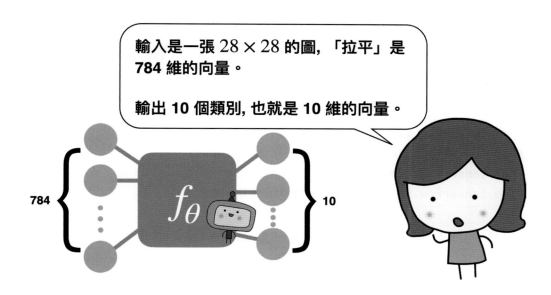

## 11.2　讀入基本套件

現在要開始正式地寫神經網路程式了！首先按照跟前一本《少年 Py 的大冒險》一樣的方法，先讀入基本套件。

```
import numpy as np
import pandas as pd
import matplotlib.pyplot as plt
```

接下來，深度學習的重頭戲來了！記得之前說過，我們要用的是 Google 出的 **TensorFlow**。也是來自 Google 的還有一個親切的深度學習套件，叫做 **Keras**。現在基本上 Keras 已經融入 TensorFlow，而 TensorFlow 的標準寫法也變成 Keras 寫法。所以很多地方我們都可以看到標準的套件叫 **tensorflow.keras**，也有人會特別稱為 **tf.Keras**，因為 **tf** 是 **tensorflow** 套件標準的縮寫。

我們用的套件, 大家也習慣稱 **tf.Keras**。

## tensorflow.keras

```
from tensorflow.keras.utils import to_categorical
from tensorflow.keras.models import Sequential
from tensorflow.keras.layers import Dense
from tensorflow.keras.optimizers import SGD
```

哇!一下就有這麼多的函式大家可能會嚇一跳。不過仔細一看,都是從 **tensorflow.keras** 來的。習慣之後,就會發現常用的子套件庫就那麼幾個,都能猜到我們應該從哪個子套件庫找到需要的函式。

打造神經網路常用的子套件庫。

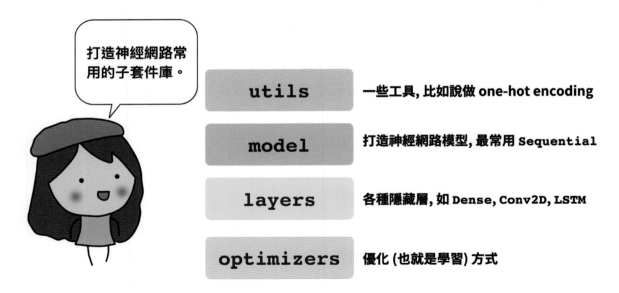

| | |
|---|---|
| **utils** | 一些工具, 比如說做 one-hot encoding |
| **model** | 打造神經網路模型, 最常用 Sequential |
| **layers** | 各種隱藏層, 如 Dense, Conv2D, LSTM |
| **optimizers** | 優化 (也就是學習) 方式 |

這裡從 **utils** 中來的 **to_categorical** 是為了拿來做 one-hot encoding。和以前一樣,要打造一個函數學習機,需要先做打開一台預設機器的動作。而最標準的作法要打造一個神經網路,是用 **Sequential**,這是在 **model** 子套件庫中。

隱藏層的建造是神經網路的重頭戲，都在 **layers** 子套件庫中。而全連結這種連結最密的隱藏層，又叫做 Dense 層，於是指令就叫 **Dense**。

我們的學習法全部都是梯度下降法，但是有許多改良型的版本。我們這次使用最標準的 **SGD**，有興趣的話，也可以查查還有哪些方法可以做！

## 11.3　讀入 MNIST 數據庫

在 TensorFlow 中，準備好了一些數據庫，包括 MNIST。也就是說，我們不需要自己去找，一行指令就可以讀進來！

首先，先把要讀入 MNIST 數據庫的函式找來。很容易想像，這會在我們 **tf.Keras** 中叫 **datasets** 子套件庫中。在 datasets 裡面的數據庫，這本書還會用到幾個，你也可以看看有沒有其他感興趣的數據庫。

| | |
|---|---|
| **mnist** | **MNIST 數據庫** |
| **fashion_mnist** | **流行版的 MNIST, 衣服、鞋子等 10 個類別的辨識** |
| **cifar10** | **有名的 cifar 彩色照片數據庫,這個是 10 類別的版本** |
| **imdb** | **IMDB 電影網站中, 要辨識評論是正評或負評的數據庫** |

datasets 中,我們會用的到數據庫。

```
from tensorflow.keras.datasets import mnist
```

## 11.4　切分訓練資料和測試資料

讀入數據庫後，接下來則需要將訓練資料及測試資料載進來，因為這個資料集已經幫大家切好測試集與訓練集，所以不用自己切分。要記得所有 **tf.keras** 提供的套件，

都是用固定順序讀進來的。

```
(x_train, y_train), (x_test, y_test) = mnist.load_data()
```

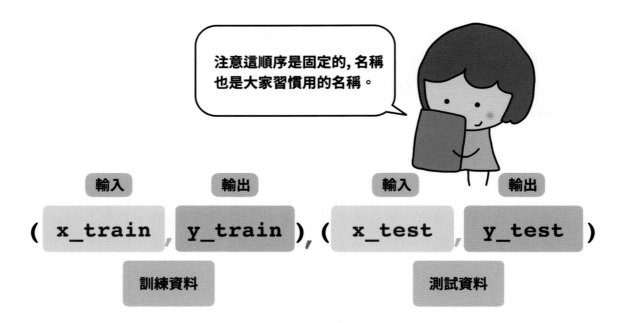

注意這順序是固定的, 名稱也是大家習慣用的名稱。

輸入　　　　　輸出　　　　　　　輸入　　　　　輸出

( x_train , y_train ), ( x_test , y_test )

訓練資料　　　　　　　　　　　　測試資料

## 11.5　欣賞一下資料

　　接下來要做一件非常重要的事，就是看看數據集長什麼樣子，和我們想像是否相同。你會發現往後的日子我們會非常頻繁地看 x_train, y_train, x_test, y_test 等等數據樣子，使用的指令是 shape。

```
x_train.shape
```

Out:

(60000, 28, 28)

　　這就是說我們的訓練資料一共有 60000 筆資料，每筆資料都是 28×28 的矩陣。

數據總筆數　　　　　　　數據的樣子, 這裡是 28 × 28

(60000, 28, 28)

我們也可以看 **y_train, x_test, y_test** 的大小。這是一個很好的習慣，很令人吃驚的是，許多剛開始學人工智慧的人，出問題的都在 **shape** 弄錯，而不是在於好像很難打造模型的那部分出問題。

再來隨機找一筆輸入，看看長相是長怎樣的。因為一共有 60000 筆資料，所以我們可以在編號 0 到 59999 中選一個看看。

```
n = 9487
x_train[n]
```

Out:

```
array([[0, 0, 0, 0, 0, 0, 0, 0, 0, 0, 0, 0, 0,
        0, 0, 0, 0, 0, 0, 0, 0, 0, 0, 0, 0,
        0, 0],
       [0, 0, 0, 0, 0, 0, 0, 0, 0, 0, 0, 0, 0,
        0, 0, 0, 0, 0, 0, 0, 0, 0, 0, 0, 0,
        0, 0],……
```

這裡一共有 28 列，每列都是 0 到 255 的數字。我們不是電腦，看不出來到底長什麼樣子，於是可以畫出來試試看。

```
plt.imshow(x_train[n], cmap='Greys')
```

Out:

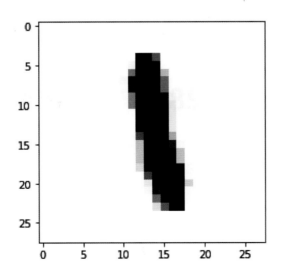

其中 **imshow** 是 **matplotlib** 中用來顯示圖片的，我們的圖是灰階，所以主題（color map）選擇 **'Greys'**。

我們也可以看看「答案」的長相。

```
y_train[n]
```

Out:

1

果然沒有意外，這筆數據是 1。

 **11.6　打造函數學習機前的資料處理**

現在 **x_train** 及 **x_test** 是 28×28 的大小，我們需要拉平成一個 784 維的向量。要改變資料的樣子，非常推薦用 **reshape** 的方式！原因是，你可以先看到結果，確定了再正式改變。

以下除了要拉平之外，我們還做一個**常模化（normalization）**。常見的常模化的手法是讓數字變成 0 到 1 之間，因為原本都是 0 到 255 的數字，除以 255 就可以達成我們的需求。

```
x_train = x_train.reshape(60000, 784)/255
x_test = x_test.reshape(10000, 784)/255
```

前面我們發現 **y_train** 裡每個元素都只是個數字，現在要做 one-hot encoding，方法非常簡單：就是之前讀入的 **to_categorical**，告訴它我們的數據有 10 個類別就好。

```
y_train = to_categorical(y_train, 10)
y_test = to_categorical(y_test, 10)
```

做完之後，你可以試看看這些處理後的維度是否跟我們想要的長相一樣。

```
y_train.shape
```

Out:

```
(60000, 10)
```

剛剛隨機選的 n 為 9487，答案是 1，現在可以來看看這筆資料的結果是不是跟我們想的一樣。

```
y_train[n]
```

Out:

```
array([0., 1., 0., 0., 0., 0., 0., 0., 0., 0.], dtype=float32)
```

果然沒有錯！至此，我們已經完全準備好，可以準備開始打造函數學習機了！

冒險旅程 11

1. 因 MNIST 許多人覺得太簡單，有一個更具挑戰性一點的 fashion_mnist。這次不再是手寫數字辨識，而是辨識衣服啦、褲子啦、鞋子啦等等的物件。一樣是 10 類，一樣是 28×28 大小。所以程式碼幾乎全部不用改！只需要這樣讀入訓練資料：

```
from tensorflow.keras.datasets import fashion_mnist
(x_train, y_train), (x_test, y_test) = fashion_mnist.load_data()
```

　　你可以看看裡面的資料長什麼樣子，還有 **shape** 等等是不是都和 MNIST 一樣。

 # 冒險12 打造全連結神經網路函數學習機

學習完前面幾個冒險知識之後，現在我們就用打造函數學習機三部曲，準備開始來建置我們的 DNN 模型了。

 ## 12.1 第一部曲：打造神經網路

首先，先打開一台空白的函數學習機，一般神經網路就是用 Sequential。

```
model = Sequential()
```

這裡把這台函數學習機稱為 **model**。事實上這個名稱可以自己取，不過一般沒有特別想法，大家都會叫 **model**，也就是我們的模型。

接著要來打造函數學習機了！還記得需要決定的事只有：

1. 要有幾層隱藏層。
2. 每個隱藏層要幾個神經元。

**函數學習機的隱藏層**

　　假設想要做一個標準的深度學習，來個三個隱藏層。每個隱藏層都是 100 個神經元。如此就可以把神經網路一層一層組裝起來了！每次我們就用 `model.add` 一層層把設計好的神經網路做好就可以！

　　現在我們用的是 **Dense**（全連結型神經網路），第一個隱藏層是 100 個神經元，採用 ReLU 當激發函數。有一點要提醒，因為是第一個隱藏層，電腦沒辦法知道輸入的神經元有幾個，所以我們要明確的說是 784。

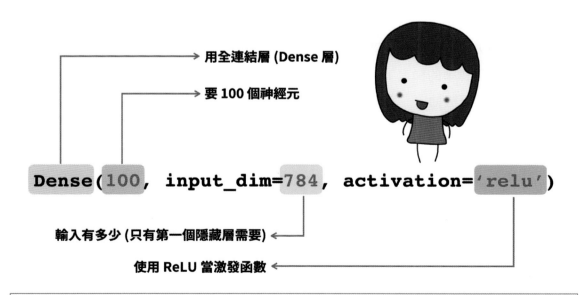

```
model.add(Dense(100, input_dim=784, activation='relu'))
```

接下來可以繼續建構下一層，因為這一層的輸入就是上一層 100 個神經元的輸出，我們不需要再說輸入有幾個神經元。因此，整個程式碼就更簡單了！

```
model.add(Dense(100, activation='relu'))
```

第三層因為又是 100 個神經元，建立方法一模一樣。

```
model.add(Dense(100, activation='relu'))
```

最後一層是輸出層，記得我們有 10 個輸出，為了讓輸出加起來等於 1，我們用 **softmax** 當成輸出層的激發函數。

```
model.add(Dense(10, activation='softmax'))
```

## 12.2 組裝自己的神經網路

我們已經把第一個神經網路打造完成了！是不是很容易呢？我們的角色差不多就像老闆一樣，告訴電腦，「喂，第一層我要 100 個神經元，用 ReLU 當激發函數。」等等，就把神經網路函數學習機建好了！

現在，我們要用 **compile** 做最後的組裝。這有兩個重點，一是需要告訴電腦損失函數用哪一個，還有優化學習是用什麼方法。這裡選擇了平均平方差 **mse** 當我們的損失函數，再來用最標準的梯度下降法 **SGD**。**SGD** 的 **S** 是隨機，也就是不依標準順序一個一個的訓練，而是隨機抽出一些訓練資料去訓練我們的神經網路。

```
model.compile(loss='mse', optimizer=SGD(learning_rate=0.087),
              metrics=['accuracy'])
```

**loss**
　　"mse"　平均平方差
　　"categorical_crossentropy" 這個更合理!

**optimizer**
　　SGD
　　"adam"

　　上面的程式碼中，我們還設定在梯度下降法中的學習速率，這也是可以自己調整看看的。對於 **loss** 和 **optimizer** 其實都可以自己找找看，還有什麼別的方法，試試看效果有沒有不一樣。最後 **metrics=['accuracy']** 意思是在訓練過程中，隨時看到目前的正確率。

## 12.3　欣賞自己的神經網路

　　組裝完神經網路後，可以先用 **summary** 看看自己建構的神經網路，看看是不是和當初設計是一致的。我們會一再強調，用 **summary** 檢查是一件很重要的事！

```
model.summary()
```

Out:

Model: "sequential"

| Layer (type) | Output Shape | Param # |
|---|---|---|
| dense (Dense) | (None, 100) | 78500 |
| dense_1 (Dense) | (None, 100) | 10100 |
| dense_2 (Dense) | (None, 100) | 10100 |
| dense_3 (Dense) | (None, 10) | 1010 |

Total params: 99,710

Trainable params: 99,710

Non-trainable params: 0

第一次看這樣的資訊,可能覺得有點可怕。但習慣了會發現真的提供很多資訊,可以讓我們確認是不是有把神經網路做對。每一層後面有個 **Output Shape**,從名稱看就知道這是指每層輸出時資料的長相。因為我們第一層有 100 個神經元,所以輸出是 100 個數字這很容易理解。那為什麼是 **(None, 100)** 呢?原來,最前面的 **None** 是我們後面會談到的批次大小。補充說明一下,None 的意思是這批次大小在訓練時再調整就好。

## 12.4　第二部曲:訓練

打造完函數學習機後,就可以準備開始訓練了。這裡要丟進去訓練資料的輸入 **x_train**,還有正確答案 **y_train**。我們通常不希望 60000 筆資料都算完才做調整,所以會設所謂的**微批次(mini batch)**,而 **batch_size** 就是設微批次大小(你當然可以改)。而最後的 **epochs** 是整個 60000 筆數據要訓練幾次。

```
model.fit(x_train, y_train, batch_size=100, epochs=20)
```

Out:

```
Epoch 1/20
600/600 [=======] - 3s 2ms/step - loss: 0.0867 - accuracy: 0.2573
Epoch 2/20
600/600 [=======] - 1s 2ms/step - loss: 0.0659 - accuracy: 0.5393
Epoch 3/20
600/600 [=======] - 1s 2ms/step - loss: 0.0347 - accuracy: 0.8117
Epoch 4/20
600/600 [=======] - 1s 2ms/step - loss: 0.0225 - accuracy: 0.8663
Epoch 5/20
600/600 [=======] - 1s 2ms/step - loss: 0.0185 - accuracy: 0.8860
Epoch 6/20
600/600 [=======] - 1s 2ms/step - loss: 0.0166 - accuracy: 0.8955
Epoch 7/20
600/600 [=======] - 1s 2ms/step - loss: 0.0153 - accuracy: 0.9025
```

```
Epoch 8/20
600/600 [=======] - 1s 2ms/step - loss: 0.0144 - accuracy: 0.9075
Epoch 9/20
600/600 [=======] - 1s 2ms/step - loss: 0.0137 - accuracy: 0.9122
Epoch 10/20
600/600 [=======] - 1s 2ms/step - loss: 0.0131 - accuracy: 0.9167
Epoch 11/20
600/600 [=======] - 1s 2ms/step - loss: 0.0126 - accuracy: 0.9201
Epoch 12/20
600/600 [=======] - 1s 2ms/step - loss: 0.0121 - accuracy: 0.9225
Epoch 13/20
600/600 [=======] - 1s 2ms/step - loss: 0.0117 - accuracy: 0.9255
Epoch 14/20
600/600 [=======] - 1s 2ms/step - loss: 0.0113 - accuracy: 0.9276
Epoch 15/20
600/600 [=======] - 1s 2ms/step - loss: 0.0110 - accuracy: 0.9303
Epoch 16/20
600/600 [=======] - 1s 2ms/step - loss: 0.0107 - accuracy: 0.9323
Epoch 17/20
600/600 [=======] - 1s 2ms/step - loss: 0.0104 - accuracy: 0.9338
Epoch 18/20
600/600 [=======] - 1s 2ms/step - loss: 0.0101 - accuracy: 0.9359
Epoch 19/20
600/600 [=======] - 1s 2ms/step - loss: 0.0098 - accuracy: 0.9373
Epoch 20/20
600/600 [=======] - 1s 2ms/step - loss: 0.0096 - accuracy: 0.9394
```

　　這裡最重要的是最後的正確率，我們發現正確率是 **93.94%**（你的結果不同是很正常的，因為初始化是不一樣的。）

## 12.5  第三部曲：預測

當把模型訓練完之後，就可以進行預測，可以用 **model** 中的 **predict** 來做。回憶一下我們輸入一筆數據是 784 維的向量。

```
x_test[5].shape
```

Out:

```
(784,)
```

要注意的是，因為 **predict** 通常是讓你同時做多筆數據的測試，所以就算是一筆數據，我們也要從 **(784,)** 的大小，改為 **(1,784)**。

```
inp = x_test[5].reshape(1,784)
```

再來就可以做預測了！

```
model.predict(inp)
```

Out:

```
array([[8.3794572e-07, 9.8940492e-01, 1.0149133e-03, 2.1378449e-03,
        2.6398044e-04, 8.8325629e-05, 1.0837539e-04, 4.9284543e-03,
        1.7321947e-03, 3.2034589e-04]], dtype=float32)
```

這樣子的輸出，意思是可愛神經網路，預測是每個數字的機率。而在這個例子中，最大的機率是出現在 1 的位置，所以神經網路會預測是 1。能不能不要我們自己看，而是讓神經網路告訴我們是哪個數字最大呢？答案是肯定的！就是用 **argmax**。

```
np.argmax([9, 4, 8, 7])
```

Out:

```
0
```

argmax 會幫我們找出最大值出現的位置。

argmax([9, 4, 8, 7])

　　這邊可以看到，[9, 4, 8, 7] 這串數字最大值是 9，位置是在第 0 個位置。因此取 argmax 的值就是 0。不過對前面預測結果要小心，因為輸出其實不是 10 維向量，而是個 1×10 的矩陣型的數據。argmax 到底是要依列的方向取，還是行的方向取，是我們要設定的。這邊的情況是要依行的方向取，所以設定 axis=-1（最後的那個方向）。因為只有兩個方向，所以和設定 axis=1 是一樣的！

```
np.argmax(model.predict(inp), axis=-1)
```

Out:

```
array([1])
```

　　果然我們發現 1 是神經網路預測最有可能的數字！

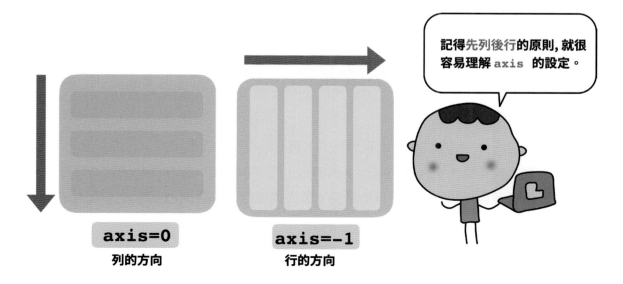

記得先列後行的原則，就很容易理解 axis 的設定。

axis=0　列的方向

axis=-1　行的方向

我們也可以一次預測全部 **x_test** 的手寫數字，結果放到 **y_predict** 之中。

```
y_predict = np.argmax(model.predict(x_test), axis=-1)
```

寫段簡單的程式，來看看每一個手寫辨識數字預測得如何。

```
n = 5
print(' 神經網路預測是 :', y_predict[n])
plt.imshow(x_test[n].reshape(28,28), cmap='Greys');
```

Out:

神經網路預測是 : **1**

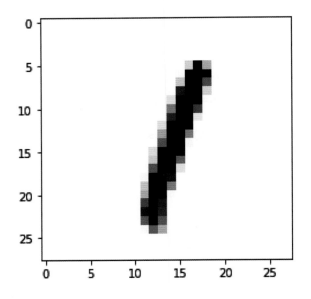

## 12.6　更酷炫的互動呈現

　　記得在前一本《少年 Py 的大冒險》中，有介紹很酷的互動模式：只要寫個 Python 的函式，就能夠互動！沒有看過前一本的內容，也不會影響。還是能夠快速寫段程式，來很方便地看看自己神經網路呈現的結果。首先需要從 **ipywidgets** 裡載入 **interact_manual**。

```
from ipywidgets import interact_manual
```

再寫個簡單函式。

```
def test( 測試編號 ):
    plt.imshow(x_test[ 測試編號 ].reshape(28,28), cmap='Greys')
    print(' 神經網路判斷為 :', y_predict[ 測試編號 ])
```

最後來使用看看！你可以拉數值滑桿按鈕後看到手寫數字的樣子，和神經網路的答案。

```
interact_manual(test, 測試編號 =(0, 9999));
```

Out:

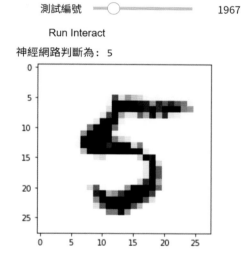

此外，到底測試資料的狀況如何呢？我們可以來給神經網路「總評量」一下。

```
score = model.evaluate(x_test, y_test)
```

看一下結果。

```
print('loss:', score[0])
print(' 正確率 ', score[1])
```

Out:

```
loss: 0.009536783210933208
正確率 0.9386000037193298
```

## 12.7 儲存我們完整模型

如果對結果還滿意,可以儲存這個神經網路,包括所有訓練好的參數。如此一來,下次就不用重新訓練了!

用 Colab 的話,先連上自己的 Google Drive。

```
from google.colab import drive

drive.mount('/content/drive')
```

再來是 **cd** 到你的資料夾中,通常是放到自己 **Colab Notebooks** 中,當然你可以指定其他的資料夾。

```
%cd '/content/drive/My Drive/Colab Notebooks'
```

最後把我們的模型存起來。在自己電腦上跑的話,直接執行這段就好。

```
model.save('my_dnn_model')
```

當然,**my_dnn_model** 是自己取的,你也可以用其他的名字。

 冒險旅程 **12**

1. 試著修改看看程式,比如用不同層數,每層試試看不同個數的神經元,觀察有什麼不同。另外,當然也可以改用其他訓練方式,或者不同的激發函數,試試不一樣的學習速率等等。

2. 記得我們還有個流行版的 **fashion_mnist**。試著用這個數據庫,看你的正確率能多高?

冒險13 讀回我們的 model, 用 gradio 瞬間打造網路 app !

第一次正式使用超酷炫 Gradio 套件!

這次的冒險,我們準備讀回前面做好的手寫辨識模型。然後打造成一個超酷炫的網路 app,可以向親朋好友們炫耀一下你的 AI 程式!

## 13.1　安裝 Gradio 套件

這裡會用到之前冒險介紹過的 gradio 套件,先來安裝一下。

```
!pip install gradio
```

再一次,因為 **Colab 斷線後,所有之前的套件、暫存在 Colab 雲端硬碟的東西都會沒有了**,所以每次都需要重裝。如果用自己的電腦,當然就不用做這件事情啦!

## 13.2　讀入我們訓練好的 model

再來我們把需要用到的套件讀進來，首先將 **gradio** 套件讀進來。另外我們只是要讀入訓練好的模型，沒有要重架一個神經網路，所以 **tensorflow.keras** 的部份只需要 **load_model** 這讀入模型用到的指令。

```
import gradio as gr
from tensorflow.keras.models import load_model
```

需要的套件都已經讀進來後，下一個步驟是連上 Google Drive，接著把上一次冒險訓練好、存起來的神經網路讀回來！

```
from google.colab import drive
drive.mount('/content/drive')
```

切換目錄至原本存放我們可愛模型的資料夾，也就是在 Google Drive 中的 Colab **Notebooks 資料夾**。

```
%cd '/content/drive/My Drive/Colab Notebooks'
```

把先前儲存的模型，**my_dnn_model** 讀回來。當然，如果之前你有改模型儲存的名稱，這裡要改成你自己命名的檔名。

```
model = load_model('my_dnn_model')
```

就這麼簡單！現在 **model** 就是之前訓練好的模型，不用重新訓練，可以直接使用了！接下來就可以開始來打造互動 App 了喔！

## 13.3　設計要給 Gradio 用的函式

先寫一個函式，目的是輸入一張圖片後，用我們的 **model** 去辨識這是哪一個數字，再輸出最後的結果，也就是從輸入至輸出一系列過程的設定都放入此函數。

使用 Gradio 重點是完成一個函式, 決定輸入、輸出是什麼。

"labels" 的輸出

{"0":0, "1":0, "2":0.96, ...}

```
def recognize_digit(img):
    img = img.reshape(1,784)
    prediction = model.predict(img).flatten()
    labels = list('0123456789')
    return {labels[i]: float(prediction[i]) for i in range(10)}
```

這段我們來解釋一下,如同函數學習機,也是需要想好給 Gradio 的函式。這裡輸入是張圖片沒有問題,輸出看要給 Gradio 哪種輸出型態,我們準備選 "label" 這種輸出 (**outputs="label"**),這要求輸出成一個字典的資料型態,內容就是每個資料型態,對應的機率是多少。比如說輸入的是 2,我們 model 判斷,是 0 的機率是 0,是 1 的機率也是 0,2 的機率是 0.96 等等。於是這裡就該有個 **{'0':0, '1':0, '2':0.96, ...}** 這樣的字典資料型態當回傳值。

以下的程式對我們來說是不需要的,只是解說讓大家知道發生什麼事!也就是說,如果你 Python 還算熟悉,早看懂上面的函式在幹嘛,那當然不用理會這段說明。但如果還不太清楚,就看一下以下的說明。

首先,再次強調神經網路很喜歡同時多筆輸入,輸出也是多筆結果。雖然只有一筆輸入,輸出還是一串的資料型態,只是裡面只有一筆結果。也就是說,本來結果應該是長這樣:

```
prediction = np.array([[0, 0, 0.96, 0.2, 0, 0.2, 0, 0, 0, 0]])
```

看看 **shape**,是 **(1,10)**,意思是 1 筆資料,每筆資料是 10 維度的向量。

```
prediction.shape
```

Out:

```
(1, 10)
```

我們用 **flatten()** 「拉平」，把這個 **prediction** 變成 10 維向量。

```
prediction = prediction.flatten()
```

檢查一下是不是真的成功了。

```
prediction
```

Out:

```
array([0.  , 0.  , 0.96, 0.2 , 0.  , 0.2 , 0.  , 0.  , 0.  , 0.  ])
```

接著我們要做一個字典格式，首先，所有「答案」可能是

```
["0", "1", "2", "3", "4", "5", "6", "7", "8", "9"]
```

但這樣一個一個打，不是太麻煩了嗎？這裡可以用個小技巧，快速生成這個串列。

```
labels = list('0123456789')
```

看一下 **labels** 的內容，會發現我們真的成功了！

```
labels
```

Out:

```
['0', '1', '2', '3', '4', '5', '6', '7', '8', '9']
```

最後的輸出，我們用 Python 很酷炫的 list comprehension 的手法來完成。還記得這和數學上描述一個集合的方式，真的是 87 分像！

```
{labels[i]:prediction[i] for i in range(10)}
```

Out:

```
{'0': 0.0,
 '1': 0.0,
 '2': 0.96,
```

```
'3': 0.2,
'4': 0.0,
'5': 0.2,
'6': 0.0,
'7': 0.0,
'8': 0.0,
'9': 0.0}
```

在程式中，我們把 **prediction[i]** 又轉為 float 的格式。這是因為 Gradio 的要求，這麼做比較不會出亂子。

## 13.4　完成我們的 Web App ！

最後，我們準備用 **gr.Interface** 打造 web app 的程式，然後上架。記得 Gradio 很愛把這 interface 界面叫 iface，裡面最重要的是告訴 Gradio，我們希望輸入什麼、輸出什麼。再一次，你可以去看 Gradio 的官方文件，看看可以如何輸入、如何輸出。

這次我們的 **inputs** 要選一個很酷的方式，叫 **"sketchpad"**，這是一個繪圖板輸入的方式。意思是真的可以做手寫辨識！輸出的 **"label"** 方式，前面已經有說明了，等等可以看效果到底如何。

```
iface = gr.Interface(fn=recognize_digit,
                     title=" 我的手寫辨識 AI",
                     description=" 請寫入一個數字，我會辨識是哪一個數字。",
                     inputs="sketchpad",
                     outputs="label")
```

打造好 **iface**，我們就可以上架了。

```
iface.launch()
```

現在，就來欣賞一下剛剛出爐的 "我的手寫辨識 AI" 吧！

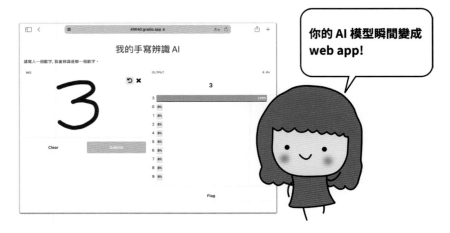

你會發現這真的太酷炫了！可以直接手寫在左邊的區域，並且 Submit 出去，讓機器去判斷。也可以用出現的 `https://xxxxx.gradio.app` 的網址分享給親朋好友，讓他們知道你的成果！再次提醒，**當 Colab 運作停止時，Gradio 所建立的互動 App 也會中斷**。所以快快去炫耀你的作品吧！

## 13.5 補充說明：使用 fashion_mnist 時的標籤

如果你使用 fashion 版的 MNIST，會發現程式都不用改就可以動了！但這時告訴你答案是一個數字，感覺就怪怪的。這只要把 **labels** 的內容改成這樣就可以了！快試試看吧。

```
labels = ["T-shirt/top（T恤）", "Trouser（褲子）", "Pullover（套衫）",
          "Dress（裙子）", "Coat（外套）", "Sandal（涼鞋）",
          "Shirt（汗衫）", "Sneaker（運動鞋）", "Bag（包）",
          "Ankle boot（踝靴）"]
```

 **冒險旅程 13**

1. 試著使用 **fashion_mnist** 訓練，然後完成 fashion 版的 web app ！你可能會發現用 **sketchpad** 的輸入好像不太合理，因為你要自己畫衣服啦、鞋子啦（當然你說不定就是想試試誰比較會畫）。有可能改成真的輸入一張照片，輸出的結果為這是哪一類的服飾嗎？

# 冒險14　圖形辨識天王 CNN

卷積神經網路（Convolutional Neural Network, CNN）當中，會由兩種特別的神經網路隱藏層組成，分別為**卷積層與池化層**，在這次的冒險中，我們就來看看這兩位新朋友究竟有什麼了不起的地方，可以讓 CNN 如此的受歡迎。

## 14.1　卷積神經網路中的卷積層以及 Filter

之前的冒險中，我們已經知道什麼是全連接神經網路模型。這基本上就是仔細觀察資料當中的每一個特徵，並把觀察到的全部東西一次加以判斷。但仔細回想，人類在觀察圖片時，通常會先觀察到圖片當中比較基礎的特徵、再觀察比較抽象的特徵。比如說，我們會先看一張圖片中的條紋，也是圖片當中否有直線、橫線或是斜線，接著再觀察有沒有比較比較複雜一點的圖形，像是圖片中的物體輪廓是圓是方，當然再上去就是比較抽象的資訊，像是圖片中有沒有包含什麼動物的五官啦等特徵。

CNN 是看圖片中有沒有一些**特定特徵**, 再加以判斷的方法。

卷積神經網路層從上面這樣的想法出發，來想辦法將一張圖片當中的抽象特徵給抽取出來。在電腦當中，我們是用一個稱為**過濾器（Filter）**的東西來抽取抽象特徵，每一個 Filter 能用來檢查圖片當中每個角落是否包含某種抽象的特徵，並將這樣的資訊記錄下來。因為我們希望每一層卷積層能一次檢查許許多多不同的抽象特徵，所以每一層卷積神經網路層需要很多個過濾器。

每一個 Filter 會掃描圖片當中的每一個點附近的**「特徵強度」**，並將這個特徵強度紀錄在 Filter 自己的「記分板」上。

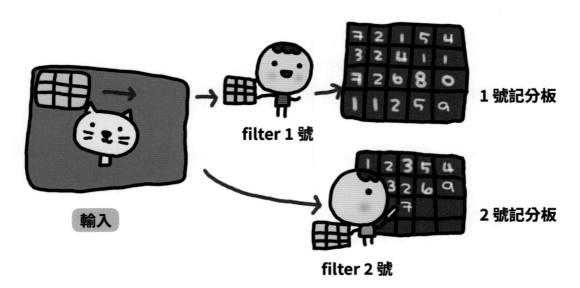

我們來看看一個例子。假設下面是一張很大的圖片的左上角的部分。

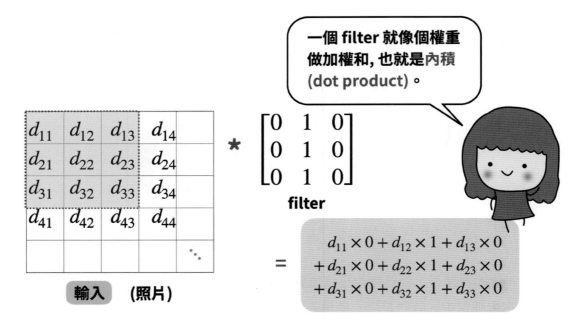

假設我們有一個大小為 3 X 3，且用來檢查垂直線這種特徵的 Filter。首先，Filter 會先檢查圖片左上角的 3 X 3 的位置有沒有垂直線，要怎麼檢查呢？很簡單，就是把 Filter 和圖片中的 3 X 3 一樣位置的數字乘在一起：

$$d_{11} \times 0 + d_{12} \times 1 + d_{13} \times 0 + d_{21} \times 0 + d_{22} \times 1 + d_{23} \times 0 + d_{31} \times 0 + d_{32} \times 1 + d_{33} \times 0$$

也就是將兩邊的 3 X 3 的位置都看成 9 維的向量，然後進行傳統的內積。

實際上，我們可以把上面的答案化簡成

$$d_{12} + d_{22} + d_{32}$$

也就是說，如果圖片左上角看起來像是有垂直線，也就是中間三個數字 $d_{12}, d_{22}, d_{23}$ 是正的數值，Filter 就會覺得說，你這個地方看起來有垂直線噢！然後它就會將這個「垂直線」特徵的強度給記錄下。

緊接著，Filter 會水平往右一步，去檢查圖片左上角右邊一點點，是否也有「垂直線」這樣的特徵。

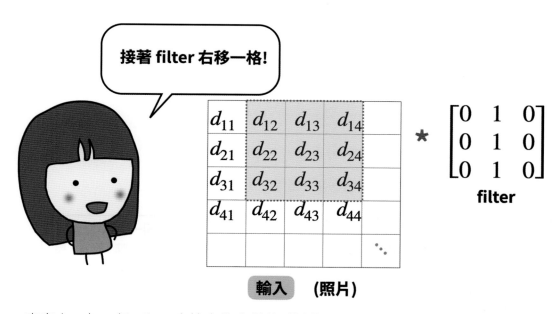

接著 filter 右移一格!

輸入　(照片)

事實上，每一個 Filter 會檢查什麼樣的「特徵」，也就是每一個 Filter 上面的數字究竟是什麼，完全是卷積神經網路在訓練時去學出來的，所以不要煩惱每一個 Filter 到底會專注在檢查什麼樣的抽象特徵。

那麼，一個 Filter 在掃過整張圖片之後，會告訴我們什麼事情呢？來看看以下一個

例子，假設今天要輸入的是一個尺寸很小的圖片，多小呢？就來個 8 X 8 吧！這張 8 X 8 的圖片，在經過尺寸大小為 3 X 3 的 Filter 檢查後，Filter 會用一個比 8 X 8 小一點的記分板來記錄圖片的每一塊 3 X 3 的區域的「特徵強度」，記分板的大小在這邊會是 6 X 6，我們來看看怎麼得到這 6 X 6 當中的每個數字。

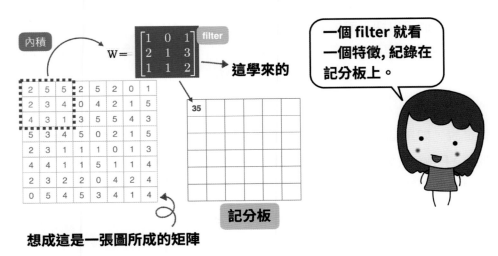

這個 Filter，會和圖片所形成的矩陣左上角的 3 X 3 的位置，先進行之前提過的，像是內積一樣的計算過程，在這邊會得到

$$2×1+5×0+5×1+2×2+3×1+4×3+4×1+3×1+1×2=35$$

因此，Filter 輸出的 6 X 6 的計分板上，左上角的位置為 35。

接下來，在圖片矩陣上移動右一步，看另一小塊 3 X 3 的位置。

這個時候，一樣將兩個 3x3 的矩陣，用剛剛的方式再算一次，也就是

$$5\times1+5\times0+2\times1+3\times2+4\times1+0\times3+3\times1+1\times1+3\times2=27$$

所以在 6 X 6 的計分板上，35 的右邊放的是 27 這個數字。以此類推，我們就把 Filter 的目光，從矩陣的左上角開始看，每次往右一格之後再算一次，直到算到右上角為止。

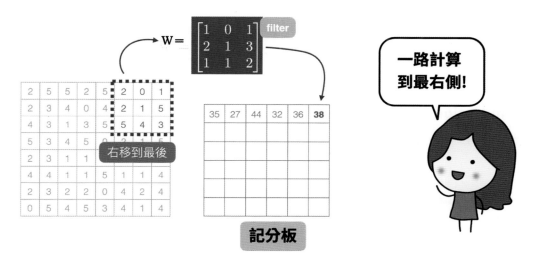

之後，回到左上角的位置，但是往下一格，再用相同的方式一路往右算過去。

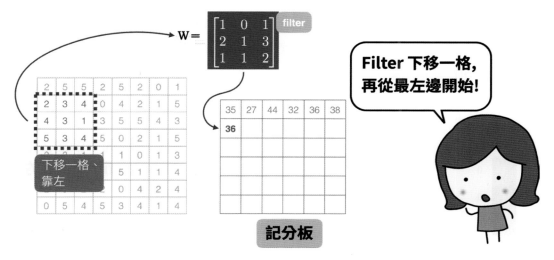

接著一路算到右下角，就能把這個 Filter 對應的記分板填滿了！

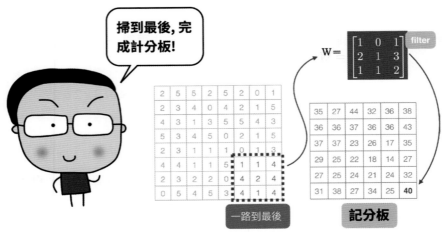

掃到最後, 完成計分板!

一路到最後

記分板

事實上,每一個 Filter 的記分板,還可以再加上偏值(也是學來的),再輸入到激發函數作運算,但即使經過這兩個步驟,記分板依然是 6 X 6 的長相。

一張大的圖片,透過 Filter 我們能得到一個相對應的記分板,這在數學上稱之為**卷積(Convolution)運算**,這也是為什麼 Filter 是卷積層的基本物件,因為我們 Filter 檢查圖片所得到的一個一個記分板,就是透過卷積這樣的運算得到的。

## 14.2　Filter 是如何抽取特徵的呢?

不同的 Filter 有不同檢查特徵的方式,所以得到的特徵強度也會不太一樣。以下面這個 3 X 3 的圖來說,它就是一張垂直線的圖片,所以對專門檢查「垂直線」特徵的 Filter 1 來說,對應的「分數」會比較高,而對於檢查「斜線」的 Filter 2 來說,垂直線顯然沒那麼像斜線,所以對應的分數就比較低;那麼,如何計算出一個具體的分數來說明這強度呢?這個例子可以看得出來,就是把圖片跟 Filter 對應的位置乘起來再相加而已!

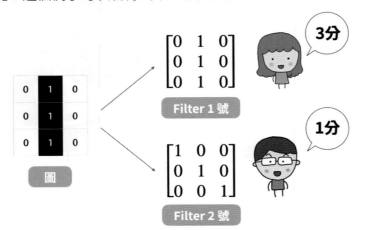

3分

我們來看同一張圖,對兩個不同的 filter 運算的結果。

1分

可以看出一樣的會得高分!

Filter 1 號

Filter 2 號

圖

如果今天圖片是一副長得像是斜線的圖片，那麼，同樣的兩個 Filter 所偵測到的特徵強度就會反過來了！

## 14.3　Filter 的不完全連結特性

如果我們把輸入的圖片，跟輸出的記分板，看成神經元的輸入和輸出時，也就是說，把記分板上的每一個數字看作 6x6=36 個神經元的輸出。

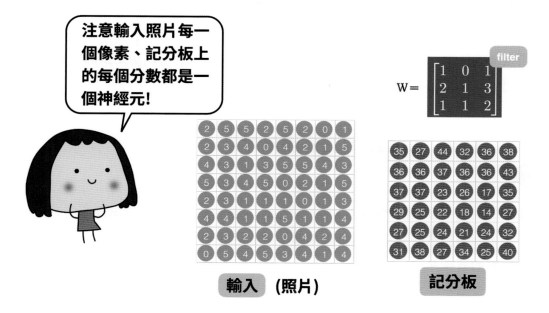

不難發現，輸出的第一個數字，也就是記分板左上角的 35，其實只由輸入圖片的左上角 9 個位置和 Filter 上的「權重」所決定。

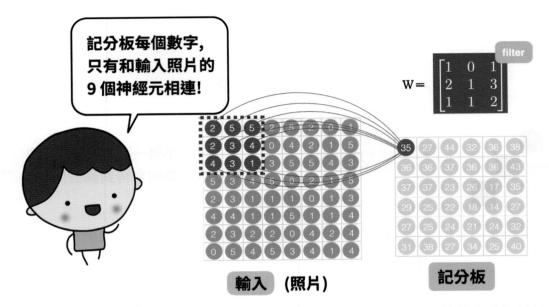

輸入 （照片）　　　　記分板

　　如果是全連結神經網路的話，我們會需要由輸入資料的 8x8=64 的數字才能計算出一個輸出，但在 Filter 的情況下，我們每次只需輸入資料的 9 個數字，就能算出記分板上的一個數字，也就是說，每一個 Filter 可以看成很多個不連結連接的神經元。

　　而且，Filter 這個不完全連接的神經元，只需要 3x3=9 個權重 （加上 Bias 則是 10 個），就能輸出 6 X 6 大小的計分板，如果是全連接神經網路的話，則我們需要 (65+1) x36=2376 個權重才能輸出 36 個數字。

　　所以，為什麼現在大家很喜歡使用卷積神經網路，因為可以用**更少的權重來達成同樣的輸出維度**。

##  14.4　Filter 的記分板尺寸

　　前面的例子當中，我們看到如何將一個 8 X 8 圖片透過 Filter 輸出成這個 Filter 對應的計分板，一個討厭的點是資料看起來變小了，另一個討厭的點是，靠近邊界的特徵，並沒有好好的反應在計分板上，可以看看下面這個的例子。

　　這個例子當中，圖片的最左邊有一條垂直線，然後我們今天考慮的又是檢查「垂直線」這種特徵的 Filter。

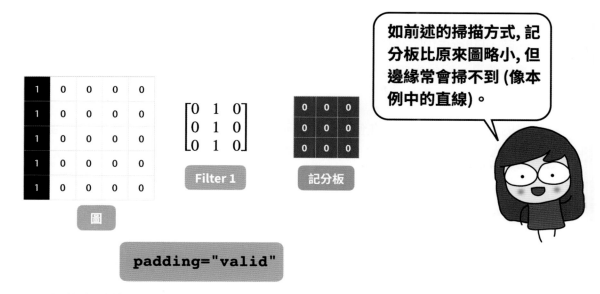

如前述的掃描方式, 記分板比原來圖略小, 但邊緣常會掃不到 (像本例中的直線)。

padding="valid"

　　根據之前的計算，我們會得到一個全部都是 0 的記分板，這就很討人厭了，明明圖中最左邊的位置有條垂直線，但 Filter 算出來的記分板，卻沒辦法呈現圖的左邊有垂直線的情狀。

　　基於上面這兩種原因，我們看看怎麼同時解決圖片和記分板大小不一樣，以及邊邊的特徵沒有被反映出來的狀況。解法非常簡單，就是**在使用 Filter 進行卷積計算的時候，偷偷的圖片外圍補一圈 0**。

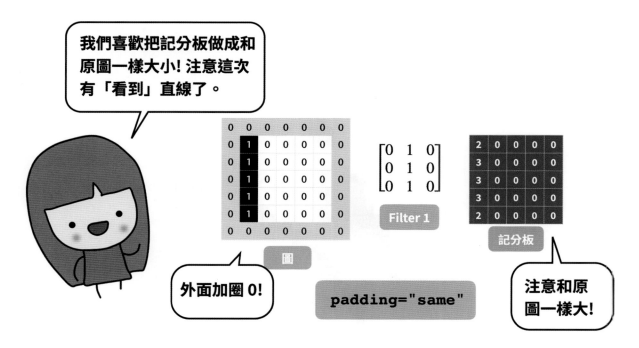

我們喜歡把記分板做成和原圖一樣大小! 注意這次有「看到」直線了。

外面加圈 0!

padding="same"

注意和原圖一樣大!

如此一來，輸入資料看起來就是一個 6 X 6 的矩陣，但只有中間的 4 X 4 是原本的圖片資料，此時，Filter 對應的記分板大小就會變成 4 X 4，是不是跟原本的圖片資料一樣大了呢？更棒的是，記分板的最左邊，也反映出了原始圖片的最左邊有垂直線這樣的特徵了。

在程式的部分，我們只需要在使用卷積層時，使用參數 `padding='same'` 就能指定上面這種作法，把記分板跟輸入圖片弄成一樣的大小，是我們在接下來的冒險中常見的手法。

以下進行一點小總結，如果要設計一個卷積層，需要決定這幾件事：

1. 用多少個 Filter
2. 每個 Filter 的尺寸要用多大

## 14.5　Filter 與有多個通道數的資料

在之前的冒險中看過， MNIST 數據集包含了一堆大小為 28 X 28 的手寫數字圖片，而且這些圖片是灰階的，所以只需要用一個大小為 28 X 28 的矩陣來記錄圖片上每一個點到底有多黑就好。

今天如果是彩色圖片的話，會是什麼情況呢？舉例來說，我們看看下面這一張彩色圖片：

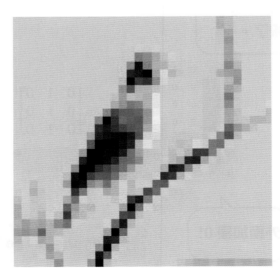

　　我們知道顏色是由三原色，也就是紅色、綠色以及藍色所構成的，意思就是，每一種不同的顏色，其實都是由這三種原色各自有多少比例來決定的話，換句話說，圖片上的每一個點，我們都可以問說這個點的紅色部分有多紅、綠色部分有多綠以及藍色部分有多藍。

　　換句話說，每一張彩色圖片，其實是**三張記錄著三原色各自的強度的圖片**，所以我們眼中的彩色圖片，其實可以看成三張單一色彩的圖片。

　　在這種情況下，會說我們的資料有三個**通道（Channel）**，或是通道數為 3 的資料。如果我們的圖片是大小為 28 X 28 的彩色圖片，那麼，讀進 Python 的時候，通常會是一個 28 X 28 X 3 的陣列。

　　在這種有多個通道的資料上，該如何抽取圖片上的特徵呢？這個問題的答案很簡單，因為我們只會計算 Filter 在一個矩陣上抽取特徵並得到記分板，所以，答案就是：我們用三個不同的 Filter 分別在三個通道上各自計算記分板，最後再把三個記分板加起來就好，所以說，**不管通道數為何，我們最終會得到的，就只有一張記分板。**

　　就像一張彩色圖片其實有三張單一色階的圖片，雖然今天看起來好像有三個 Filter，但其實還是在抽取同一張圖片的特徵，所以我們就把這三個 Filter 疊起來，看成一個有高度的 Filter，所以在設計 CNN 的時候，在卷積層的部分其實也只要指定 Filter 的長跟寬就好，**Filter 到底有多高，則取決於輸入資料到底有幾個通道。**

　　在上面的例子中，如果我們使用尺寸 8 X 8 的 Filter，總共會有 8*8*3 + 1 個參數需要透過訓練模型去學，這個部份我們也會在實作的冒險當中看到。

## 14.6 卷積神經網路之池化層

如果我們在一個卷積層當中，使用很多個 Filter，像是 10 個好了，那我們不就會得到 10 個和輸入資料一樣大的記分板，卷積層不就將輸入資料的數據量放大了 10 倍嗎？

為了對應卷積層將資料的數據量放大的特性，我們就需要一個機制來降低因為 Filter 而增加的數據量，另一方面，圖形的特徵通常不會只由一個像素所決定，通常就是一個像素以及附近的像素所決定的，所以某種程度，我們可以不用知道太多個像素的資訊，只需要「一個」能告訴我們附近大概的像什麼樣子就差不多了，而這種能降低資料量又能保留資訊的機制，我們稱作**池化層（Pooling Layer）**。

**池化層（Pooling Layer）就是將圖形資料分割成一塊一塊不重疊的小區塊，並用一個具有代表性的數字來代表每一個小區塊**，而設計一個池化層，我們需要決定的是：

1. 決定多大的池化區域（通常用 2 X 2）
2. 使用什麼池化方式（取最大值或是平均值）

我們透過以下一個大小為 6 X 6 的記分板，來看看池化大小為 2 X 2 的最大池化層（MaxPooling）是怎麼讓記分板變小的！

| 35 | 27 | 44 | 32 | 36 | 38 |
|----|----|----|----|----|----|
| 36 | 36 | 37 | 36 | 36 | 43 |
| 37 | 37 | 23 | 26 | 17 | 35 |
| 29 | 25 | 22 | 18 | 14 | 27 |
| 27 | 25 | 24 | 21 | 24 | 32 |
| 31 | 38 | 27 | 34 | 25 | 40 |

池化大小為 2 X 2 的意思，代表我們將記分板分割成一個一個不重疊的 2 X 2 區塊。

如果池化方式使用的是**最大池化（Max Pooling）**的話，我們就將每一個 2 X 2 區塊中，最大的數字拿出來，當作該區塊的代表，如此一來，原先大小為 6 X 6 的記分板，就會變成一個 3 X 3 的記分板了。

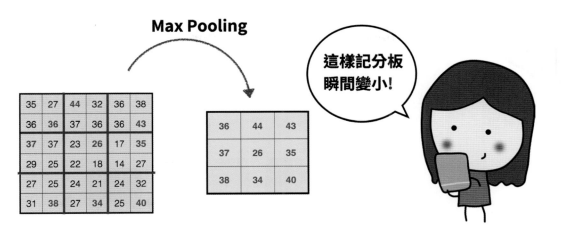

如果我們使用**平均池化（AveragePooling）**的方式來進行池化的計算，則是將每一個 2 X 2 區塊中的 4 個數字取平均，當作該區塊的代表，同樣地，原先大小為 6 X 6 的記分板，就會變成一個 3 X 3 的記分板了。

如此一來，不管卷積層用了多少個 Filter，讓資料量變成原本的幾倍，我們都可以透過池化層將記分板變成原先的 1/4，可以用 4 倍的幅度大幅減少資料量，當然，若池化區域設定的更大，我們就能將記分板變成原本的 1/9, 1/16…，想要將它變得有多小就可以有多小呢！

聰明的各位可能會問，這樣子縮小記分板，不會讓資料損失很多資訊嗎？我們來看看一張照片經過最大池化前後的樣子。

右圖是將左圖經過最大池化後的結果，不難發現，其實圖片當中的物件輪廓、物件之間的相對位置等等的關係，並不會因為圖片變得模糊而看不出來，而這也是池化層的一個用意，就是**其實不需要看得太清楚，也能看到很多有用的資訊啦！**

## 14.7　常見 CNN 的設計架構

常見的 CNN 模型架構中，我們會輪流使用卷積層和池化層，而且通常會使用好幾次，也就是：

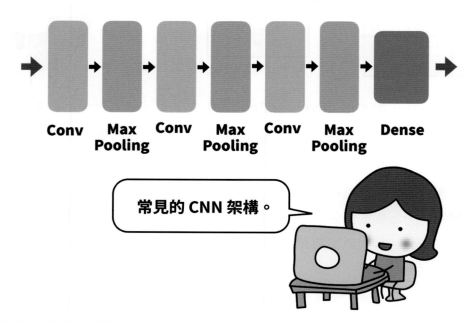

常見的 CNN 架構。

使用很多個卷積層的原因，就像之前提過的一樣，Filter 會先取出比較基本的抽象特徵，像是直線、橫線、斜線等等這種比較基本的幾何元件，再接下來的卷積層，就是組裝抽象資訊，取出比較高級一點的抽象特徵，像是正方形、圓形之類的幾何元件，再下一層卷積層就是用來取出更抽象的資訊，像是波浪、條紋等等比較複雜的幾何元件。

經典的 CNN 模型通常用 3 層卷積層就夠了，當然，也可以多一點卷積層和池化層，不一定要剛好是 3 層，但有一點很重要的是，越後面的卷積層的 Filter 個數，通常是用得越來越多。

接下來，在好幾層卷積層和池化層之後，我們會把最後的記分板接到一層全連接層，或是很多層全連接層，全看個人喜好，將記分板接到全連接層的方式有好幾種，最常見的方式就是將記分板拉平成向量，會在後面實作當中再次提到這件事。

1. 最大池化層（Max Pooling Layer）是將計分板上分割成小區塊，並將每個小區塊當中的最大值取出來當代表。

**Max Pooling**

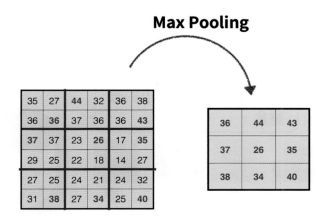

　　如果我們想要取出每一個區塊的平均值，也就是對記分板進行平均池化（Average Pooing），請問上面的記分板進行平均池化後的記分板，會長什麼樣子呢？

 **冒險15 用 CNN 做圖形辨識 - 資料處理篇**

在這裡，我們要以 CIFAR-10 這個十類別彩色圖片數據集中的資料為例。CIFAR-10 有包括飛機啦、鳥啦、貓啦、狗啦等等十個種類的彩色小圖，每一張圖片有多小呢？其實差不多就是 32 × 32 的大小。這真是超低的解析度，很多連我們人都很難分辨！

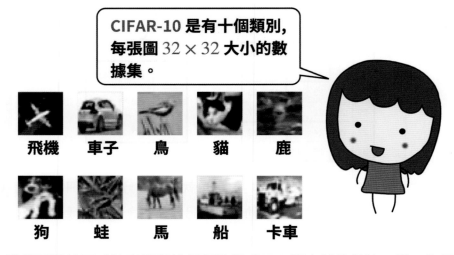

> CIFAR-10 是有十個類別，每張圖 32 × 32 大小的數據集。

| 飛機 | 車子 | 鳥 | 貓 | 鹿 |
| 狗 | 蛙 | 馬 | 船 | 卡車 |

現在我們要開始正式地寫卷積神經網路程式了！跟之前的做法一樣，先讀入基本套件。

```python
import matplotlib.pyplot as plt
import numpy as np
import pandas as pd
```

 ## 15.1 讀入 CIFAR-10 數據庫

我們先用以前的方法來打造一個準備用來分類 CIFAR-10 的 LetNet-5 神經網路。和之前一樣，先把基本要打造神經網路的函式讀進來。

```python
from tensorflow.keras.datasets import cifar10
from tensorflow.keras.utils import to_categorical
```

　　讀入數據庫後，接下來則需要將訓練資料及測試資料載進來，因為這個資料集已經幫大家切好測試集與訓練集，所以不用自己切分。要記得所有 **tf.keras** 提供的套件，都是用固定順序讀進來的。接著，我們將 CIFAR-10 的數據集讀取進來。

```
(x_train, y_train), (x_test, y_test) = cifar10.load_data()
```

和之前 MNIST 類似，注意讀進來數據的順序。不太一樣的是輸入是 32 × 32 的照片，有 3 個 channels。

```
(x_train, y_train), (x_test, y_test) = cifar10.load_data()
```

　　跟之前的做法相同，我們可進行一些簡單的資料前處理。

## 15.2　欣賞一下資料

　　再來我們要做一件非常重要的事，就是看看數據集的樣子，看看它和我們心中所想像的是否一樣，也就是 **x_train, y_train, x_test, y_test** 等等數據。首先，先檢查這些數據的形狀，用的是 **shape**。

```
x_train.shape
```

Out:

```
(50000, 32, 32, 3)
```

　　這就是說訓練資料包含了 50000 筆資料，每一筆資料的尺寸都是 32 X 32 X 3 的陣列。

　　咦？這似乎跟我們之前看過的手寫數字圖片的尺寸有一點點的不太一樣，其中一個當然是比 28 X 28 的手寫數字圖片大一點點，那最後一個 3 是什麼意思呢？這其實是因為，MNIST 蒐集的是黑白圖片，我們只需要知道每一個像素點有多黑就好。CIFAR-10

數據庫裡頭蒐集的則是彩色圖片，而一張彩色圖片在這裡是使用 RGB 格式來儲存，也就是說，每一個像素點包含了**紅色（Red）、綠色（Green）、藍色（Blue）三原色的強度**，換言之，我們看到的彩色圖片，其實是三張不同色的強度圖片疊加起來的。

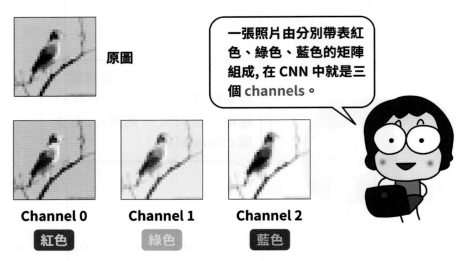

在影像處理的領域當中，我們會說這張圖片有三通道（Channel），代表有三個一樣大小的顏色通道，換句話說，**彩色圖片上的每一個像素點是由三個數值來表示的。**

接下來，我們來看看圖片的「答案」有哪些？

```
np.unique(y_train)
```

Out:

```
array([0, 1, 2, 3, 4, 5, 6, 7, 8, 9], dtype=uint8)
```

實際上，這 10 個數字並不是說圖片中放的是數字，實際上從 CIFAR-10 的說明當中，可以看到這 10 個類別分別是：飛機、汽車、鳥、貓、鹿、狗、青蛙、馬、船和卡車這十種類別的圖片。

```
print(f" 資料的最小值：{np.min(x_train)}")
print(f" 資料的最大值：{np.max(x_train)}")
```

Out:

資料的最小值：0

資料的最大值：255

　　因此，和之前處理 MNIST 的時候一樣，我們需要將資料進行**常模化 (normalization)**。常見的常模化的手法是讓數字變成 0 到 1 之間，因為原本都是 0 到 255 的數字，除以 255 就可以達成我們的需求。

```
x_train = x_train/255
x_test = x_test/255
```

　　前面我們發現 **y_train** 裡每個元素都只是個數字，現在要做 one-hot encoding，方法非常簡單：就是之前讀入的 **to_categorical**，告訴它我們的數據有 10 個類別就好。

```
y_train = to_categorical(y_train, 10)
y_test = to_categorical(y_test, 10)
```

　　做完之後，你可以試看看這些處理後的維度是否跟我們想要的長相一樣。

```
y_train.shape
```

Out:

```
(50000, 10)
```

　　至此，我們已經完全準備好，可以準備開始打造函數學習機了！接著就是按照類似之前的方式，來建立一個卷積神經網路。

 冒險旅程 **15**

1. CIFAR-10 數據集包含了 10 種不同種類的彩色圖片，我們來試著將每一種類的圖片隨便挑兩張畫出來看看。比如說，我們可以用下面的方式將類別標籤為 0 的圖片資料都取出來。

```
c = 0
x_c = x_train[np.where(y_train==c)[0]]
x_c.shape
```

Out:

```
(5000, 32, 32, 3)
```

接下來,我們將前兩筆資料拿出來畫。

```python
plt.subplot(2, 1, 1)
plt.imshow(x_c[0])
plt.axis('off')

plt.subplot(2, 1, 2)
plt.imshow(x_c[1])
plt.axis('off');
```

Out:

最後就讓各位試試看從每一個種類的圖片當中挑 2 張圖出來畫看看囉〜

2. 我們已經看到過,CIFAR-10 數據集中的圖片是大小為 32 X 32 的彩色圖片,所以數據集中的每一張圖,都會是一個大小為 32 X 32 X 3 的陣列。請大家嘗試看看將彩色圖片以及圖片的每一通道的色階圖拿出來繪製看看,並且看看能不能用對應

的色階來把三張通道的圖片畫出來。舉例來說，我們可以畫出下面這樣的圖：

CIFAR-10 中的鳥類圖片及三個通道各自的圖片呈現

如果不確定如何將每一個通道的圖從陣列中取出的化，可以參考下面用 Index Slicing 的方式進行取出。

首先，我們隨便挑一張圖。

```
color_img = x_train[0]
```

接著，紅色通道的圖可以用下面的方式取出來。

```
red_channel = color_img[:, :, 0]
```

我們可以用相同的方式來取出綠色通道的數據。

```
green_channel = color_img[:, :, 1]
```

最後的藍色通道，就跟大家想的做法一樣啦～

```
blue_channel = color_img[:, :, 2]
```

剩下就讓大家練習看看，如何將原始圖片以及三個通道的圖片給繪製出來囉！　■

冒險 16 三部曲打造圖形辨識 CNN

現在我們準備再度使用「打造函數學習機三部曲」來開始建置圖形辨識的 CNN，利用的就是前一次冒險處理好的 CIFAR-10 數據集。和之前 DNN 不同的地方是，這次輸入可以直接是一張的照片，不需要再變成一個向量。記得在 CIFAR-10 裡的照片都是 32 X 32 的大小，是彩色的所以有 3 個 channel，因此**輸入是 (32, 32, 3) 的型式**。輸出是 10 個類別，也就**輸出層有 10 個神經元**。

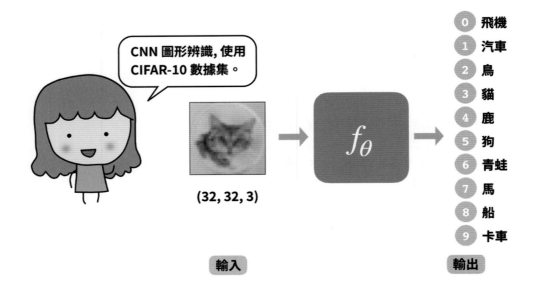

## 16.1 第一部曲：打造卷積神經網路

現在把需要打造 CNN 的基本元件讀進來，**Conv2D**、**MaxPool2D** 當然是 CNN 必備的。而最後有個 **Flatten**，這是要把一個個記分板（也就是矩陣、或者是 2 階張量），合併成一個向量。

```
from tensorflow.keras.models import Sequential
from tensorflow.keras.layers import Dense, Flatten
from tensorflow.keras.layers import Conv2D, MaxPool2D
from tensorflow.keras.optimizers import SGD, Adam
```

就像之前建立神經網路的時候一樣，要建立神經網路就是使用 `Sequential`，首先，我們打開一台空白的函數學習機。

```
model = Sequential()
```

和以前一樣，如果沒有特別想法，大家都會叫 `model`，也就是我們的模型。

接著要來打造 CNN 版本的函數學習機了！回顧一下常見的 CNN 模型架構中，我們經常會輪流使用卷積層和池化層，最後再想辦法接回全連接層，然後如同之前，要在幾個類別中進行分類，那輸出層就會有幾個神經元，最後再用 `softmax` 讓數字加起來等於 1。

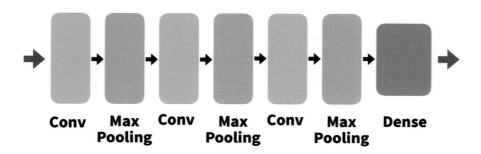

我們今天準備架設的 CNN 模型就差不多是這個樣子，從輸入開始，就是卷積層和池化層輪流用個三次，然後再接個一層全連接層，之後就輸出最後結果，聽起來是不是簡單！記得在設計卷積層時，過濾器要越來越多這個重點就好。

回憶一下，要設計一個卷積層要決定什麼事呢？

1. 要用幾個過濾器
2. 過濾器的大小（比如 3 X 3 或是 5 X 5 等等）

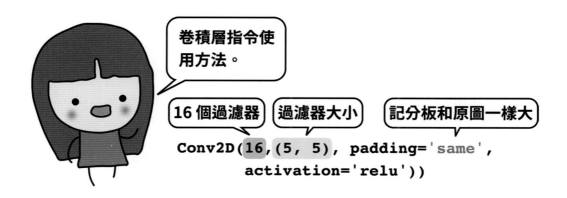

現在第一個卷積層準備使用 16 個過濾器，每個都是 5 X 5 的大小，並採用 **ReLU** 當激發函數。有一點要提醒，因為是神經網路的第一層，電腦沒辦法知道輸入的資料尺寸是什麼，所以我們要明確的說是 **(32, 32, 3)**。

```
model.add(Conv2D(16,(5, 5), padding='same',
                 input_shape=(32, 32, 3),
                 activation='relu'))
```

要注意的是，這裡我們指定參數 **padding='same'** 是要求卷積層中每一個 Filter 的**「記分板跟輸入照片一樣大」**，這是比較常用的方式。另外還有 **padding='valid'**，這時記分板會比輸入照片略小一點。雖然我們還沒建置好整個神經網路模型，但可以迫不及待的觀看一下目前的模型長相。

```
model.summary()
```

Out:

Model: "sequential"

| Layer (type) | Output Shape | Param # |
|---|---|---|
| conv2d (Conv2D) | (None, 32, 32, 16) | 1216 |

Total params: 1216
Trainable params: 1216
Non-trainable params: 0

當一筆尺寸為 (32, 32, 3) 的資料經過上面的卷積層的運算之後，就會變成 (32, 32, 16) 的大小，這指的是我們有 16 個尺寸為 (32, 32) 的記分板，每一個記分板和輸入資料的每一個通道的尺寸是一樣的。

接下來，我們要放一層池化層，在這裡要使用的是 **MaxPool2D**（2 維的池化層）。需要注意到的是，**tf.Keras** 當中有另一個名稱很像的函式，叫做 **MaxPooling2D**，但其實這兩個傢伙是相同的東西！

　　設計池化層的時候，我們只需要指定池化的尺寸，但由於大家都喜歡用尺寸為 2 X 2 的池化器，因為剛好可以讓每一張記分板的長和寬都變成一半，所以為了方便，**2 X 2 大小的池化器是預設的尺寸**，也就是說，我們連提都不要提用什麼尺寸的話，就會自動是 2 X 2 的尺寸。

2×2 池化實在太常用了，所以提都不用提！

**MaxPool2D(pool_size=(2, 2))**

**MaxPool2D()**

```
model.add(MaxPool2D())
```

　　雖然我們依舊還沒完成神經網路模型的建置，但還是再偷偷看看模型目前的長相吧！

```
model.summary()
```

Out:

Model: "sequential"

| Layer (type) | Output Shape | Param # |
|---|---|---|
| conv2d (Conv2D) | (None, 32, 32, 16) | 1216 |
| max_pooling2d (MaxPooling2D) | (None, 16, 16, 16) | 0 |

Total params: 1216

Trainable params: 126

Non-trainable params: 0

---

當尺寸為 (32, 32, 16) 的資料經過上面的池化層之後，資料會變成 (16, 16, 16) 的大小，沒錯，每一個記分板的資料尺寸都縮水了！接下來我們再來接一層卷積層，設定和第一層卷基層都差不多，只是這次要用更多 Filter，這次要使用 32 個 Filter。

```
model.add(Conv2D(32,(5, 5), padding='same', activation='relu'))
```

在這一層卷積層的前後，資料尺寸會從 (16, 16, 16) 變成了 (16, 16, 32)。跟上面一樣，我們緊接著要放上一層池化層來繼續降低每一個記分板的資料尺寸。

```
model.add(MaxPool2D())
```

當尺寸為 (16, 16, 32) 的資料經過上面的池化層之後，資料會變成 (8, 8, 32) 的大小。雖然依舊還沒完成神經網路模型的建置，但還是再偷偷看看模型目前的長相吧！

```
model.summary()
```

Out:

Model: "sequential"

---

| Layer (type) | Output Shape | Param # |
|---|---|---|
| conv2d (Conv2D) | (None, 32, 32, 16) | 126 |
| max_pooling2d (MaxPooling2D) | (None, 16, 16, 16) | 0 |
| conv2d_1 (Conv2D) | (None, 16, 16, 32) | 12832 |
| max_pooling2d_1 (MaxPooling2D) | (None, 8, 8, 32) | 0 |

---

Total params: 14,048

Trainable params: 14,048
Non-trainable params: 0

---

我們可以再開開心心的加入第三層卷積層和池化層，卷積層中的 Filter 要用多少個呢？當然是比上一次的 32 個 Filter 再更多一點啦，這次要用到 64 個。

```
model.add(Conv2D(64,(5, 5), padding='same', activation='relu'))
model.add(MaxPool2D())
```

養成好習慣，沒事看一下模型的長相：

```
model.summary()
```

Out:

Model: "sequential"

---

| Layer (type) | Output Shape | Param # |
|---|---|---|
| conv2d (Conv2D) | (None, 32, 32, 16) | 126 |
| max_pooling2d (MaxPooling2D) | (None, 16, 16, 16) | 0 |
| conv2d_1 (Conv2D) | (None, 16, 16, 32) | 12832 |
| max_pooling2d_1 (MaxPooling2D) | (None, 8, 8, 32) | 0 |
| conv2d_2 (Conv2D) | (None, 8, 8, 64) | 51264 |
| max_pooling2d_2 (MaxPooling2D) | (None, 4, 4, 64) | 0 |

---

Total params: 65,312
Trainable params: 65,312
Non-trainable params: 0

---

尺寸為 (8, 8, 32) 經過了卷積層，會變成 (8, 8, 64) 的資料，再接著經過池化層，資料會變成 (4, 4, 64) 的大小，這樣大小的**資料包含了 4x4x64=1024 個數值**。

因為我們要建立的是分類模型，所以希望最後的輸出資料能表示資料屬於每一個種類的機率，也就是說，我們想要輸出成一個機率向量的形式，因此，需要想辦法串接全連接層。在這邊要注意的一件事是，全連接層需要向量資料當作輸入，因此，需要在池化層之後，把所有資料拉平成向量，在這裡我們用到 **Flatten**（拉平層）。

```
model.add(Flatten())
```

在經過上面的拉平層之後，資料會從 (4, 4, 64) 變成維度為 4x4x64=1024 的向量。

```
model.summary()
```

Out:
Model: "sequential"

| Layer (type) | Output Shape | Param # |
|---|---|---|
| conv2d (Conv2D) | (None, 32, 32, 16) | 126 |
| max_pooling2d (MaxPooling2D) | (None, 16, 16, 16) | 0 |
| conv2d_1 (Conv2D) | (None, 16, 16, 32) | 12832 |
| max_pooling2d_1 (MaxPooling2D) | (None, 8, 8, 32) | 0 |
| conv2d_2 (Conv2D) | (None, 8, 8, 64) | 51264 |
| max_pooling2d_2 (MaxPooling2D) | (None, 4, 4, 64) | 0 |
| flatten (Flatten) | (None, 1024) | 0 |

Total params: 65,312
Trainable params: 65,312
Non-trainable params: 0

　　輸入資料從一開始的 (32, 32, 3) 到現在的 1024 維向量，這一個過程其實是將圖片的資料資訊進行萃取並獲得較好的**特徵表現向量（Representation Vector）**，一個好的表示向量包含了資料原本的資訊，並且能讓我們用於後續的分類或是預測之中。關於表示向量，我們會在之後的冒險中陸續看到。

　　接下來，就可以開開心心的和之前一樣，用這個 1024 維的向量開始做分類模型。在這邊，接了兩層全連接神經網路層作為隱藏層，並在第二層使用 **softmax** 當激發函數。

```
model.add(Dense(32, activation='relu'))
model.add(Dense(10, activation='softmax'))
```

　　到目前為止，已經將 CNN 模型給組裝完畢了，粗略一點的說，我們使用了 3 層的卷積層（與池化層）再加上 2 層的全連接層，總共使用 5 層神經網路層來建立這個 CNN 模型。

## 16.2　組裝自己的神經網路

　　看起來，我們已經把第二個神經網路給建造完成了！除了卷積層和池化層的設定比全連接層多一點點外，是不是還是相當很容易呢？現在，要用 **compile** 做最後的組裝。和之前一樣，需要告訴電腦在訓練神經網路的時候，要用什麼損失函數當作訓練的基準，並且要指定使用什麼優化學習方法。在這邊一樣選擇了平均平方差 **mse** 作為訓練 CNN 模型時的損失函數，再來用比梯度下降法 **SGD** 來更高級一點 **Adam** 來訓練我們的神經網路。

```
model.compile(loss='mse', optimizer=Adam(learning_rate=0.001),
metrics=['accuracy'])
```

## 16.3 欣賞自己的神經網路

組裝完神經網路後，可以先用 **summary** 看看自己建構的神經網路，看看是否和當初設計是一致的。我們會一再強調，用 **summary** 檢查是一件很重要的事！

```
model.summary()
```

Out:

Model: "sequential"

| Layer (type) | Output Shape | Param # |
|---|---|---|
| conv2d (Conv2D) | (None, 32, 32, 16) | 126 |
| max_pooling2d (MaxPooling2D) | (None, 16, 16, 16) | 0 |
| conv2d_1 (Conv2D) | (None, 16, 16, 32) | 12832 |
| max_pooling2d_1 (MaxPooling2D) | (None, 8, 8, 32) | 0 |
| conv2d_2 (Conv2D) | (None, 8, 8, 64) | 51264 |
| max_pooling2d_2 (MaxPooling2D) | (None, 4, 4, 64) | 0 |
| flatten (Flatten) | (None, 1024) | 0 |
| dense (Dense) | (None, 84) | 32800 |
| dense_1 (Dense) | (None, 10) | 330 |

Total params: 98,442
Trainable params: 98,442
Non-trainable params: 0

再次看到這樣的資訊，應該開始習慣了吧！這個 **summary** 告訴我們每一層後面輸出資料的長相 **Output　Shape**，從名稱看就知道這是指**每一個隱藏層所輸出時資料長相**，最重要的是，我們知道總共有多少個權重需要訓練，和之前的 DNN 相比，雖然我們用了誇張多的隱藏層，但實際上需要訓練的權重總是反而比較少的！這就是使用卷積層的好處之一！

## 16.4　第二部曲：訓練

打造完函數學習機後，就可以準備開始訓練了。這裡要丟進去訓練資料的輸入 **x_train**，還有正確答案 **y_train**。我們通常不希望 50000 筆資料都算完才做調整，所以會設所謂的**微批次（mini batch）**，而 **batch_size** 就是設微批次大小（你當然可以改）。而最後的 **epochs** 是整個 50000 筆數據要訓練幾次。

```
model.fit(x_train, y_train, batch_size=100, epochs=20)
```

Out:

Epoch 1/20

500/500 [======] - 4s 8ms/step - loss: 0.0582 - accuracy: 0.5555

Epoch 2/20

500/500 [======] - 4s 8ms/step - loss: 0.0538 - accuracy: 0.5943

Epoch 3/20

500/500 [======] - 4s 8ms/step - loss: 0.0507 - accuracy: 0.6204

Epoch 4/20

500/500 [======] - 4s 8ms/step - loss: 0.0481 - accuracy: 0.6444

Epoch 5/20

500/500 [======] - 4s 8ms/step - loss: 0.0458 - accuracy: 0.6635

Epoch 6/20

500/500 [======] - 4s 8ms/step - loss: 0.0435 - accuracy: 0.6835

Epoch 7/20

500/500 [======] - 4s 8ms/step - loss: 0.0415 - accuracy: 0.7000

```
Epoch 8/20
500/500 [======] - 4s 8ms/step - loss: 0.0395 - accuracy: 0.7176
Epoch 9/20
500/500 [======] - 4s 8ms/step - loss: 0.0376 - accuracy: 0.7339
Epoch 10/20
500/500 [======] - 4s 8ms/step - loss: 0.0358 - accuracy: 0.7471
Epoch 11/20
500/500 [======] - 4s 8ms/step - loss: 0.0341 - accuracy: 0.7610
Epoch 12/20
500/500 [======] - 4s 8ms/step - loss: 0.0320 - accuracy: 0.7783
Epoch 13/20
500/500 [======] - 4s 8ms/step - loss: 0.0304 - accuracy: 0.7921
Epoch 14/20
500/500 [======] - 4s 8ms/step - loss: 0.0290 - accuracy: 0.8032
Epoch 15/20
500/500 [======] - 4s 8ms/step - loss: 0.0276 - accuracy: 0.8145
Epoch 16/20
500/500 [======] - 4s 8ms/step - loss: 0.0262 - accuracy: 0.8229
Epoch 17/20
500/500 [======] - 4s 7ms/step - loss: 0.0249 - accuracy: 0.8332
Epoch 18/20
500/500 [======] - 4s 8ms/step - loss: 0.0238 - accuracy: 0.8418
Epoch 19/20
500/500 [======] - 4s 8ms/step - loss: 0.0223 - accuracy: 0.8541
Epoch 20/20
500/500 [======] - 4s 8ms/step - loss: 0.0213 - accuracy: 0.8607
```

這裡最重要的是最後的正確率，我們發現正確率是 **86.07%**（你的結果不同是很正常的，因為大家的訓練過程是不一樣的。），比起 MNIST，CIFAR-10 數據庫的訓練準確率是非常難到達非常高的，而這也是黑白圖片與彩色圖片的一個差異，就是沒有想像中的好訓練。

## 16.5　第三部曲：預測

當把模型訓練完之後，就可以進行預測，可以用我們的 model 中的 **predict** 來做。回憶一下我們輸入一筆數據是 32x32x3 的彩色圖片，這邊我們隨便挑一筆測試資料 **x_test[5]**，這筆資料其實是是一隻可愛的青蛙圖片。

```
plt.imshow(x_test[5])
plt.title(f"Label: {y_test[5].argmax()}");
```

Out:

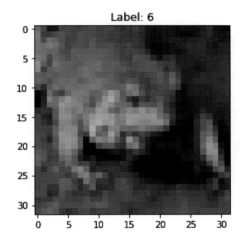

青蛙類別在 CIFAR-10 當中的類別編號為 6。

```
inp = x_test[5].reshape(1, 32, 32, 3)
```

再來我們就可以做預測了！

```
model.predict(inp)
```

Out:

```
array([[6.3499965e-04, 3.2445649e-05, 2.2267004e-02,
        1.4508387e-02, 1.1023103e-02, 2.0334625e-03,
        9.4931710e-01, 6.3564949e-05, 1.8522836e-08,
        1.0147455e-04]], dtype=float32)
```

那模型要怎麼預測這張圖片的標籤呢？很簡單，因為模型預測的是這張圖片屬於每一個類別的機率，就看這個機率向量中的哪一個**指標（Index）的機率最大，就把它當作是這個類別了**。

```
np.argmax(model.predict(inp), axis=-1)
```

Out:

```
array([6])
```

在這裡，模型預測的結果是 6，也就是模型覺得這張圖片裡面的東西是第 6 類，也就是青蛙！

雖然我們的 CNN 在訓練資料上只有 86% 左右的辨識成功率，但還是能在沒看過的青蛙圖片上順利辨識出它是一隻可愛的青蛙呢！

我們也可以一次預測全部 **x_test** 的種類類別，結果放到 **y_predict** 之中。

```
y_predict = np.argmax(model.predict(x_test), axis=-1)
```

寫段簡單的程式，看看每一個手寫辨識數字預測得如何。

```
n = 5

print(' 神經網路預測是 :', y_predict[n])
plt.imshow(x_test[n], cmap='Greys');
```

Out:

神經網路預測是 ： 6

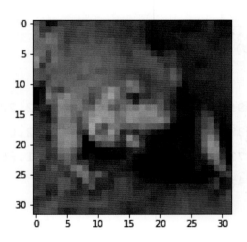

## 16.6　更酷炫的互動呈現

　　記得我們在前一 本《少年 Py 的大冒險》中，有介紹很酷的互動模式：只要寫個
Python 的函式，就能夠互動！這裡就不再詳細說明，就快速寫段程式能方便看看自己
神經網路呈現的結果。首先我們需要從 **ipywidgets** 裡的 **interact_manual**。

```python
from ipywidgets import interact_manual
```

我們先準備每個類別標籤的中英文對照。

```python
class_name = ['飛機', '汽車', '鳥', '貓', '鹿', '狗', '青蛙', '馬',
'船', '卡車']
```

然後，我們再寫個要用來互動的簡單函式。

```python
def test( 測試編號 ):
    plt.imshow(x_test[ 測試編號 ], cmap='Greys')
    print(' 神經網路判斷為 :', class_name[y_predict[ 測試編號 ]])
```

　　最後來使用看看！你可以拉數值滑桿，按鈕後看到手寫數字的樣子，和神經網路的
答案。

```python
interact_manual(test, 測試編號 =(0, 9999));
```

Out:

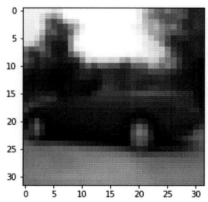

到底測試資料整體的表現如何呢？我們可以給神經網路「總評量」。

```python
score = model.evaluate(x_test, y_test)
```

看一下結果。

```python
print(f"loss: {score[0]}")
print(f" 正確率 : {score[1]*100:.2f}%")
```

Out:

loss: 0.05358993634581566

正確率 : 64.44%

## 16.7　儲存我們完整模型

如果對目前的訓練結果已經覺得很滿意了，可以儲存這個神經網路，包括所有訓練好的參數。如此一來，下次就不用重新訓練了！

用 Colab 的話，先連上自己的 Google Drive。

```python
from google.colab import drive
drive.mount('/content/drive')
```

再來是 **cd** 到你的資料夾中，我們通常是放到自己的 **Colab Notebooks** 中，自然你可以指定其他的資料夾。

```python
%cd '/content/drive/My Drive/Colab Notebooks'
```

最後把我們的模型存起來。在自己電腦上跑的話，直接執行這段就好。

```python
model.save('my_cnn_model')
```

當然，**my_cnn_model** 是自己取的，你也可以用其他的名字。

**冒險旅程 16**

1. 試著修改看看本次冒險中的 CNN 模型，比如用更多或更少層卷積層及池化層，或是在卷積層中使用不同數量的過濾器，並觀察這樣的模型會不會有更好的表現。另外，當然也可以改用其他訓練方式，或著不同的激發函數，試試不一樣的學習速率等等。

2. 練習看看下面架構的 CNN 模型來作為 **cifar-10** 數據集的分類模型吧！：

   第一層：卷積層，16 個 Filter，尺寸大小為 (3, 3)，激活函數使用 ReLU

   第二層：卷積層，16 個 Filter，尺寸大小為 (3, 3)，激活函數使用 ReLU

   第三層：池化層，池化尺寸為 (2, 2)

   第四層：卷積層，32 個 Filter，尺寸大小為 (3, 3)，激活函數使用 ReLU

   第五層：卷積層，32 個 Filter，尺寸大小為 (3, 3)，激活函數使用 ReLU

   第六層：池化層，池化尺寸為 (2, 2)

   第七層：拉平層

   第八層：全連接層：10 個神經元，，激活函數使用 Softmax

模型的架構會是下面這個樣子。

```
Model: "sequential"
```

| Layer (type) | Output Shape | Param # |
|---|---|---|
| conv2d (Conv2D) | (None, 32, 32, 16) | 1216 |
| max_pooling2d (MaxPooling2D) | (None, 16, 16, 16) | 0 |
| conv2d_1 (Conv2D) | (None, 16, 16, 32) | 12832 |
| max_pooling2d_1 (MaxPooling2D) | (None, 8, 8, 32) | 0 |
| conv2d_2 (Conv2D) | (None, 8, 8, 64) | 51264 |
| max_pooling2d_2 (MaxPooling2D) | (None, 4, 4, 64) | 0 |

| flatten (Flatten) | (None, 1024) | 0 |
| dense (Dense) | (None, 10) | 20490 |

```
=================================================================
Total params: 37,434
Trainable params: 37,434
Non-trainable params: 0
```

3. 如果覺得 **cifar-10** 很難訓練,可以回頭找我們的老朋友 **mnist**,以及它的流行版本 **fashion_mnist**。嘗試用這兩個數據庫,看你的 CNN 能有多高的訓練及測試正確率?

要注意的是,由於 **mnist** 和 **fashion_mnist** 都是黑白圖片數據庫,所以每一張圖片都沒有通道數,所以我們需要透過 **reshape** 來增加一個通道數。

```
(x_train, y_train), (x_test, y_test) = cifar10.load_data()
x_train = x_train.reshape(60000, 28, 28, 1)/255
x_test = x_train.reshape(10000, 28, 28, 1)/255
y_train = to_categorical(y_train, 10)
y_test = to_categorical(y_test, 10)
```

4. 雖然 **cifar-10** 已經很難訓練,但其實有個包含 100 類別的 **cifar-100**。練習看看在這個數據集上做一個 1000 種類的分類模型,並挑戰一下,看看正確率可以有多高?

## 冒險17　Cooper 真的是馬爾濟斯嗎？使用名門 CNN 幫助辨識！

　　這裡我們來看看如何快速**使用人家已經訓練好的模型**，來辨識出一張照片裡究竟是什麼種類的東西或是動物。以下使用《瑪爾濟斯之歌》的 MV 主角 -- Cooper 來做為辨識的範例。很酷的是，我們不需要自打造模型，可以由像是 ResNet 模型來幫助我們從1000 種可能的答案中，選出正確的答案！

### 17.1　準備資料

　　首先，我們需要讀取所有可能的答案名稱以及需要辨識的主角照片：

```
from tensorflow.keras.applications import ResNet50
from tensorflow.keras.applications.resnet50 import preprocess_input
from tensorflow.keras.preprocessing.image import load_img, img_to_array
```

　　接下來，我們就可以準備把今天要用來辨識的主角 Cooper 的多張照片，我們使用魔術指令 **wget** 將網址中的檔案下載到 Colab 背後的虛擬機器中，並將檔案命名為**Cooper.zip**。

```
!wget --no-check-certificate \
https://nbviewer.org/github/yenlung/Python-AI-Book/tree/main/
dataset/Cooper.zip\
-O /content/Cooper.zip
```

在這裡順便來介紹這看來有點可怕的指令,到底做了什麼?原來 **wget** 是在 Unix-Like 系統很常見下載網路檔案的指令,於是當然要指出檔案的網址,而最後 **-O** 是說抓下來我們要放在哪、檔名是什麼。至於那看來超可怕的 **--no-check-certificate** 其實不用太在意,因為白話文意思是說「給我下載,即使什麼認證有啥狀況也不要管!」

下載檔案很方便的指令 wget 基本用法。

**wget** 檔案的URL **-O** 儲存檔名

把這兩個檔案抓下來之後,我們先解壓縮 **Cooper.zip** 這個檔案。

```
import zipfile
local_zip = '/content/Cooper.zip'
zip_ref = zipfile.ZipFile(local_zip, 'r')
zip_ref.extractall('/content')
zip_ref.close()
```

這一段就是用 **zipfile** 套件去解壓縮,雖然有點長,但相信大家可以瞭解在做什麼。解壓縮之後,我們就可以在 Colab 的 Files 看到 **cooper01.jpg** 到 **cooper06.jpg** 這 6 個圖片檔以及 **imagenet-classes.txt** 這個文字檔。

接著，我們將這些 JPG 檔的路徑存成一個 **list**，就叫做 **cooper** 吧！

```
cooper = [f"cooper0{i}.jpg" for i in range(1, 7)]
```

現在，我們就可以將 **cooper03.jpg**，也就是放在 **cooper** 這個 **list** 當中 index 為 2 的路徑裡的圖片，透過 **load_img** 函式給讀取進來，並透過 **plt.imshow** 函式將這張圖片畫出來看看！

```
img = load_img(cooper[2], target_size = (224, 224))
plt.imshow(img);
```

Out:

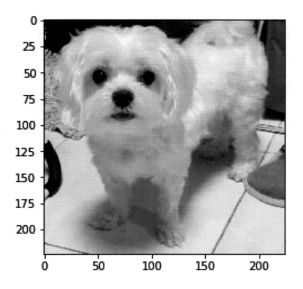

 ## 17.2　讀入 ResNet50 模型及可辨識種類之名稱

接著，我們就用一般讀取文字檔案的方式，將剛剛抓下來為 **imagenet-classes.txt** 裡面的文字讀進 list 當中：

```
with open('imagenet-classes.txt') as f:
    labels = [line.strip() for line in f.readlines()]
```

labels 當中包含了 1000 種 ResNet 模型可以辨識出的物品種類，可以看一下裡面到底有哪些類別。

**tench 鯉魚類淡水魚**
**goldfish 金魚**
**great white shark 大白鯊**
**tiger shark 虎鯊**
**hammerhead 鎚頭鯊**
**electric ray 電魟**

**imagnet-classes.txt**

ImageNet 的 1000 個類別!

接下來，我們來「借用」一下著名的 2015 年 ILSVRC 競賽（ImageNet Large Scale Visual Recognition Competition 2015）的冠軍模型 -- ResNet50，來幫助我們進行後續的辨識，這邊很簡單，只需要簡單的一行，就能將模型以及背後訓練好的權重讀取進來。事實上除了 ResNet 50 還有許多名門在 TensorFlow 都有提供！

| InceptionV3 | GoogLeNet, V1 是 2014 冠軍 |
| VGG16/VGG19 | 2014 亞軍 |
| ResNet50 | 2015 冠軍 |

一些參加過 ImageNet 比賽的名門 CNN。

```
model = ResNet50()
```

要把一張照片送進 ResNet50 模型中的時候，需要調成標準方形大小 ( 這裡是 224 X 224)、3 個 channels。然後只有一張照片，於是為 **(1, 224, 224, 3)**。

```
x = img_to_array(img).reshape(1, 224, 224, 3)
```

再來，我們說說之前沒說過的。其實名門 CNN，在送進去訓練之前，都會經過一些預處理，比如說對比啦、高啦等等。基本上每個模型都有自己的預處理方式，所以如果要將剛剛讀取進來的 Cooper 照片，也就是 **img** 這個變數，要透過 ResNet50 的協助來幫助我們進行辨識，首先需要進行 ResNet50 的資料預處理。

```
inp = preprocess_input(x)
```

在進行辨識的時候，由於 ResNet 會告訴我們這張照片屬於每一個種類的機率，所以，我們可以將機率最大的種類取出來，也就是說，模型有很大的信心說這張照片是長的會像是這一類啦！

```
y_pred = np.argmax(model.predict(inp), axis=-1)[0]
print(f"ResNet 覺得是 {labels[y_pred]}")
```

Out:

**ResNet 覺得是 Maltese dog 馬爾濟斯犬**

看起來 ResNet 真的看得出 Cooper 是馬爾濟斯呢！

## 17.3　使用 Gradio 打造 Web APP

現在已經知道如何透過名門 CNN 模型 ResNet50 來幫助我們辨識出 Cooper 究竟是哪一種品種的狗，接下來，我們要讓更多的人知道這件事，而在這個科技快速發展的時代，沒有什麼是比寫一個 App 更容易傳播這些事情了！

就像之前提過的一樣，可以透過 **Gradio** 這個套件來快速打造一個可以分享給其他人的 Web App，所以，要使用之前介紹過的 **Gradio** 套件，來將 ResNet 快速打造成一個圖片辨識的網頁 App ！跟之前一樣的是，我們安裝完成套件，然後就直接 **import** 進來。**Gradio** 官方推薦用 **gr** 當縮寫。

```
!pip install gradio
import gradio as gr
```

接著，我們把剛剛的資料進行預處理，並將使用模型進行辨識的過程做一點點小修改，寫成一個自定義的 Python 函式 **classify_image**。

```
def classify_image(inp):
    inp = inp.reshape((-1, 224, 224, 3))/255
    inp = preprocess_input(inp)
    prediction = resnet.predict(inp).flatten()
    return {labels[i]: float(prediction[i]) for i in range(1000)}
```

**classify_image** 函式會將輸入的圖片是屬於哪一個種類的機率以 **dict** 的方式回傳出來。這樣寫的原因就是為了等等讓 Gradio 幫助我們將這個答案用酷炫的 Web App 來呈現！

接著，我們來準備 Gradio 需要的幾個小物件。第一個需要準備的，是告訴 Gradio，要輸入給模型的是影像（Image）類型的資料，並指定輸入之後將圖片想辦法變成 **(224, 224)** 這個尺寸，為了告訴使用者這邊是要放圖片的，我們也加入輸入圖片的提示文字 **label=" 請上傳一張圖片 "**。

```
image = gr.Image(shape=(224, 224), label=" 請上傳一張圖片 ")
```

接下來，就是告訴 Gradio，我們要展示給大家看其實是分類模型的結果，所以其實是要告訴大家每一個類別的預測機率，但因為我們有 1000 種類別，實在是太多了，所以只好折衷一點，讓人家知道 3 種最有可能的類別就好！在這邊，就需要指定 **num_top_classes=3**，同樣的，我們也加上一點簡單的文字提示 **label=" 模型預測的是："**，告訴人家這邊要展示的是模式預測的結果！

```
label = gr.Label(num_top_classes=3, label=" 模型預測的是：")
```

有時候，使用 Web App 的使用者可能不知道到底要使用什麼樣圖片才能讓模型開始預測，所以我們將剛剛讀取進來的幾張 Cooper 美照，當作一些範例，讓使用者在不知道要上傳什麼圖片的時候，可以先用這些 Cooper 美照了解 ResNet 這個模型到底有什麼樣神奇的辨識能力！

在這邊，我們 **sample_images** 將 Cooper 的照片路徑存進 **list** 當中。

```
sample_images = [[f'cooper0{i}.jpg'] for i in range(1, 7)]
```

最後，我們只需要將這些送進 **gr.Interface** 函式當中，並透過 **launch** 方法來進行 Web App 的啟動即可！我們可以加上參數 **share=True**，才能讓別人也看到我們的屬害作品哦！

```
gr.Interface(fn=classify_image,
             inputs=image,
             outputs=label,
             examples=sample_images).launch(share=True)
```

再一次，那 **https://xxxxx.gradio.app** 就是剛剛打造網路 app 的網址。熱愛冒險的你嘗試上傳自己蒐集的圖片，或是選用我們準備好的 Cooper 美照來進行辨識。

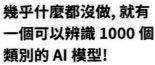

幾乎什麼都沒做, 就有一個可以辨識 1000 個類別的 AI 模型!

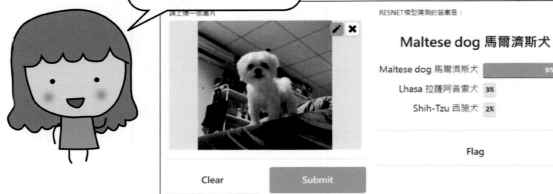

從這邊就可以看出 ResNet 的厲害之處，即使它沒看過 Cooper 這隻狗，也能清楚分辨出 Cooper 是屬於馬爾濟斯犬！

 冒險旅程 17

1. 嘗試看看上傳一些自己的圖片，並透過類似的方式來讀取及處理圖片資料，並且透過我們的名門CNN-ResNet 來幫助我們辨識出上傳的圖片是什麼樣種類的物品。

2. 除了 ResNet 之外，Keras 提供了許多的預訓練模型（Pre-trained model），如：2014 年 ILSVRC 競賽的亞軍 VGG16 或是 2014 年 ILSVRC 競賽的冠軍 GoogleNet 的後繼者 InceptionV3，請嘗試使用不同的模型來協助我們進行 Cooper 的辨識，並看看不同的模型在同樣的照片下，辨識結果是否有什麼差異呢？關於更多預訓練模型，可以參考 Keras 官方網站：https://keras.io/api/applications/

# 冒險18 遷移式學習做八哥辨識

在上一次冒險中，已經知道如何透過名門 CNN 模型 ResNet50 來幫助我們辨識出 Cooper 究竟是哪一種品種的狗，更厲害的是，只需要敲幾行程式碼就能把這個模型變成一個 Web App ！

我們心裡可能會想，既然 ResNet50 這個 CNN 家族的優秀模型非常厲害，我們有沒有可能站在巨人肩膀上，稍微「借用」這個十分優秀的模型的能力，來協助我們快速打造分辨 OO 物種的影像辨識模型呢？

舉例來說，台灣最常見的八哥有三種，分別是：土八哥、白尾八哥及家八哥三種。那麼，有沒有可能我們可以藉由 ResNet50 來打造一個分辨八哥種類的分類模型，更有挑戰性的是，由於鳥類照片實在不太好蒐集，所以每種八哥的照片數量並不多，我們看看能不能用不到 30 張照片，就這樣打造出一個辨識三種八哥的神經網路分類模型。

我們將這個具有挑戰性的任務分成兩個部分，第一部分是準備照片，第二個部分則是好好地借用 ResNet 的幫助，來打造我們心中所想的那一個八哥分類模型。

## 18.1　準備八哥照片資料集

首先讀入我們這次要用到的套件。上個冒險用的是 ResNet50，這次來試試第二代 ResNet50V2 有沒有更厲害一點。

```python
from tensorflow.keras.applications import ResNet50V2
from tensorflow.keras.models import Sequential
from tensorflow.keras.layers import Dense
from tensorflow.keras.utils import to_categorical
from tensorflow.keras.applications.resnet_v2 import preprocess_input
from tensorflow.keras.preprocessing.image import load_img, img_to_array
```

我們在這裡的唯一目標就是準備八哥照片資料集，說是資料集，其實也不過是總共 23 張照片，非常迷你的一個八哥數據庫。注意這和之前說過，建造辨識模型時，每一

個類別最好都要來個 1000 張照片左右的水準真的差太多了，但是我們準備偷偷借用名門 ResNet50V2，來試試看可不可能用少少的數據，訓練出有點樣子的成果。

　　和上次冒險一樣，我們已經偷偷準備好八哥的數據庫，一樣使用 **wget** 指令來取得數據庫的 zip 檔。

```
!wget --no-check-certificate \
https://github.com/yenlung/Deep-Learning-Basics/raw/master/images/
myna.zip \
    -O /content/myna.zip
```

透過執行以下的指令，就能輕鬆將八哥照片集的壓縮檔給抓下來。

```
import os
import zipfile
local_zip = '/content/myna.zip'
zip_ref = zipfile.ZipFile(local_zip, 'r')
zip_ref.extractall('/content')
zip_ref.close()
```

　　將下載後的八哥照片進行解壓縮後，我們可以看到三個資料夾。這裡要介紹一個技巧，大家是不是會有個疑問，「準備自己的照片數據集，當作訓練資料和測試資料，到底該怎麼準備呢？」畢竟每張照片都要一一標記，是哪一類的，想像中有點麻煩。事實上有個簡單的技巧，那就是**「有幾個類別就準備幾個資料夾，同一類的照片放在同一個資料夾就好」**。

　　我們真正在準備資料集合的時候，就是將相同類別的資料放在同一個資料夾底下，以八哥資料集為例，就是準備三個資料夾給三種八哥，每一個資料夾只放同一種八哥的圖片，在後面的冒險中也會再次看到數據庫是以這樣的方式來呈現。

　　我們先把每一個資料夾的路徑準備好。

```
base_dir = '/content/'
myna_folders = ['crested_myna', 'javan_myna', 'common_myna']
```

　　接下來，我們就能列出在某個資料夾的檔名！比方說土八哥是這樣。

```
thedir = base_dir + myna_folders[0]
os.listdir(thedir)
```

> Out: ['crested_myna03.jpg', 'crested_myna01.jpg', 'crested_myna02.jpg']

　　接下來，我們要將這三個資料夾底下的照片作成輸入（data）、輸出（target）。

```
data = []
target = []
for i in range(3):
    thedir = base_dir + myna_folders[i]
    myna_fnames = os.listdir(thedir)
    for myna in myna_fnames:
        img_path = thedir + '/' + myna
        img = load_img(img_path , target_size = (256,256))
        x = np.array(img)
        data.append(x)
        target.append(i)

data = np.array(data)
```

這樣就做好我們的輸入、輸出！

一張張八哥照片

**data**　　**target**

正確答案 (0, 1, 2)

## 18.2 觀察八哥照片資料集及進行預處理

```
data.shape
```

Out: (23, 256, 256, 3)

所以我們有 23 張大小為 256x256 的彩色圖片，現在，隨便挑一張照片來看看它是什麼「鳥」樣。

```
n = 1
plt.imshow(data[n]/255)
plt.axis('off');
```

Out:

看來沒有什麼意外，就是個鳥圖。我們用 ResNet 的預處理再看一次。

```
x_train = preprocess_input(data)
```

```
plt.imshow(x_train[n])
plt.axis('off');
```

Out: Clipping input data to the valid range for imshow with RGB data ([0..1] for floats or [0..255] for integers).

這邊會跳出一個小小的警告，這是因為 ResNet 的預處理會將圖片的數據範圍常規化到 [-1, 1] 之間，與我們之前常規化到 [0, 1] 之間差一點點，所以畫圖時，matplotlib 會自動作一些調整。

每張圖的答案就是 0, 1, 2 其中一個數字。

```
target[n]
```

Out: **0**

答案就是三種八哥，依次為土八哥、家八哥、白尾八哥。

做 one-hot enconding。

```
y_train = to_categorical(target, 3)
```

剛剛的答案經過轉換後，就會變成向量的長相。

```
y_train[0]
```

Out: **array([1., 0., 0.], dtype=float32)**

## 18.3　用 ResNet50 打造我們的神經網路

```
from tensorflow.keras.applications import ResNet50V2
from tensorflow.keras.models import Sequential
from tensorflow.keras.layers import Dense
```

首先，我們透過 **tf.keras** 當中的 **ResNet50V2** 函式來讀入一下這個名門 CNN 模型，但因為原本的 ResNet50V2 是在 ImageNet 這個資料集上進行 1000 個類別的圖形辨識，顯而易見地，模型最後一層會是用來輸出 1000 個類別機率的全連接層，這一層對我們來說可能就不太需要了，所以要做的就是把這一層砍掉，然後接上用於分辨 3 種八哥的全連接層。

至於怎麼砍掉最後一層呢？非常簡單，就是在讀入 **ResNet50V2** 時，指定說我們不需要最後一層，只需要簡單的指定參數 **False** 即可。此外，由於倒數第二層是卷積層，所以這一層的**輸出會是一堆過濾器的記分板**，一共有 2048 個記分板！我們在這邊還可以額外做個大總合，例如算每個**過濾器記分板的總平均（Global average pooling）**，這本來該我們自己做，但是可以在讀入 **ResNet50V2** 時一併說明我們要做這件事，也就是設定參數 **pooling="avg"** 就可以了。

```
resnet = ResNet50V2(include_top=False, pooling="avg")
```

如此一來，**resnet** 就是一個已經看過 1000 種不同類別的圖片，並且最後可以將它看過的圖片，記錄成記分板的形式，這樣的模型，其實稱之為特徵擷取器！

特徵擷取完之後，就可以馬上幫我們進行八哥的分類辨識了，下一步要接著來搭建我們的八哥版 ResNet 模型，說得這麼多，其實在這邊要做的就只是將 **resnet** 加上一層 3 個神經元的全連接層而已，聽起來是不是很遜……。

## 18.4　建置八哥版的 ResNet50V2

```
model = Sequential()
model.add(resnet)
model.add(Dense(3, activation='softmax'))
```

接下來，我們需要使用到一個當代訓練神經網路的重要手法，也就是跟人家借用的部分，如果像上面 **resnet** 一樣不具有特定目的，只具有將圖片變成記分板的特徵擷取功能，那麼，我們在接下來的訓練過程中，就不需要再重新訓練 **resnet** 這一部份了，而這樣的作法，就稱之為遷移式學習！在這裡只需要一行指令，就能**讓 resnet 不需要加入到訓練之中，而使用原本就訓練好的參數。**

```
resnet.trainable = False
```

此時，model 中的 resnet 的權重就不會加入訓練過程中，我們可以用 **summary** 觀察到這個結果。

```
    model.summary()
```

Out:

Model: "sequential"

| Layer (type) | Output Shape | Param # |
|---|---|---|
| resnet50v2 (Functional) | (None, 2048) | 23564800 |
| dense (Dense) | (None, 3) | 6147 |

Total params: 23,570,947

Trainable params: 6,147

Non-trainable params: 23,564,800

在這邊可以看到，雖然函數學習機 model 有超過兩千萬個參數，但因為大部分都是「借」來的，所以我們真正訓練的只有 6,147 個參數，這大幅地降低我們訓練 model 的難度。

## 18.5　訓練八哥版的 ResNet50V2

在訓練之前，也別忘記該進行訓練過程的設定。

```
model.compile(loss='categorical_crossentropy',
            optimizer='adam',
            metrics=['accuracy'])
```

接下來就是訓練我們的三種八哥分類模型啦～

```
model.fit(x_train, y_train, batch_size=23, epochs=10)
```

```
Out:
Epoch 1/10
1/1 [=========] - 13s 13s/step - loss: 1.4192 - accuracy: 0.3333
Epoch 2/10
1/1 [=========] - 0s 95ms/step - loss: 1.1535 - accuracy: 0.4444
Epoch 3/10
1/1 [=========] - 0s 89ms/step - loss: 0.9763 - accuracy: 0.6667
Epoch 4/10
1/1 [=========] - 0s 87ms/step - loss: 0.8592 - accuracy: 0.6667
Epoch 5/10
1/1 [=========] - 0s 88ms/step - loss: 0.7707 - accuracy: 0.7778
Epoch 6/10
1/1 [=========] - 0s 88ms/step - loss: 0.6864 - accuracy: 0.7778
Epoch 7/10
1/1 [=========] - 0s 94ms/step - loss: 0.5984 - accuracy: 1.0000
Epoch 8/10
1/1 [=========] - 0s 93ms/step - loss: 0.5113 - accuracy: 1.0000
Epoch 9/10
1/1 [=========] - 0s 88ms/step - loss: 0.4331 - accuracy: 1.0000
Epoch 10/10
1/1 [=========] - 0s 90ms/step - loss: 0.3685 - accuracy: 1.0000
```

我們簡單地用 `model.evaluate` 看一下模型表現得如何。

```python
loss, acc = model.evaluate(x_train, y_train)
print(f"Loss: {loss}")
print(f"Accuracy: {acc}")
```

為了後面的需要,我們將三種八哥的答案給寫出來。

```python
labels = [" 土八哥 ", " 白尾八哥 ", " 家八哥 "]
```

## 18.6 將八哥版的 ResNet50V2 打造成 Web App

**ResNet50V2** 不負眾望的能順利辨識出 3 種不同八哥的圖片！接下來，我們一樣要將這個結果打造成 Web App，也就是透過 **Gradio** 套件來進行 Web App 的建置。

老樣子，先安裝 **Gradio** 套件。

```
!pip install gradio
```

接著，讀入 **Gradio** 套件。

```
import gradio as gr
```

再來就是很標準的，準備一個呈現資料和預測結果的函式。

```
def classify_image(inp):
    inp = inp.reshape((-1, 256, 256, 3))
    inp = preprocess_input(inp)
    prediction = model.predict(inp).flatten()
    return {labels[i]: float(prediction[i]) for i in range(3)}
```

接下來就是準備 Gradio 所需要的幾個小物件。

```
image = gr.Image(shape=(256, 256), label=" 八哥照片 ")
label = gr.Label(num_top_classes=3, label="AI 辨識結果 ")
some_text=" 我能辨識（土）八哥、家八哥、白尾八哥。找張八哥照片來考我吧！"
```

和之前一樣，我們將 23 張八哥當作範例圖片提供給使用者使用。

```
sample_images = []
for i in range(3):
    thedir = base_dir + myna_folders[i]
    for file in os.listdir(thedir):
        sample_images.append(myna_folders[i] + '/' + file)
```

最後，將所有東西組裝在一起，就大功告成了！

```
gr.Interface(fn=classify_image,
            inputs=image,
            outputs=label,
            title="AI 八哥辨識機 ",
            description=some_text,
            examples=sample_images).launch(share=True)
```

熱愛冒險的你也能上傳自己蒐集的圖片，或是選用我們準備好數據庫中的八哥圖片來進行辨識。

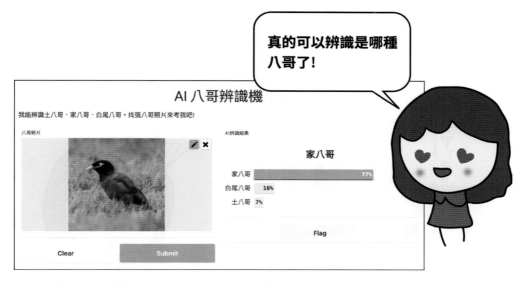

試用之後，你會發現，我們只用了少少的照片，但真的可以辨識八哥！不過也可能發現，只有 23 張土八哥的照片的確太少了。我們的程式好像不太會認土八哥，你可以試著增加土八哥的照片，看有沒有辦法提升正確率！

 冒險旅程 18

1. 嘗試看看上傳一些自己的圖片數據庫，並和本次冒險一樣，用相似的方式來讀取及處理圖片資料，並且透過我們的名門 ResNetV2 來進行遷移式學習，快速建立起一個用自己的數據庫所建立的分類模型。
2. 我們發現這次土八哥只有 3 張照片真的太少了。增加一些土八哥、甚至白尾八哥的照片，看能不能增加這個模型的辨識能力。

 **冒險19　神經網路三大天王之有記憶的 RNN**

　　一般的神經網路一筆輸入和下一筆是沒有關係的。假設原本是先輸入 $x_1$ 再輸入 $x_2$，得到的輸出分別是分別是 $\hat{y}_1$ 及 $\hat{y}_2$，如果我們將順序對調會發現輸出仍然是一樣的，很多情況的確都應該是這樣，因為通常沒有什麼關聯性，所以不需要神經網路記得，而我們也不希望神經網路記得，更需要的是每一個輸入都是一次新的開始。例如前面練習過的八哥辨識，我們不需要記得前一次輸入的八哥照片，只需要辨識這一次輸入的照片是哪種八哥就可以了！

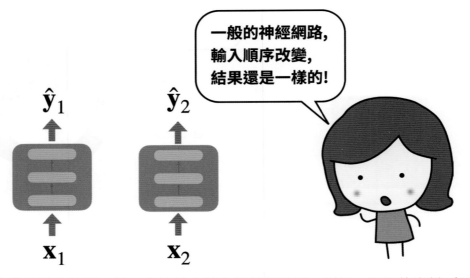

一般的神經網路，
輸入順序改變，
結果還是一樣的！

　　但有些特殊的情況，前一次的輸出就會變得很重要，例如：股票的資料（用前一天去預測後一天）、閱讀文章（看完一段進入到下一段時，還記得前一次看過的），也就是說我們在這些特殊的情況下希望神經網路是有記憶的，不要忘記前面看過的資訊。所以這就是 RNN 這個神經網路架構不同於其他網路的特色！

 **19.1　RNN 的特色**

　　是什麼樣的架構讓 RNN 能夠擁有這樣與眾不同的特色呢？那就是這個神經網路的架構會將**前一次的輸出也當作這一次的輸入！**

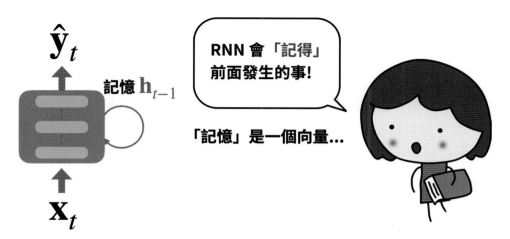

它的運作方式就是，假設第一筆資料輸入 $\mathbf{x}_1$，因為這就是第一筆沒有前一筆資料，所以跟一般的神經網路一樣得到一個對應的輸出 $\hat{\mathbf{y}}_1$。但當第二筆資料 $\mathbf{x}_2$ 輸入時，會跟著上一次的記憶（事實上是一個向量，我們記為 $\mathbf{h}_1$）一起輸入。這時將兩筆資料的輸入順序對調，因為「記憶」不同了，就會得到不同的輸出結果。就是這樣的設計，讓 RNN 成為一個有記憶的神經網路！

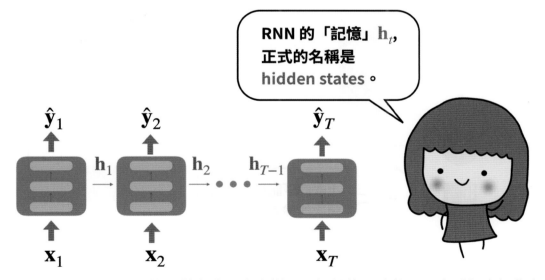

通常我們會將 RNN 的架構畫成圖中這樣。要記得的是雖然圖示中看起來好像有很多個神經網路，但其實都是同一個 RNN 神經網路而已，只不過 RNN 會將前一次的記憶，正式名稱叫 **隱藏狀態 hidden states**，偷偷地加入下一次輸入的行列中。注意 t 時間點的隱藏狀態通常會記為 $\mathbf{h}_t$，是一組向量。因此在輸入 $\mathbf{x}_2$ 時，神經網路會同時收到偷偷傳進來的前一次的記憶 $\mathbf{h}_1$，然後得到這次的輸出 $\hat{\mathbf{y}}_2$。然後一直重複這樣的動作直到最後一筆資料，記憶會不斷累積和傳承的。

 ## 19.2　RNN 的核心：遞歸層原理

在架構一個 RNN 的神經網路時，最重要的就是遞歸層的設計，這裡沒有其他新出現的運算方式，其實就和前面介紹過的 DNN 狀況一樣，我們基本上只要決定**要用幾個 RNN 神經元！**

接著就讓我們一起看一下遞歸層裡隱藏的秘密吧！再一次強調，RNN 神經網路最重要的地方就是「記憶」，也就是隱藏狀態。而這些好像有點神奇的隱藏狀態，是從何而來的呢？其實就是從遞歸層計算出來的！假設今天這個遞歸層中有 m 個神經元，那隱藏狀態就會是一個 m 維的向量。也就是說我們會將遞歸層中每個神經元的輸出，收集起來成為一個向量 $h_t$，而這個隱藏狀態的向量下次會被當成輸入的一部分。

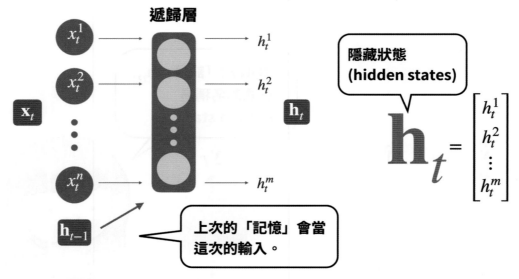

每一個時間點都會有對應的隱藏向量，如果是還沒有學過向量的同學不用害怕，只要記得 $h_t$ 就是一堆數字收集起來放在一起而已。

舉一個簡單的例子，假設今天有一個 RNN 的神經網路的架構像圖中這樣：

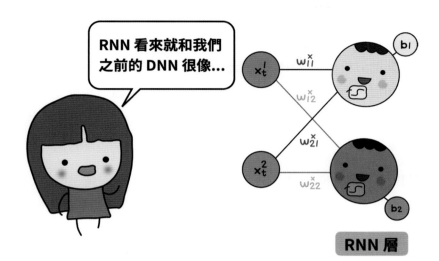

假設今天有兩個特徵的輸入，我們記為 $x_t^1$ 和 $x_t^2$，輸入到一層有兩個 RNN 神經元的遞歸層 （或稱作 RNN 層）。要特別說明一下前面提到的神經元英文稱作 neuron，但在 RNN 裡的神經元則被英文會叫做 cell，也就是一個 RNN 的神經元就稱作一個 RNN 的 cell。之後我們會再說明為什麼會另外給 RNN 的神經元取一個不同的名字。

回到這個簡單的例子的運算過程，這個 cell 的前一次輸入得到的隱藏狀態 $h_{t-1}^1$，以及同一層的另一個神經元得到的 $h_{t-1}^2$，都會跟這次的輸入 $x_t^1$，$x_t^2$，一起被回傳到這個 RNN 神經元中。意思就是說本來只有兩個輸入變成四個輸入，分別是 $x_t^1$，$x_t^2$，$h_{t-1}^1$，$h_{t-1}^2$。於是和以前神經元運算一樣，我們的輸出是

$$h_t^1 = \sigma\left( w_{11}^x x_t^1 + w_{21}^x x_t^2 + w_{11}^h h_{t-1}^1 + w_{21}^h h_{t-1}^2 + b_1 \right)$$

其中 $\sigma$ 是我們的激發函數，所以你會發現這個 RNN 神經元，基本上就像是有四個輸入的 DNN 神經元！

## 19.3 簡化我們的表示

現在我們認真地分析一個 RNN 神經元的運算,其實就是一般的神經元的計算,只是有兩種輸入的類型,分別是**正常的輸入**和**上次的隱藏狀態**。也就是因為 RNN 和時間有關,又有兩種不同的輸入類型,所以式子看起來好複雜。這裡準備簡化一下我們的表示方式,事實上習慣了之後會發現,這也更容易抓到神經網路的精神。

首先,我們把 t 時間點的輸入記為 $\mathbf{x}_t$,假設是一個 n 維向量。而 t-1 時間點,也就是上一個時間點,隱藏狀態是 $\mathbf{h}_{t-1}$,假設這是個 m 維的向量(意思是 RNN 層有 m 個神經元)。

總之就記得我們有兩個向量。

$$\mathbf{x}_t = \begin{bmatrix} x_t^1 \\ x_t^2 \\ \vdots \\ x_t^n \end{bmatrix}, \quad \mathbf{h}_{t-1} = \begin{bmatrix} h_t^1 \\ h_t^2 \\ \vdots \\ h_t^m \end{bmatrix}$$

輸入　　　　　　隱藏狀態

實際輸入 $x_t^1, x_t^2, \ldots, x_t^n$,每一個連結都有對應的權重,然後要做加權和,這認真寫起來有點可怕。

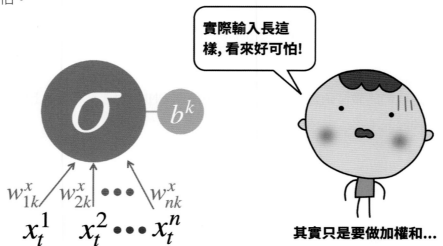

實際輸入長這樣, 看來好可怕!

$$\sigma \quad b^k$$

$$w_{1k}^x \quad w_{2k}^x \quad \bullet\bullet\bullet \quad w_{nk}^x$$

$$x_t^1 \quad x_t^2 \bullet\bullet\bullet x_t^n$$

其實只是要做加權和...

但想想反正一個向量輸入一個神經元，我們就是要做加權和。這時自己知道就好，其實可以不用這樣一一寫出來。

之前的記憶，也就是隱藏狀態 $\mathbf{h}_{t-1}$，輸入的時候也是這樣，我們知道會做加權和，所以可以也寫成一個向量輸入就好。另外，加上偏值我們也心知肚明，也可以不用寫出來。於是我們就可以更簡化去看這件事，也就是某個神經元可以想成就是 $\mathbf{x}_t$，$\mathbf{h}_{t-1}$ 的函數。意思是

$$h_t^k = \sigma_k \left( \mathbf{x}_t, \mathbf{h}_{t-1} \right)$$

這樣的思考方式，不但更簡潔，以後也會有種種好處。

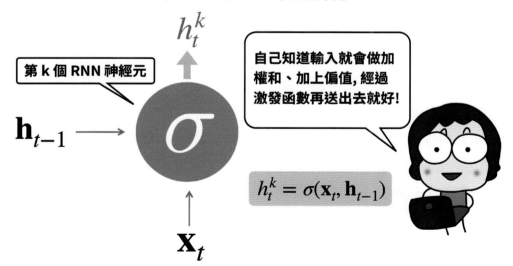

雖然我們寫的是第 k 個 RNN 神經元,但很容易看出,其實每個 RNN 神經元都是一樣的動作。於是有時會像這樣將整個 RNN 的輸出一起寫作

$$\mathbf{h}_t = \varphi\left(\mathbf{x}_t, \mathbf{h}_{t-1}\right)$$

甚至整個神經網路一起寫成一個函數的樣子:

$$\hat{\mathbf{y}}_t = f\left(\mathbf{x}_t, \mathbf{h}_{t-1}\right)$$

如果真的不太習慣數學有點抽象的寫法,可能會覺得這段看來有點可怕。可是習慣了會發現,其實沒有太難。而且,如果熟悉這樣的想法,是神經網路功力更上一層的重大關鍵!

## 19.4　RNN 的罩門

雖然 RNN 有能夠記住前一次輸入的特色,但其實它還是有一些先天上的缺陷存在:
1. 梯度消失或梯度爆炸
2. 遞迴計算:沒有辦法做平行運算

這些缺陷都會讓我們訓練神經網路的過程中遇到一些困難,簡單的說就是很難訓練、或是訓練速度很慢。而且第二個問題幾乎是無解的,這是因為 RNN 要產生第一個記憶 $\mathbf{h}_1$,才能產生第二個記憶 $\mathbf{h}_2$,以此類推。這是沒辦法平行運算的!後來的 transformer 變型金剛試圖解決這個問題,不過那已不能叫 RNN 的模型了。

我們回到第一個問題,來看看發生什麼事。首先,我們先看看 RNN 的訓練方式。一般神經網路的訓練方式叫做 back propagation,其實 RNN 正是用一模一樣的方法。你在外面可能會聽到 RNN 的訓練有個很炫的名字叫做 **back propagation through time** **（BPTT）**,其實和一般的神經網路訓練沒有什麼不同,我們一起來看這個 BPTT 要怎麼做。

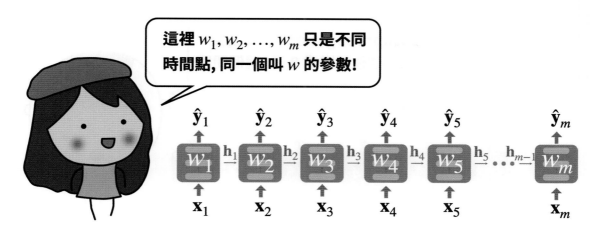

這裡 $w_1, w_2, \ldots, w_m$ 只是不同時間點, 同一個叫 $w$ 的參數!

　　假設我們的 RNN 模型中有個參數叫做 $w$, 因為同一個 RNN 會執行好多次, 為了方便, **每個時間點的 $w$, 都看成是不同的參數記做 $w_t$。**訓練一樣是對損失函數做梯度下降法, 也就是我們熟悉的 back propagation。因為不管調 $w_1$, 還是 $w_2$, 乃至 $w_m$ 其實都是調同一個參數。於是我們把每個階段要調整的值平均, 那就是 $w$ 要調整的大小。簡單的說, BPTT 基本上是用和以前一模一樣的方法去訓練我們可愛的神經網路。

　　現在討論 RNN 訓練上會出什麼問題。假設我們有個 3 層的 RNN 神經網路, 每一次的記憶 $h_t$, 會一路串起 RNN。因此即使原本的 RNN 只有 3 層, 但其中的所有訊息都做了非常多次的運算, 讓它們看起來像是通過了一個很多層的神經網路。以這個例子而言, 3 層的神經網路做了 m 次, 就相當於是經過了一個 3m 層的神經網路運算。所以說 RNN 很容易變成一個很深的神經網路, 而很深的神經網路在訓練的時候就容易遇到**梯度消失**或者**梯度爆炸**的問題。

　　梯度消失的狀況是這麼來的。記得我們的 RNN 網路中有個參數叫做 $w$, 每個時間點都有這個參數記為 $w_t$。此時透過 back propagation 調整參數時, 是用我們在微積分的美好時光中學到的連鎖律。簡單說我們會先對 $w_m$ 做微分, 再依序對 $w_{m-1}, \ldots, w_2, w_1$ 做微分。透過連鎖律會得到每一個參數要調多少, 一路乘起來, 因為很深, 所以全部相乘之後會發現數字可能會變得很小, 小到幾乎變成 0。於是前幾次遇到的 $w_t$ 就不會被更新到, 這個問題就是所謂的梯度消失!

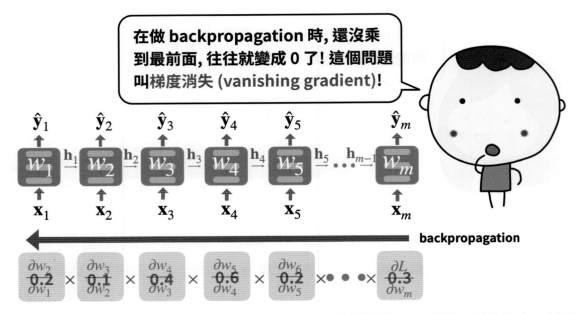

同理，如果每一次要調整的值大於 1，相乘起來就會超過電腦能忍受的程度，於是發生梯度爆炸的問題。好在不管梯度消失或梯度爆炸，我們是有解法的，就是用所謂的 LSTM 或 GRU。

## 19.5 救了 RNN 的兩大天王：LSTM 和 GRU

接著下來要討論的 **LSTM（Long Short Term Memory）** 或 是 **GRU（Gated Recurrent Unit）**，你可能會覺得這數學式子看起來讓人覺得了無生趣。其實在這裡記得我們有這兩個模型救了 RNN，現在如果有人說他的模型是用 RNN 做的，基本上是說用 LSTM 或者是 GRU 做的。也就是說，你如果沒有想知道 LSTM 和 GRU 做了什麼，那就**記得要用 RNN，並且選 LSTM 或 GRU 就可以了！**

LSTM 或 GRU 之所以能救 RNN 大概的原理是這樣：之所以會出現梯度消失這樣的問題，就好像一條溪流越來越窄，最後水就流不下去了。於是我們可以想辦法做一些引流的支流，還有控制水的閘門，讓水順利流到最後。

所以重點就是我們怎麼控制閘門開的大小，0 就是全關，1 就是全開，中間的數值就是開到什麼樣的程度。因為一個 RNN 神經元在某個 t 時間點，會收到輸入是這個時間點的輸入 $\mathbf{x}_t$，還有到上個時間點的記憶 $\mathbf{h}_{t-1}$。於是控制閘大小可以設計成輸入 $\mathbf{x}_t, \mathbf{h}_{t-1}$

，輸出一個 0 到 1 間的數字。「輸入向量，輸出一個數字」是不是聽起來很熟悉？在一個神經網路裡該怎麼做呢？對了，就是用一個神經元去做這件事。

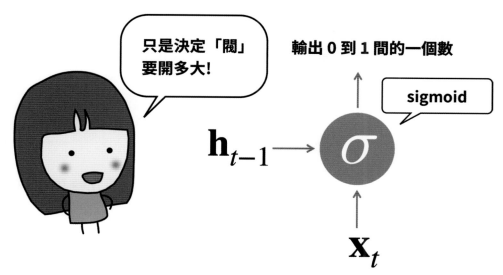

一個 LSTM 神經元中裡面就有三個閥門，再加上一個很像原本 RNN 的神經元，總共有四個神經元在一個 LSTM cell 裡面。這也是為什麼英文喜歡叫 LSTM cell 而不是 LSTM neuron 的原因。與原始的 RNN 相比，LSTM 的特點就是多了一個 cell state，**下次會再傳回這個 LSTM cell 來**。不過和隱藏狀態不同，這個 cell state 不會與其他神經元分享，而是自己私藏起來的記憶。

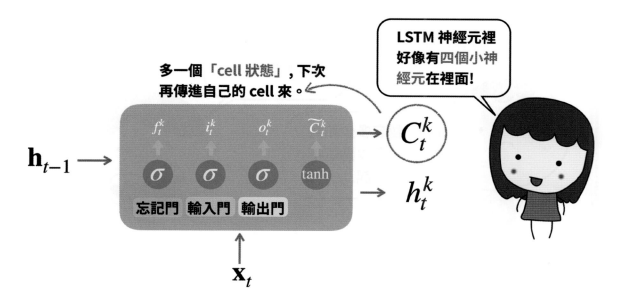

雖然看起來很複雜，但其實 $f_t^k, i_t^k, o_t^k$ 都只是一個 0 到 1 中間的數字，再加上和原本 RNN 神經元一樣的那一號神經元叫做 $\widetilde{C}_t^k$，一共有 LSTM 裡面的四個小神經元生出四個數字。第 k 號 LSTM 神經元每次收到的輸入是 $\mathbf{x}_t, \mathbf{h}_{t-1}$ 和傳統 RNN 一樣的兩個向量，還有它自己暗藏的 cell 狀態 $C_{t-1}^k$。最後要產生的兩個數字是 $C_t^k$ 和 $h_t^k$，仔細看看就是多了個 cell 狀態。cell 狀態的計算方式如下（忍耐一下，馬上就過去了）：

$$C_t^k = f_t^k C_{t-1}^k + i_t^k \widetilde{C}_t^k$$

也就是說，前面的 cell 狀態我們不一定要全記，如果忘記門 $f_t^k = 0.7$，就只留下 $C_{t-1}^k$ 的 70%；而要更新的 $\widetilde{C}_t^k$ 也不會全用，由輸入門來控制。

最後這個神經元的輸出 $h_t^k$ 就是這樣計算：

$$h_t^k = o_t^k \tanh\left(C_t^k\right)$$

如果勇敢地看 LSTM 的計算，會發現這也太複雜，尤其是「要記得」70% 的話，那更新不就更新 30% 就好嗎？一定要弄得那麼複雜嗎？

GRU 的誕生是建立在將忘多少和記多少合併在一起計算，也就是如果決定好了要記得多少資訊，比如說 70%，那麼剩下的 30% 就可以直接當作我要忘記的資訊。最後就是只留下兩個閥門，變成 LSTM 的簡化版。

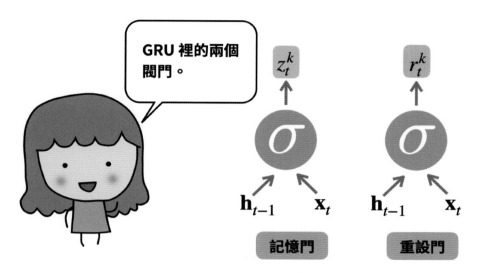

跟 LSTM 的控制閥一樣是用一個神經元去學習出數字，只是 GRU 的控制閥只有記憶門和重設門這兩個，學出來的數字分別記做 $z_t^k$ 和 $r_t^k$。而 GRU 沒有 cell 狀態，只有要輸出 $h_t^k$。不過和 LSTM 有點像，不會直接更新，而是先計算一個準備要更新的 $\widetilde{h}_t^k$。不過在做標準 RNN 計算時，利用重設門控制前一次的隱藏狀態要傳進來的量，也就是說當 $r_t^k = 0$ 就將過去的事情都忘了，而相反的就是全部的事情都記得。

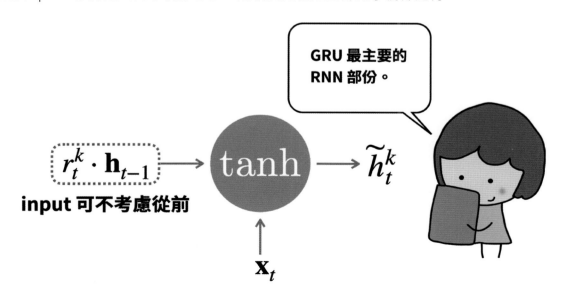

最後 GRU 要更新隱藏狀態的計算方式:

$$h_t^k = z_t^k h_{t-1}^k + \left(1 - z_t^k\right)\widetilde{h}_t^k$$

是不是比 LSTM 簡單多了呢?

最後再次強調,現在大家說「我用的是 RNN 模型」,其實都是用 LSTM 或 GRU。那 LSTM 或 GRU 有沒有哪個明顯比較強呢?答案是沒有。也就是說,你大可以選個喜歡的用就好。

 冒險旅程 19

1. 如果現在有一層用 m 個 LSTM 打造的 RNN 層,輸入是 n 維的向量。算得出來這樣子會有多少個參數要調整呢?提示就是一個 LSTM 神經元好像有四個小神經元在裡面。

2. 前一題如果換成 GRU,有辦法計算出會有多少個參數嗎?

# 冒險20　IMDb 評論情意分析問題介紹

今天我們終於要進入 RNN 的實戰篇了！第一次的實戰要利用一個叫做 **IMDb**（**Internet Movie Database**）互聯網電影資料數據庫，我們會取用其中的電影評論當作輸入 RNN 的資料去預測這則評論是屬於正評還是屬於負評。

## 20.1　實戰問題描述

就像前言所提到的，我們現在想要做的事情就是，假設我們看到一則評論，希望可以分辨出來是正評還是負評。所以等一下看到的每一筆資料都會是一則評論，然後我們要去分析資料是正評還是負評，正評標示為 1，負評標示為 0。

## 20.2　文字怎麼輸入呢？

當我們要著手實作這個問題時會發現有一點點小障礙，那就是我們知道所有的評論理論上應該都是文字，那文字應該要怎麼輸入進去模型呢？

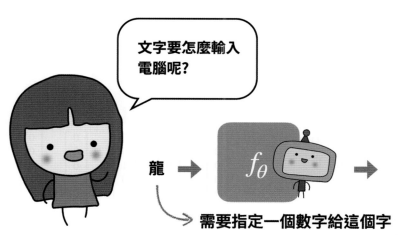

　　和我們以前八哥辨識、手寫辨識一樣，就是一個字就給一個代表數字就好。那怎麼決定每個字的代表數字呢？一種常見的手法是，先收集好訓練資料文本，然後先將每個字出現的頻率由高到低排序，越常出現的字給的代表數字就越小。舉例而言，假設所有的文字中出現頻最高的是「的」，依序是「一」、「了」、「是」和「我」，那我們就給「的」一個代表數字「1」，依序往後編號就可以了！

　　這麼做的理由大家未來如果有機會想再深入探究的話，可以進一步搜尋 **訊息理論（information theory）**，裡面會告訴我們越容易出現的就要放在越前面的理由。將文字編號變成數字，就是在做一個叫做 Tokenizer 的函式在做的事情，這個函式我們可以自己寫出來，也可以直接利用套件做出來，在之後的冒險中會再教到。

## 20.3　One-hot Encoding

　　當我們將每個字都編號完成，要送入模型之前，還有一件事情要做，就是要對每個字的編號都做 one-hot encoding！

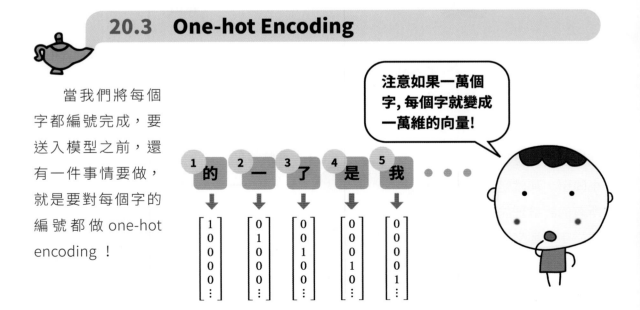

如此一來，就可以成功把文字翻譯成電腦看得懂的樣子，理論上，就可以準備送入模型裡訓練囉！

我們還有個問題：如果取一萬個字，那每個字做完 one-hot encoding 之後都會是一個一萬維的向量！字數更多維度更大。假設今天編號完成之後發現整個資料集的文字很多有兩萬個，可想見裡面會包含很多個罕見或是根本不常用的字，這些字在訓練模型的時候通常無法提供任何資訊，還有可能會因為運算量的增加，而導致模型學習的效果不好，所以我們在訓練之前需要決定要取前幾名常用的字，比方說前一萬個字送入模型訓練就好。

## 20.4　讀入打造 RNN 的套件

現在我們讀入要用來做 RNN 的套件。

```
from tensorflow.keras.preprocessing import sequence
from tensorflow.keras.models import Sequential
```

其中要特別注意的是，這個 **sequence** 並不是我們之前用來建立模型用的 **Sequential**，而是我們要用來整理要送進去的文字資料所用的函式。而老朋友 **Sequential** 自然是要加入的。接著包括 RNN 的隱藏層，我們選擇使用 **LSTM**。

```
from tensorflow.keras.layers import Dense, Embedding
from tensorflow.keras.layers import LSTM
```

可以看到，老朋友 **Dense** 又來了。那個 **Embedding** 比較特別，是要做所謂的 word embedding 的，我們之後再討論。

## 20.5　IMDb 數據庫來了

這部分的最後就是要讀入我們準備要做情意分析的 IMDb（Internet Movie Database）互聯網電影資料數據庫，裡面包含了許多電影的評論！

```
from tensorflow.keras.datasets import imdb
```

套件都準備好之後的下一步，就是要將數據庫裡的資料讀進來，一般自然語言處理，我們會限制最大要使用的字數，這裡設定只要取前一萬個字，相信大家已經知道原因了！主要是因為罕用字通常不太會影響到模型的辨識，所以就不加入我們訓練的行列中。以後如果模型看到新的評論裡面有這一萬字之外的文字，它也會自動把那個文字刪除。當然，這是你可以自己改變的地方。

```
(x_train, y_train), (x_test, y_test) = imdb.load_data(num_words=10000)
```

讀入完數據之後，一定要看一下數據的基本資料，例如說總共有幾筆、每一筆的長度和長相… 等等的，這樣才能在接下來資料處理的時候更好掌握要處理的方式。

```
print(f' 訓練資料筆數：{len(x_train)}')
print(f' 測試資料筆數：{len(x_test)}')
```

Out:
訓練資料筆數：25000
測試資料筆數：25000

我們準備像對話機器人，一個一個把字餵進去。你可以看一下像是 **x_train[0]**、**x_train[1]** 等等的，就是一串的數字。現在我們已經知道，每個數字都代表一個英文的詞。每則評論長度當然是不一樣的，我們可以看看。

```
print(f' 第一筆訓練資料的長度：{len(x_train[0])}')
print(f' 第二筆測試資料的長度：{len(x_train[1])}')
```

Out:
第一筆訓練資料的長度：218
第二筆測試資料的長度：189

可以發現第一筆評論有 218 個字，第二筆評論則有 189 個字，果然長度不同！再來看看「正確答案」的長相。其中 0 表示負評，1 表示正評。

```
print(f' 第一筆資料的標籤：{y_train[0]}( 正評 )')
print(f' 第二筆資料的標籤：{y_train[1]}( 負評 )')
```

Out:

第一筆資料的標籤：1( 正評 )

第二筆資料的標籤：0( 負評 )

## 20.6　句子長度的處理

這裡要先說一件很悲傷的事情是，原本我們說 **seq2seq** 可以任意長度輸入和輸出，我們現在要的輸出長度是 1，所以沒有問題，問題是出在我們的輸入的資料長度不一樣，在計算上會有麻煩，因此在訓練的時候，我們通常都會把每一個評論的長度切成一樣的大小，不足長度的就補 0。設定的時候是利用 **sequence.pad_sequences** 這個函式裡的 **maxlen** 參數，範例是設定取到長度 100，同學們可以自己嘗試其他的評論長度。要注意的是：訓練和測試資料都要處理喔！

```
x_train = sequence.pad_sequences(x_train, maxlen=100)
x_test = sequence.pad_sequences(x_test, maxlen=100)
```

 冒險旅程 **20**

1. 通常我們會像介紹的這樣做處理，但是同學們可以想一想，如果像前面說的那樣將一萬個字做 one-hot-encoding，我們總共會有幾個一萬維的向量？

2. 接續上一題的討論，這麼龐大的向量會不會不利於模型的訓練呢？

冒險21 打造 RNN 情意分析函數學習機

21.1 字嵌入（Word Embedding）的概念

　　回顧上一次我們將每個字都變成一個一萬維的向量，其實維度真的太高太難用了！意思就是說，原本按照出現頻率對文字進行編碼再做 one-hot-encoding，這只是一個編號，事際上這個數字和文字本身的涵義是沒什麼關係的。於是我們想把一個字或是詞，用特徵表現向量表示出來。

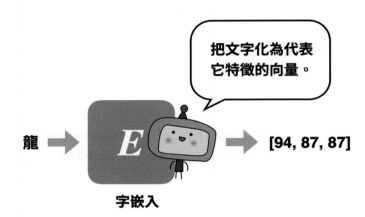

字嵌入

　　一般而言，我們會利用一項技術叫做**字嵌入（word embedding）**去嘗試幫**每個字找到能代表它的向量**，希望意思很接近的詞，代表向量也很接近。聽來有點神奇，到底是怎麼做到的呢？讓我們繼續看下去。

　　要找到一個能夠最好代表文字的向量是一件具有挑戰性的事情，也就是說做 Word Embedding 的函數是很難訓練的！幸運的是，在 TensorFlow 裡已經有一個非常親切的神經網路層可以用，就是專門在做字嵌入的隱藏層，也就是說我們只要在使用的時候記得設定想要把原本的向量維度壓到什麼維度的數字就可以。舉例而言，如果我們想把原本有的一萬維的向量都壓到只有 128 維，那只要在 **dim** 設定為 128，這一層就會自動幫我們把一萬維向量壓到 128 維了。

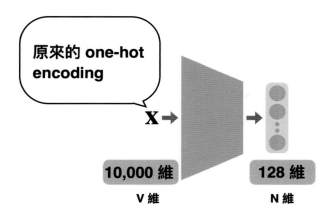

可能看到這裡你會覺得有點神奇，這個函數要怎麼知道怎麼樣轉換，才能讓兩個意思很近的字，而它們的代表向量也很靠近呢？其實，回憶一下我們本來要處理的問題，你會發現當模型將原本的一萬維向量壓到 128 維之後，我們還要去分類這則評論是正評還是負評，所以在不斷訓練的過程中，我們可以想像的到這一層會持續的學習，慢慢地好像理解一段文字的意義，也就是說模型漸漸地看得懂了，所以到最後就能夠幫每一個文字都找到最適合的代表向量。

## 21.2　三部曲之一：打造 RNN 函數學習機

我們終於要正式開始打造電影評論情意分析的函數學習機了！照例先建一台空白的函數學習機。

```
model = Sequential()
```

第一層是前面提到的字嵌入層 **Embedding**，負責把每個字換成一個代表向量。我們輸入是 10000 維的 one-hot encoding，我們想要把每個字的維度都壓到 128 維。這些當然都是可以自己調整的。這裡要說明一件 TensorFlow 很貼心的事：一般輸入時先要把數字換成一萬維的 one-hot encoding，但用 **Embedding 層不用自己做 one-hot encoding**！直接輸入一個數字，會自動依我們指定的維度（本例是 10000），換成相對的 one-hot encoding 輸入！

```
model.add(Embedding(10000, 128))
```

做完 embedding 之後，接上 **LSTM** 層分析語意，要記得設定想要的神經元數量，範例中是設定與前面輸出維度相同的 128 個神經元，實際上這兩個數字不一定要一樣，只是很多人都會設定成一樣的數字，目的是之後如果要使用其他模型的架構擴充的話會比較方便。

```
model.add(LSTM(128))
```

最後，經過一層全連接層用 **sigmoid** 當作 activation function 來得到我們想要的輸出結果，因為只是要判斷 0 到 1 之間的數字，比較靠近 0 就被歸類到 0（負評），比較靠近 1 就歸類到 1（正評）。

```
model.add(Dense(1, activation='sigmoid'))
```

這樣就做完了！有很有感到好像比以前還要簡單？照例我們先組裝起來。

```
model.compile(loss='binary_crossentropy',
              optimizer='adam',
              metrics=['accuracy'])
```

這裡用來訓練的損失函數是 **binary_crossentropy**，跟之前介紹過的 **categorical_crossentropy** 其實很像，只是因為我們只要做二元的分類，所以就用 **binary** 的就好。至於 **adam** 是一個非常有名好用的訓練方式，也許大家之前就試過了。

建立良好習慣，先來欣賞我們的模型。

```
model.summary()
```

Out:

Model: "sequential"

| Layer (type) | Output Shape | Param # |
|---|---|---|
| embedding (Embedding) | (None, None, 128) | 1280000 |
| lstm (LSTM) | (None, 128) | 131584 |
| dense (Dense) | (None, 1) | 129 |

```
================================================================
Total params: 1,411,713
Trainable params: 1,411,713
Non-trainable params: 0
```

---

這裡我們來做個數學小練習，就是 128 維的輸入，到 128 個 LSTM 的 RNN 層，到底有幾個參數呢？首先，在 t 這個時間點，我們知道除了 128 個輸入，RNN 層會回傳上次的記憶，也就是隱藏狀態 $\mathbf{h}_{t-1}$，維度和 RNN 層神經元數目一樣，我們的例子裡也是 128。所以這層就好像有 128+128 維的輸入。然後每一個 LSTM 裡面就好像有四個小神經元，於是這層就好比有 128×4 這麼多個神經元，每個神經元又有一個偏值。於是，我們就可以用 Python 來算一下參數的數目。

```
(128+128) * (128*4) + 128*4
```

Out:

**131584**

然後到前面 **summary** 結果去對答案，真的是 131584 ！這麼奇怪的答案總不能是矇到的！會算這個，代表我們真的懂 LSTM 是怎麼運作的。

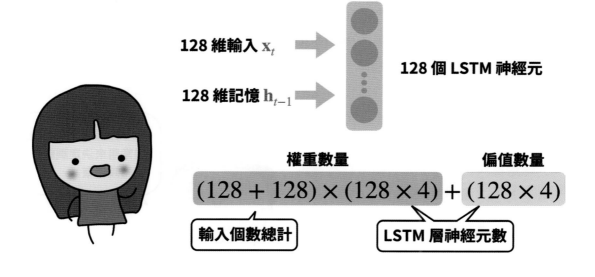

## 21.3 三部曲之二：訓練

建立和組裝完成模型之後，我們就可以開始訓練模型了。這裡要注意的是我們要多做一件事情，那就是一邊訓練一邊測試，也就是說在每次訓練結束之後，都利用沒有投入訓練的測試集舉行一次小考，所以在整個訓練的過程中，我們都可以看到模型訓練的結果。利用設定 `validation_data=(x_test, y_test)` 就可以達到我們剛剛提到的每次結束都小考的效果。

```python
model.fit(x_train, y_train, batch_size=32, epochs=10,
          validation_data=(x_test, y_test))
```

Out:

```
Epoch 1/10
782/782 [==============================] - 22s 24ms/step - loss: 0.4183 - accuracy: 0.8095 - val_loss: 0.3533 - val_accuracy: 0.8436
Epoch 2/10
782/782 [==============================] - 18s 24ms/step - loss: 0.2572 - accuracy: 0.8975 - val_loss: 0.3465 - val_accuracy: 0.8459
Epoch 3/10
782/782 [==============================] - 19s 24ms/step - loss: 0.1825 - accuracy: 0.9292 - val_loss: 0.4315 - val_accuracy: 0.8412
Epoch 4/10
782/782 [==============================] - 18s 23ms/step - loss: 0.1317 - accuracy: 0.9512 - val_loss: 0.4378 - val_accuracy: 0.8267
Epoch 5/10
782/782 [==============================] - 19s 24ms/step - loss: 0.0930 - accuracy: 0.9672 - val_loss: 0.6900 - val_accuracy: 0.8292
Epoch 6/10
782/782 [==============================] - 18s 24ms/step - loss: 0.0794 - accuracy: 0.9730 - val_loss: 0.5700 - val_accuracy: 0.8333
Epoch 7/10
782/782 [==============================] - 19s 24ms/step - loss: 0.0505 - accuracy: 0.9833 - val_loss: 0.6798 - val_accuracy: 0.8370
Epoch 8/10
782/782 [==============================] - 18s 24ms/step - loss: 0.0460 - accuracy: 0.9848 - val_loss: 0.6846 - val_accuracy: 0.8300
Epoch 9/10
782/782 [==============================] - 18s 23ms/step - loss: 0.0302 - accuracy: 0.9912 - val_loss: 0.7452 - val_accuracy: 0.8279
Epoch 10/10
782/782 [==============================] - 18s 23ms/step - loss: 0.0195 - accuracy: 0.9941 - val_loss: 0.8609 - val_accuracy: 0.8259
<tensorflow.python.keras.callbacks.History at 0x7f8b51a9e490>
```

我們順便說明一下**驗證資料（validation data）**是什麼。驗證資料顧名思義就是，不參與訓練，而是用來驗證我們模型是不是有像訓練資料結果一樣牢靠。聽起來是不是很像測試資料呢？事實上有一些時候，我們會把驗證資料和測試資料當一樣的東西。但有時我們會特別切出一部份數據當驗證資料，在訓練一次之後，看看目前沒參與過訓練過的驗證資料表現怎麼樣。如果驗證資料開始誤差增加，有可能就是開始過度擬合了，我們就停止訓練。

驗證資料**不參與訓練，但常用來決定訓練什麼時候結束。**

雖然驗證資料沒有參加訓練，其實我們也可以直接當測試資料就好。但如前所述，它有可能會「干預」我們訓練停止的時間。所以常常我們用了驗證資料的時候，還是有切另外一部份的數據，當作完完全全沒有參與訓練的測試資料。

## 21.4　換個存檔方式

這次我們來學習如何把建好的**模型架構**以及**訓練好的權重分開存**，這樣之後在使用上會更有彈性。通常是在我們訓練的很多次之後，發現學習的效果不是非常穩定，所以我們會想要存特定幾次訓練的結果，這個時候我們就可以用下面的這一段程式碼，將模型架構和權重分開存，是不是很方便呢！

一樣先與你的雲端硬碟做連結：

```
from google.colab import drive

drive.mount('/content/drive')
```

更改路徑到要儲存模型和權重的資料夾：

```
%cd '/content/drive/My Drive/Colab Notebooks'
```

把模型和權重分開存檔，注意**模型我們會轉成 json 格式**，而**權重會用大數據常用的 HDF5 儲存格式（.h5 檔）**。

```
model_json = model.to_json()
open('imdb_model_architecture.json', 'w').write(model_json)
model.save_weights('imdb_model_weights.h5')
```

 冒險旅程 21

1. 在讀入數據庫之後試著看一下每一筆評論資料的長相。

2. 在資料處理的階段嘗試不同的 **maxlen** 長度設定對模型的訓練會帶來什麼樣不同的影響。

## 冒險22 打造真的可以使用的情意分析

### 22.1 將存好的模型和訓練權重讀回來用

在上一次冒險中，我們辛辛苦苦訓練完了一個模型之後，當然要來測試一下我們可愛的模型，所以第一步要做的就是將模型和訓練權重讀回來用！

老樣子，先與你的雲端硬碟做連結：

```
from google.colab import drive

drive.mount('/content/drive')
```

更改路徑到要儲存模型和權重的資料夾：

```
%cd '/content/drive/My Drive/Colab Notebooks'
```

再來從 tensorflow 中讀入可以幫忙讀取模型架構檔案的套件：

```
from tensorflow.keras.models import model_from_json
```

記得這次我們是把模型和權重分開存了，所以要讀入是用 json 格式存的模型。接著，就可以依序先將模型的架構讀回來，然後再把權重放回去：

```
model = model_from_json(open('imdb_model_architecture.json').read())
model.load_weights('imdb_model_weights.h5')
```

很重要的是，讀回來的模型和訓練權重都準備好之後，還是要組裝喔！很重要一定要記得！

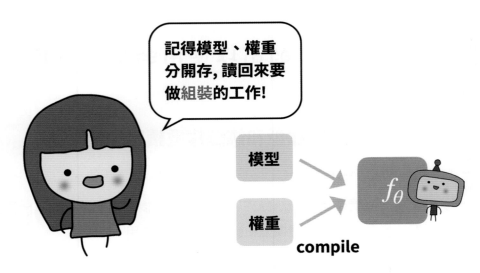

記得模型、權重
分開存, 讀回來要
做組裝的工作!

模型

權重

compile

$f_\theta$

```
model.compile(loss='binary_crossentropy',
              optimizer='adam',
              metrics=['accuracy'])
```

　　最後，不免俗地還是要要欣賞一下模型的長相，當然這麼做也是要確認模型有沒有好好地被讀回來了。

```
model.summary()
```

Out:

Model: "sequential"

| Layer (type) | Output Shape | Param # |
|---|---|---|
| embedding (Embedding) | (None, None, 128) | 1280000 |
| lstm (LSTM) | (None, 128) | 131584 |
| dense (Dense) | (None, 1) | 129 |

Total params: 1,411,713
Trainable params: 1,411,713
Non-trainable params: 0

## 22.2　測試模型

測試的時候要注意的事情是，我們必須要知道原本 IMDb 資料集裡對文字的編碼規則，所以我們要先做的事情就是將這個規則讀進來。

```
from tensorflow.keras.datasets.imdb import get_word_index
```

接下來，我們就可以嘗試自己寫一段句子，看看經過原本 IMDb 的編碼規則編碼後，會變成什麼樣子。

首先，先建立轉換編碼的物件：

```
word_index = get_word_index()
```

接著，隨便選一個字先嘗試看看，例如：'this'，記得全部的英文字母都要小寫，而且不能有標點符號，另外每次只能送入一個字做轉換。

```
word_index['this']
```

Out:

11

原來，在原來的 IMDb 資料庫裡的編碼規則中，**'this'** 的編號是 **11** 號！

剛剛有提到這個編碼物件每次只能送入一個字做轉換，但是通常評論都是一段文字啊！所以這邊預告一下，等一下我們會利用 **.split()** 函式，事先將我們要轉換的一段評論文字切開，使用上是要在函式裡設定要依據什麼東西切開這段文字，留白的話就是預設根據空格做分割。

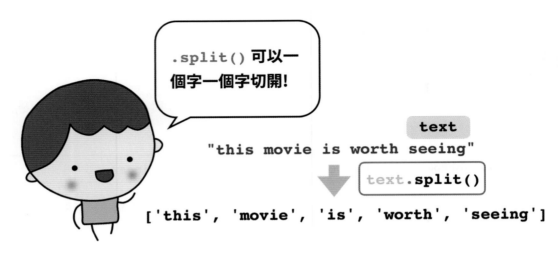

假設我們的一段評論文字是 **"this movie is worth seeing"**,整段程式碼會長這樣:

```
text = "this movie is worth seeing"
seq = [word_index[x] for x in text.split()]
model.predict([seq])
```

現在慢動作分解一下,先依據空白切開這段評論 **text**:

```
text.split()
```

Out:

```
['this', 'movie', 'is', 'worth', 'seeing']
```

接下來就是把每個字根據 IMDb 編碼規則轉換成數字:

```
seq = [word_index[x] for x in text.split()]
seq
```

Out:

```
[11, 17, 6, 287, 316]
```

再交給訓練好的模型判斷這段句子應該是屬於正評還是負評,再次提醒送進模型時,即使只是一筆資料,我們外面也要再加上一個中括號,因為有可能我們一次不是只送進一筆,所以要明確地告訴模型這次送進的資料有哪些。

```
model.predict([seq])
```

Out:

```
array([[0.98741376]], dtype=float32)
```

所以這個評論是正評，注意每個人預測出來的結果都會不同，因為訓練模型的成效都是不一樣的！

## 22.3　輸入我們自己的評論

這裡我們舉一個比較特別的例子，實際上去找到別人寫的真正的電影評論，但是會是偏反諷型的說法。

```
text = "could of been so much better if properly cast directed an
d a better script"
```

這句話的意思大概是在說「如果這部電影有合適的導演、演員和劇本的話就會是一部更好的電影」，那我們現在就來看看模型能不能正確判斷出這則諷刺意味濃厚的評論吧！

```
seq = [word_index[x] for x in text.split()]
model.predict([seq])
```

Out:

```
array([[0.4324082]], dtype=float32)
```

結果發現我們的模型覺得偏向負評，可是又有點不太確定，訓練的結果其實是還可以的，因為模型真的有發現這個評論不是太好。

## 22.4　用 Gradio 打造情意分析 Web App

接下來讓我們一起用超酷炫的 **Gradio** 套件，快速為我們訓練好的情意分析模型，打造一個 Web App 吧！如果已經忘記什麼是 **Gradio** 套件，可以回到冒險 5 好好複習一下唷！

現在先來安裝套件，如果我們是使用 Colab 的話，每次都一定要先這樣安裝，如果是使用自己的電腦的話，理論上在冒險 5 時已經安裝過，就只要 **import** 進來就可以使用囉！

```
!pip install gradio
```

安裝完成套件，就 import 進來，用官方推薦的 gr 當縮寫。

```
import gradio as gr
```

接下來，先寫一個做情意分析的函式：

```
def imdb_score(text):
    seq = [word_index[x] for x in text.split()]
    score = model.predict([seq])[0][0]
    return score
```

再做一個互動介面 **iface**，我們這次的輸入是一段文字，輸出是數字：

```
iface = gr.Interface(imdb_score, inputs="text", outputs="number",
                     title="IMDb 情意分析 ")
```

最後，我們只要用 **launch** 上架，我們的 web app 就完成了！

```
iface.launch()
```

 冒險旅程 22

1. 使用 **.split()** 函式試試看設定不同的分切依據會有什麼結果？
2. 多嘗試輸入許多不同的評論，看看有哪些是正評，又有哪些是負評呢？

## 冒險23　RNN 技巧討論

在前兩次的冒險中，我們第一次利用 RNN 神經網路的架構，實作 IMDb 電影評論的分類，今天我們要來說明如果自己想要準備資料和建立模型的方法以及可以使用的技巧。

## 23.1　資料的輸入：文字怎麼輸入電腦

首先，我們先來了解如果我們想要用自己蒐集來的文字當作資料集，可以怎麼樣讓這些文字變成電腦看得懂的樣子。我們以在某一個論壇上找到的一些評論資料為例：

```
!wget --no-check-certificate \
    https://raw.githubusercontent.com/yenlung/Python-AI-Book/main/
review.csv \
    -O /content/review.csv
```

數量很少只是當作練習使用。我們把資料存成 **.csv** 檔，使用 **pandas** 套件將評論的資料讀進來。

```
df = pd.read_csv('review.csv')
df.head()
```

Out:

|  | 評論 | 正負評 |  |
|---|---|---|---|
| 0 | 蠻穩定的 行車記錄器就是要穩 其他其次 | 1 |  |
| 1 | 流媒體不錯 晚上又清楚 | 1 |  |
| 2 | 最近有裝 A129 pro duo，畫質不錯，之前mio 791d用兩年也沒遇到問題 | 1 |  |
| 3 | mio 後鏡頭一直斷線 拉線要很注意 很麻煩 | 0 |  |
| 4 | 晚上只有cansonic z3這種有望遠鏡的才拍的到 | 1 |  |

接下來，我們就要做些考量。假如我們是要看正評還是負評，一些型號等等的資訊也許就沒有那麼重要。當然對不同任務，可能會有不同的考量，但這次只是想知道這則

評論是正評還是負評，而品牌和型號大概都是英文或數字，所以就決定只取中文出來。

用**正規表示式（Regular Expression）**很方便把字串中，符合某些特性的東西找出來。比如說我們想取出的是中文部份，而中文字的文字範圍在 Unicode 中是 **u4E00 - u9FD5**。我們來試試怎麼用正規表示法找出中文字的部份。

首先，我們需要使用一個叫 **re** 的套件，這是 Python 有名的正規表示套件。

```
import re
```

使用上我們要先訂下一個規則，就是要找的文字需要符合什麼條件，然後把這個規則編譯起來。因為我們要找的是 Unicode 中 **u4E00 - u9FD5** 到的字（也就是中文字），在正規表示式法就是用中括號括起來 **[\u4E00-\u9FD5]**。如果找到一個中文字，後面也符合這個條件的就要一起撈出來，所以用了 **+** 號。

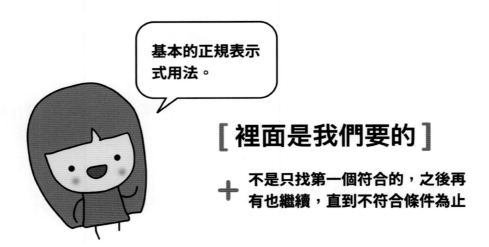

基本的正規表示式用法。

**[ 裡面是我們要的 ]**

**+** 不是只找第一個符合的，之後再有也繼續，直到不符合條件為止

於是把句子中一段一段中文找出來，直到斷句，或是出現英文等等的情況。來試試這段程式，定義好我們要的樣子。

```
patn=re.compile(r"[\u4E00-\u9FD5]+")
```

順便說明一下，代表正規表示式這個字串前的 **r** 是什麼意思。有用相機的大概知道，有個檔案型態叫 raw 檔，也就是完全保留原始數據，不經加工的資料格式。這裡的 **r** 也就是 raw 的意思，是我們要告訴 Python，原本字串長什麼樣子，就這樣子給我記起來！

現在我們取出一則評論試用看看：

```
X = df[' 評論 '][3]
X
```

Out:

'mio 後鏡頭一直斷線　拉線要很注意　很麻煩 '

用我們剛剛訂下的規則，試試能不能只留下中文的部分：

```
patn.findall(X)
```

Out:

[' 後鏡頭一直斷線 ', ' 拉線要很注意 ', ' 很麻煩 ']

成功了！現在我們可以將這個規則套用到全部的句子上：

```
for review in df[' 評論 ']:
    print(patn.findall(review))
```

Out:

[' 蠻穩定的 ', ' 行車記錄器就是要穩 ', ' 其他其次 ']
[' 流媒體不錯 ', ' 晚上又清楚 ']
[' 最近有裝 ', ' 畫質不錯 ', ' 之前 ', ' 用兩年也沒遇到問題 ']
......

　　這時我們又會發現有個新的問題需要考慮，那就是到底要不要考慮句子的分隔？還是把整句都連起來？老實說這兩者都可以，但如果我們覺得分段也是件重要的事，可以利用空白把句子們都連接起來。這樣一來，之後我們考慮的字會除了中文，還有個空白，也就是分句子的符號。

```
x_tmp = []

for review in df[' 評論 ']:
    sen_list = patn.findall(review)
    sen = ' '.join(sen_list)
    x_tmp.append(sen)
```

來看看 **x_tmp** 的內容吧。

```
x_tmp
```

Out:

['蠻穩定的　行車記錄器就是要穩　其他其次',

　'流媒體不錯　晚上又清楚',

　'最近有裝　畫質不錯　之前　用兩年也沒遇到問題',

　......

## 23.2　手工打造我們的 Tokenizer

現在 **x_tmp** 裡包含了所有我們想要考慮的字，因為要送進電腦裡，所以每個字都必須變成一個數字。這樣輸入一個字、輸出一個數字的這個函數，我們就叫做 tokenizer。打造 tokenizer 可以說是**自然語言處理（Natural Language Processing, NLP）**的重要基本功。

最常見的 tokenizer 做法是，越常出現的字編號就越前面。所以我們要去計算考慮的數據中，每個字出現的頻率。另外還有空白，這裡我們直接給它編號 0，就不參加排序。因此，我們這裡先把空白去掉，再來算算每個字的出現次數。

先用一個例子試試看去掉空白。

```
X = x_tmp[3]
X.split()
```

Out:

　['後鏡頭一直斷線', '拉線要很注意', '很麻煩']

接著全部合起來就是沒有空白的了！

```
''.join(X.split())
```

Out:

　'後鏡頭一直斷線拉線要很注意很麻煩'

現在我們打造一個，把所有文字合在一起，但去除空白的字串。再算一下每個字的出現次數，結果就放到 count 這個字典資料型態的變數中。

```
egg = ''.join(''.join(x_tmp).split())

count = {}
for char in egg:
    if char in count.keys():
        count[char] += 1
    else:
        count[char] = 1
```

接著就可以按照出現的頻率給每個字編號啦！要把越常出現的字，編號放越前面，這是 Shannon 的 Information Theory 告訴我們的。

為了要達成這個目標，我們需要對前面 count 字典中的 values（也就是字出現的頻率）排序。在 Python 中有個叫 sorted 的內建指令，可以幫我們做到這件事。關鍵參數 key 是說要排序時，會把要排序元素代進去的函式。在我們的例子中，就是每個字要帶進去，看出現的次數，這正是要執行 count.get。再來就是要由小到大，和一般排序的方向相反。

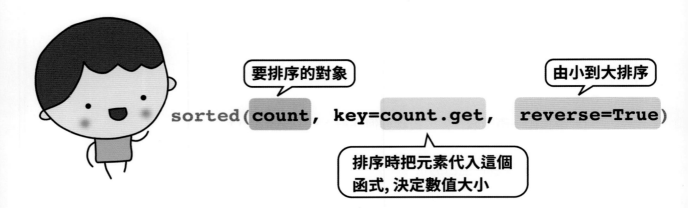

要排序的對象

由小到大排序

sorted(**count**, key=**count.get**, **reverse=True**)

排序時把元素代入這個
函式, 決定數值大小

```
sorted(count, key=count.get,  reverse=True)
```

於是我們只要依序給 1, 2, 3, …就可以了。一般在 Python 做 for 迴圈是用串列、字串等等可以遞迴呼叫的東西,把裡面的內容一個一個拿出來。但這時我們也想知道這是第幾個元素可以嗎,在 Python 有一個很好用的函式 **enumerate** 可以直接幫我們做這件事。

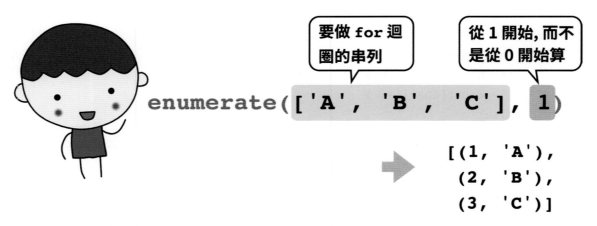

要做 `for` 迴圈的串列

從 1 開始, 而不是從 0 開始算

enumerate(**['A', 'B', 'C']**, **1**)

```
[(1, 'A'),
 (2, 'B'),
 (3, 'C')]
```

```
egg = sorted(count, key=count.get,  reverse=True)
for i, char in enumerate(egg, 1):
    print(char, i)
```

我們把結果做成一個字典。注意字典可以用很類似 **list comprehension** 的方式去定義。

```
sorted_char = {char: i for i, char in enumerate(egg, 1)}
```

我們先來試用一下，看看剛剛的處理是否都有成功。比方說，我們來看看現在「的」應該要對到哪個數字。

```
sorted_char[' 的 ']
```

Out:

```
2
```

最後，記得前面說要把空白對到 0。

```
sorted_char[" "] = 0
```

於是我們字的對應就都做好了！終於來到最後的時候，來試試要怎麼把一句話變成一個串列的數字。還記得我們選中的範例長這個樣子：

```
X
```

Out:

```
' 後鏡頭一直斷線拉線要很注意很麻煩 '
```

要把這句評論一一變成對應的編碼，要怎麼做呢？一個方式是我們定義一個函數，輸入是一個字，輸出就是對應的編碼。我們用 **lambda** 快速打造這樣的一個函式，然後把這個函式用到 **X** 的每個字上面，就可以了！

```
list(map(lambda char:sorted_char[char], X))
```

Out:

```
[6, 26, 82, 7, 45, 83, 46, 0, 84, 46, 5, 8, 85, 47, 0, 8, 86, 87]
```

是不是很讚，我們終於可以把所有要當做輸入的評論文字都變成對應的編碼了！

```
x = []

for review in x_tmp:
    record = list(map(lambda char:sorted_char[char], review))
    x.append(record)
```

再來做正確答案 **y**，這部份就簡單多了。

```
y = df[" 正負評 "].values
y
```

Out:

**array([1, 1, 1, 0, 1, 1, 0, 1, 0, 1, 0, 1, 1, 1, 1, 1, 0, 1])**

現在做完一整個流程的你一定覺得，天啊，要把文字翻譯成電腦看得懂的樣子，竟然這麼複雜，有一堆事情要處理！不要急著轉身離開，後面的冒險，我們會教大家一個更輕鬆快速打造 Tokenizer 的方法，大家可以期待一下唷！而這裡整個過程，其實是解釋整個過程到底做了什麼事情。

##  23.3　RNN 層資料輸入的維度

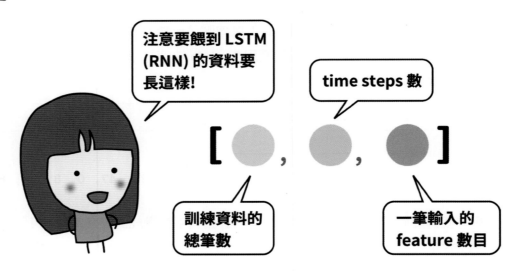

在 RNN 這類型的神經網路架構下，我們以 LSTM 為例，要準備的訓練資料維度是 3D 的，第一個位置放的是訓練資料總筆數、第二個位置則是 time steps 數、第三個位置則是每一筆輸入資料的特徵數目，所以我們在準備輸入資料的時候一定要有這三個關鍵的角色，這是在架設一個 RNN 模型的時候最重要的事情。但其實在前面的實作中你會發現，準備這三個關鍵角色並沒有那麼難，甚至在建模型的時候，也只要設定這一個 LSTM 層要多少顆神經元就可以了！

訓練資料的總筆數我們就不多做說明，只要利用 **len** 函式就可以知道目前訓練資料集總共有多少筆，而特徵數目就是我們編碼的字總共有多少個，最後比較難聯想的就是 time steps，它是我每一次輸入的資料長度，意思就是說我這一筆資料總共會有多少個字被依序送入模型裡。以前面實作 IMDb 的例子來對應，訓練資料的總筆數就是 25,000，time steps 數就是 100，而特徵數目就是 10,000。

## 23.4　Dropouts

假設今天有一個神經網路的某一部分，在訓練的過程中可能會發生一種特殊的 overfitting 狀況，為了預防同一層裡的每個神經元分配好了各自負責的部分，去學習背答案的情況發生，我們可以利用 dropouts 隨機讓某幾個神經元不參與這次的訓練，這樣就可以避免 overfitting 的狀況發生。

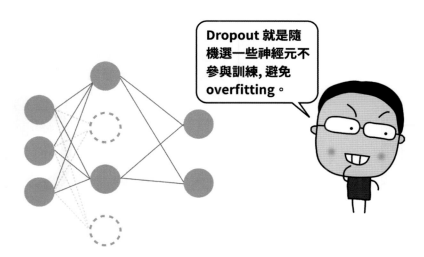

在 RNN 裡面還有另外一種 Dropouts 的方式，就是對 hidden states 做，我可以在所有 hidden states 裡面選擇捨棄掉一些，整層神經元和所有 hidden states 的 dropouts 是可以分開做的。

至於在實作中要如何設定我們以 LSTM 層為例子，在設定 LSTM 層的時候，除了一定要自己手動設定的神經元數量外，還有其他的參數是我們可以設定，像是這裡提到的 dropouts，在 LSTM 層中有兩個參數，分別是 **dropout** 設定整層的神經網路要隨機停工的比例，以及 **recurrent_dropout** 設定在所有的 hidden states 中要隨機捨棄掉的比例。

## 23.5 保留隱藏狀態

再來我們介紹一個非常重要、但也是經常讓大家一頭霧水的 **return_sequences**，這是說隱藏狀態要不要保留。在 LSTM 裡還有個叫 **return_state** 的，這是 LSTM 要不要保留 cell 狀態。概念上差不多，所以我們這裡專心解釋 **return_sequences**。

在許多 RNN 中，比方說情意分析，我們其實只在意看完最後一個字之後的輸出。所以每個階段的隱藏狀態我們都可以不用記得，只要傳到下一個階段就好。因此，原本有 $x_1, x_2, x_3, x_4, x_5$，這 5 個 time-steps，我們每個階段分別得到隱藏狀態 $h_1, h_2, h_3, h_4, h_5$，接到下一層的時候，其實只有 $h_5$ 真的傳過去！這有個好處，就是如果我們只在意最後的結果（像情意分析），這樣就很容易接全連結層，因為真的只有一個向量。這時的 **return_sequences** 要設為 **False**，事實上這是預設值，所以不設也可以的。所以在前一次冒險中的例子中，沒有設定這個參數，我們的模型仍然可以乖乖的學習。

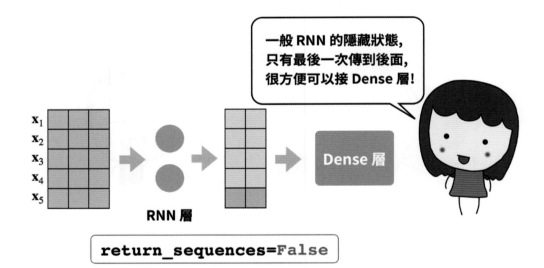

現在問題來了，要是我們覺得一層 RNN 不夠，要來個兩層。這時輸出是最後一個隱藏狀態，也就是一個向量，TensorFlow 就會不客氣地出現錯誤訊息。因為前面說了，RNN 層要接 3D 陣列才可以。也就是說，一筆輸入 RNN 的必須是 time steps 的數目，乘上每一次輸入的特徵數（更簡單的說就是每筆輸入應該是一個矩陣）。這該怎麼辦呢？很容易，就是 **return_sequences** 改為 **True** 就好！

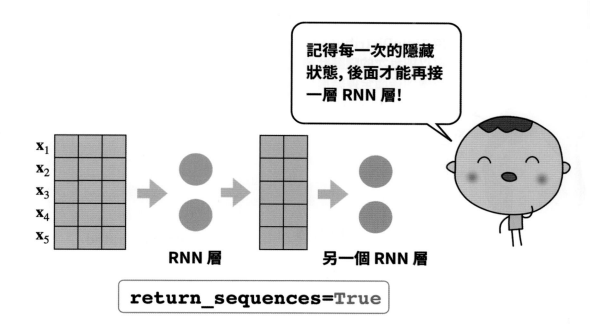

## 23.6　TimeDistributed 層

聊完 **return_sequences** 之後，來談談比懸疑還懸疑的 TimeDistributed 層吧！雖然這麼說，但其實懂了 **return_sequences**，TimeDistributed 層就很好懂。

前面說到，RNN 後面要接全連結層，最自然的是把 return_sequences 設為 False。這個時候只會把最後一次的隱藏狀態傳到後面的全連結層。但有時我們每個時間點的隱藏狀態都要送給後面的全連結層呢？比如說 RNN 最重要的模型對話機器人，回應的時候我們希望每個時間點都要回應一個字。不然會發生跟可愛對話機器人說了好大一段話，它都只回一個字這種情況！這樣的話這個機器人也太難聊了！

這時我們就想到，嘿嘿，不是 **return_sequences** 設成 **True** 就好了嗎？賓果！你真是太聰明了！可是全連結層沒那麼聰明，只能接向量，不能接這可怕的矩陣。這個時候我們需要讓輸入每一次的隱藏狀態，都個別傳入下面的全連結層，而 TimeDistributed 層正是做這樣的事！用了 TimeDistributed 層，我們在設 **return_sequences** 值為 **True** 的 RNN 層之後，依然可以放心的加入全連結層！

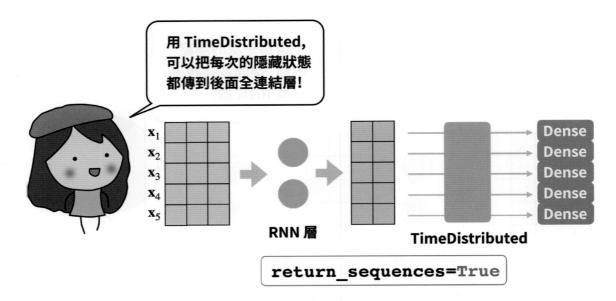

用 **TimeDistributed**,
可以把每次的隱藏狀態
都傳到後面全連結層!

RNN 層

TimeDistributed

return_sequences=True

 冒險旅程 **23**

1. 研究看看「附錄 _ 紅樓夢生成器的原理 .ipynb」裡的紅樓夢生成器的原理裡用到了哪些技巧?

2. 觀查紅樓夢生成器的模型架構,並算出模型的參數總量,再利用 **model. summary()** 檢測字的答案是否正確。

# 冒險24　《紅樓夢》生成器

這裡我們來看一個非常有趣的 RNN 應用：讓模型讀完了一整本紅樓夢，然後電腦就覺得自己是曹雪芹了。以後你給電腦一個開頭，我們的 RNN 函數學習機就能生成一段紅樓夢風格的故事段落。

同時我們也使用了前面預告過的套件，將所有紅樓夢中的文字翻譯成電腦看得懂的樣子。這裡不帶著大家一起實作這個紅樓夢生成器的訓練，主要是因為 RNN 模型的運算量實在是太太太太太太大了！這個模型當初在訓練的時候跑了整整 10 個小時，所以我們提供程式碼和已經整理好的紅樓夢文本給大家。因為時間實在花太多，這裡不準備讓大家再次經歷這辛苦的過程，就直接把我們訓練好的結果拿來使用。有興趣可以參考本書附的程式，你會發現程式可以說是驚人的簡單。

附錄 _ 紅樓夢生成器的原理 .ipynb

當然想要自己訓練一次的話，可以勇敢地嘗試看看，甚至也能自己蒐集其他的資料來訓練一個屬於自己的生成器喔！

## 24.1　讀入套件

把我們的基本套件讀入後，這次要使用的是 TensorFlow 標準讀入的方法，用標準縮寫 **tf** 讀入 tensorflow 以及 tensorflow 裡我們需要的套件。另外也要讀入 Python 特有的資料儲存 **pickle** 套件，這是一個很方便可以讓我們「任何資料型態」都能存下去、讀出來的方便套件。

```
import tensorflow as tf
import pickle
from tensorflow.keras.models import load_model, model_from_json
```

## 24.2　讀入訓練好的 RNN 紅樓夢生成器

在 Andrej Karpathy 非常有名的一篇部落格文章，"The Unreasonable Effectiveness of Recurrent Neural Networks"：

`http://karpathy.github.io/2015/05/21/rnn-effectiveness/`

很多人是看了這篇文章，覺得 RNN 真是太神奇了！這篇文章裡有個「莎士比亞生成器」，讓電腦看完莎士比亞的作品，然後電腦就覺得自己是莎士比亞了！你隨便打入一些東西起個頭，電腦會幫你接續下去。

《精通機器學習 - 使用 Scikit-Learn, Keras 與 TensorFlow》這本書中也有介紹莎士比亞生成器該怎麼寫，我們這裡仿造這個方式，寫了一個紅樓夢生成器。其實架構很簡單，就是每輸入 100 個字，預測下一個字是什麼，這標準類似對話機器人的模型。使用的是雙層 LSTM，每層 128 個神經元。總共訓練 10 次，在 1080Ti GPU 的電腦上大概花了 10 個小時。

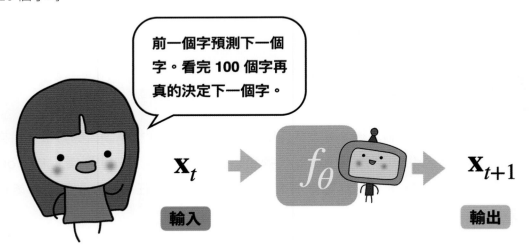

前一個字預測下一個字。看完 100 個字再真的決定下一個字。

$\mathbf{x}_t$ 　 $f_\theta$ 　 $\mathbf{x}_{t+1}$

輸入　　　　　　輸出

```
!wget --no-check-certificate \
    https://github.com/yenlung/Python-AI-Book/blob/main/dream_rnn.
zip?raw=true \
    -O /content/dream_rnn.zip
```

這裡示範 `.zip` 檔解壓縮，解壓縮一樣放到 `/content` 資料夾中。

```
import os
import zipfile
local_zip = '/content/dream_rnn.zip'
zip_ref = zipfile.ZipFile(local_zip, 'r')
zip_ref.extractall('/content')
zip_ref.close()
```

和之前的方式一樣，將下載好的模型架構和權重讀進來。

```
f = open('architecture.json', 'r')
loaded_model = f.read()
f.close()
model = model_from_json(loaded_model)
model.load_weights("weights.h5")
```

還有之前打造好的紅樓夢專用 **Tokenizer** 也讀進來。

```
f = open('tokenizer.pkl', 'rb')
tokenizer = pickle.load(f)
f.close()
```

## 24.3　打造紅樓夢生成器

首先 **max_id** 是記錄《紅樓夢》用到的所有不同的中文字字數，包括新式標點符號。很讓人驚訝的是，字數其實只有 4522 個，並沒有我們想像中的那麼多。

```
max_id = len(tokenizer.word_index)
max_id
```

Out:

**4522**

我們每一個字都給了一個編號，現在要寫個簡單的函式，把一句話經過事先訓練好的 tokenizer 換成一串數字，每個數字再做成 **one-hot encoding** 的型式回傳。

```
def preprocess(texts):
    X = np.array(tokenizer.texts_to_sequences([texts]))-1
    return tf.one_hot(X, max_id)
```

接下來這段程式主要是讓模型會依照輸入的一段文字,去預測下一個字。注意像平常的分類問題,這裡輸出的是出現機率最高的那個字。但都照這樣做的話,我們輸入同一段文字,模型預測的文字永遠都會是一樣的!於是你每次都會得到相同的結果。我們可以用 TensorFlow 中一個叫 **tf.ramdom.categorical** 的指令,會隨機從機率較高的那些字,而不只是最高的,抽一個字(或數個字)出來。

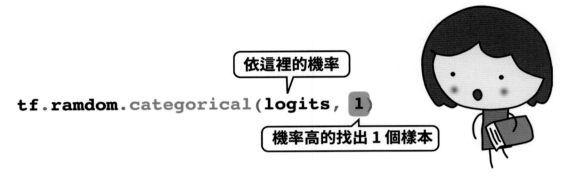

這**神秘的 logits 是什麼**呢?我們大約可以想成是機率取 log 的值。所以所有的值都是負的,機率越小負得越多(也就是越小)。有個常用的手法是去**設定 temperature**,**temperature** 接近 0,就是讓 logits 值放大,小的數字就更小了!反之,**temperature**越大,logits 一堆數字就被拉近,機率差不多高的就多了,因此選字就越隨機。太隨機就變成亂數取字!一般而言 **temperature** 設 1 左右效果最佳。

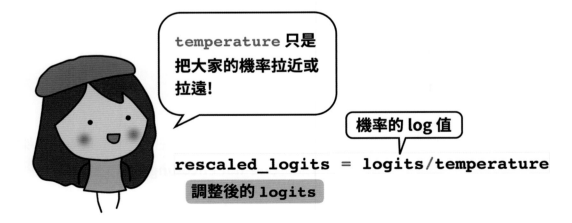

```
def next_char(texts, temperature=1):
    X_new = preprocess(texts)
    y_predict = model.predict(X_new)[0, -1:, :]
    rescaled_logits = tf.math.log(y_predict) / temperature
        char_id = tf.random.categorical(rescaled_logits, num_
samples=1) + 1
    return tokenizer.sequences_to_texts(char_id.numpy())[0]
```

最後就一段文字進來，再產生 **n_chars** 這麼多個字。我們原本一段文字只能生一個字，那就一次生一個字，最後要生多少個字就生多少個字。

原本訓練的時候，一段是 100 個字去訓練的，但當這裡超過 100 字時，我們就取最後 100 個字丟入模型。

```
def complete_text(texts, n_chars=50, temperature=1):
    n_chars=int(n_chars)
    for _ in range(n_chars):
        texts = texts + next_char(texts[-100:], temperature)
    return texts
```

## 24.4　測試紅樓夢生成器

製造完紅樓夢生成器之後，就可以來測試一下。

```
complete_text(" 自孫悟空從石頭中蹦出來之後，", n_chars=300, temperature=0.2)
```

Out:

自孫悟空從石頭中蹦出來之後，說道：「大凡一個人，原是有情的，如今是一定的，如今是了，也不枉你跟了我們的。」說著，便把寶釵的話解說了一遍。眾人見他的話，心裡更自傷心，又不好說出來，又見寶釵的話也不好，只見寶釵哭得眼淚。眾人道：「我是個夢，你們不知道，我是一句不知道的，我是一句話說不出來，我是不該娶親。」襲人道：「你們這樣一個伶俐姑娘，聽見說是這樣的，如今太太也不用說，我是一種潑辣人，委委屈屈的上轎而去，就是這樣的辦事。」薛姨媽聽了，便點頭嘆道：「我想著我母親瞧瞧，我是不知道的。」王夫人道：「我也是這樣的。」薛姨媽道：「我也不用說，我是這樣一個人，我也不知道，我是一種潑辣人，委委屈屈的上轎而去，還有一個人家的人，那裡有什麼不

## 24.5 用 Gradio 做紅樓夢生成器的 Web App

我們準備用前面學過的 **Gradio** 套件，神速做完一個 web app，先安裝和讀入套件：

```
!pip install gradio
import gradio as gr
```

建立 web app：

```
iface = gr.Interface(
    fn=complete_text,
    inputs=[
        "text",
        gr.Slider(minimum=50, maximum=200, value=50, step=1),
        gr.Slider(minimum=0.2, maximum=2, value=1, step=0.2),
    outputs="text",
    title=" 紅樓夢生成器 ",
    description=" 起個頭，幫你完成一段紅樓夢。可以改變 temperature，越
小生出的字越固定，越大越隨機。")
iface.launch()
```

 冒險旅程 **24**

1. 大家可以在建好的 web app 上嘗試其他不同的句子，看看生成出來的結果怎
   麼樣。

# 冒險25　打造自己的 Tokenizer（文字型資料的處理）

## 25.1　我也想做自己的 NLP 專案！

前面介紹過許多 RNN 應用的例子，如果今天我們也想要自己做中文的情意分析，或是像《紅樓夢》生成器，都需要能把中文轉成數字，或者數字轉回中文。在冒險 23 我們也知道這該怎麼做了：首先是先蒐集所有要考慮的文本，變成一個字串。接著，計算每個字出現的次數，按照頻率排序，頻率越高就給它越前面的號碼。

現在有個好消息：雖然以上的過程也沒有真的那麼複雜（畢竟我們做過了），這篇要說這件事情實際上我們不需要自己做！TensorFlow 早早備好了工具幫我們完成打造自己的 Tokenizer ！我們唯一要做的事是，去蒐集文本，存到一個文字檔中（Python 當然不知道你要處理什麼樣的資料，自然無法幫你做）。

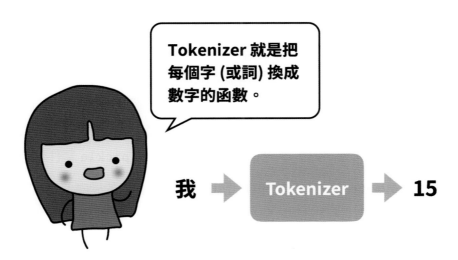

Tokenizer 就是把每個字 (或詞) 換成數字的函數。

我 ➡ Tokenizer ➡ 15

## 25.2 讀入套件

快速打造
Tokenizer 的套件!

# Tokenizer

幫你打造 **Tokenizer** 的工具，名稱就是，嗯，Tokenizer。這是放在我們 **tensorflow. keras** 中 **preprocessing.text**（文字型的預處理）子套件庫中。

```
from tensorflow.keras.preprocessing.text import Tokenizer
import pickle
```

我們還發現 **pickle** 也來了，原因自然是準備把我們打造好的 **Tokenizer** 存檔起來，不用每次都訓練！

現在都已經了解 **Tokenizer** 就是要幫我們把文字傳換成數字的工具，而這個工具當然是需要訓練的，因為文本的不同需要的參數都是不一樣的，所以不是直接就可以拿來用的喔！另外，等我們訓練完可以用的 **Tokenizer** 之後，一定要記得存起來！存起來！存起來！很重要所以說三遍，這裡我們用 Python 標準 **pickle** 套件儲存。

接下來要使用 **!wget** 把在 GitHub 上的一個檔案當成在自己的硬碟上的檔案使用。

```
!wget --no-check-certificate \
    https://raw.githubusercontent.com/yenlung/Python-AI-Book/main/
dream.txt \
    -O /content/dream.txt
```

## 25.3　讀入蒐集到的所有文本

這裡使用的範例文本是《紅樓夢》，我們蒐集許多資料之後，接下來要做的就是把所有文字合併成一個檔案。先將檔案正常打開來使用：

```
f = open('dream.txt', 'r')
lines = f.readlines()
f.close()
```

檔案裡面就會是一段段《紅樓夢》。觀察一下內容會發現，每段開頭都會有用於縮排的 **"\u3000\u3000"**，我們想要把這些去掉。

```
text_lines = [x.lstrip('\u3000\u3000') for x in lines]
```

再把每一段整合起來。

```
text = ''.join(text_lines)
```

如此一來，所有文字就都合併完成了！

## 25.4　打造自己的 Tokenizer

因為 Tokenizer 本身也是一個函數學習機，所以一樣要使用標準的三部曲：建構模型、訓練模型、使用模型（預測）。

**第一部曲：**打造 Tokenizer 函數學習機的物件。設 **char_level=True** 的意思是每一個字（包括標點符號），都有一個代號（token）。

```
tokenizer = Tokenizer(char_level=True)
```

**第二部曲：**訓練 Tokenizer。這裡就把所有的文字丟進去就好。

```
tokenizer.fit_on_texts([text])
```

**第三部曲：**使用 Tokenizer（預測）。我們可以送一句話進去，就可以回傳經過 Tokenizer 轉換之後對應的一串代碼（sequence）回來。

```
tokenizer.texts_to_sequences([" 我打造了一個函數學習機。"])
```

Out:

```
[[15, 99, 721, 3, 6, 26, 597, 362, 1061, 912, 2]]
```

這裡的結果每個人都會不一樣！我們還可以反過來拿這串代碼生成原本的那一句話。

```
tokenizer.sequences_to_texts([[15, 99, 721, 3, 6, 26, 597, 362, 10
61, 912, 2]])
```

Out:

```
[' 我 打 造 了 一 個 數 學 習 機 。']
```

多嘗試幾次，我們會發現，沒有訓練過的字出現，**Tokenizer** 就會自動忽略不計。

## 25.5 把 Tokenizer 存起來

訓練好的 Tokenizer 一定要記得存起來，這樣下次要使用的時候才不需要又再重新訓練一次！

先連結到自己的雲端：

```
from google.colab import drive
drive.mount('/content/drive')
```

Out:

```
Mounted at /content/drive
```

轉換路徑到 Colab Notebooks 的資料夾中：

```
%cd "/content/drive/MyDrive/Colab Notebooks/"
```

Out:

**/content/drive/MyDrive/Colab Notebooks**

然後，就可以把我們的 Tokenizer 利用 **pickle** 套件存起來。

```
f = open('MyTokenizer.pkl', 'wb')
pickle.dump(tokenizer, f)
f.close()
```

之後如果要讀回來訓練好的 Tokenizer，一樣要記得使用 **pickle** 套件：

```
f = open('MyTokenizer.pkl', 'rb')
tokenizer = pickle.load(f)
f.close()
```

 冒險旅程 **25**

1. 試著用 Tokenizer 找找看自己名字的編碼吧！

# 第 3 篇
# 回歸

## 發揮創意，
## 看到 AI 的無限可能

# 冒險 26  RNN 看成 Encoder-Decoder Structure

## 26.1  回顧一下可愛的對話機器人

　　前面我們已經看過 RNN 的架構和各種應用，而其中最重要的應用就是對話機器人，如果能夠足夠了解對話機器人的架構及運作方式，其實你就已經掌握了大部分的 RNN 技術了！現在我們就再一起回憶一下對話機器人這種 sequence-to-sequence 模型吧！

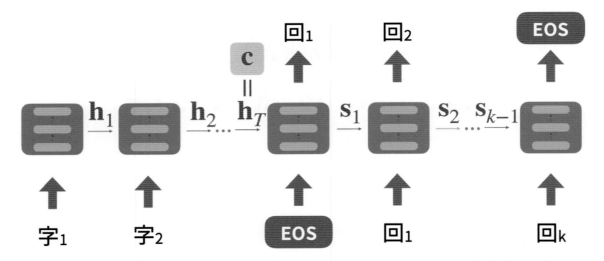

　　輸入第一個字會產生一個**隱藏狀態（hidden state）** $h_1$，然後和第二個字一起傳入我們的 RNN 模型，產生第二個隱藏狀態 $h_2$，直到最後使用者說出最後一個字，產生**最後的隱藏狀態 $h_T$，我們把它叫做 c。**

　　之後會發現，這個看來隨便命名的 **c** 向量，其實是開啟後面精彩冒險的重要關鍵！**c** 向量是前面所有字的融合，也就是將剛剛輸入的話總結成的完整記憶，或者可以說是代表這句話意思的**特徵表現向量**。

## 26.2 編碼器—解碼器的結構

現在關鍵向量 $c$ 馬上要發揮了!我們可以把一次接到使用者說話、對話機器人回應的過程,切成兩個部份。第一個部份就是接收使用者說的那句話,雖然不是同時輸入的,但總之就是要產生最後的特徵表現向量 $c$。這個部份雖然不是「一個」模型,而是同一個 RNN 模型執行好幾次,但我們還是可以想成是輸入一句話,輸出特徵表現向量 $c$ 的函數學習機。我們把這個函數學習機叫做**編碼器(encoder)**。

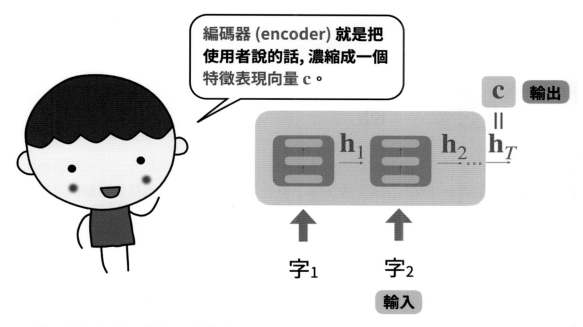

第二個部份就是從這個特徵表現向量 $c$,也可以視為一段記憶,要輸進第二個函數學習機,然後輸出要回應的話。這第二段的過程,我們就看成一個函數學習機,叫做**解碼器(decoder)**。

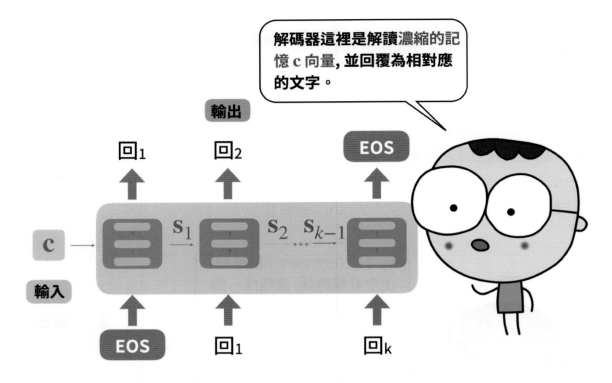

所以現在可以把我們對話機器人切成兩個部份，一個是編碼器、一個是解碼器。在這兩個部份，雖然同樣都有隱藏狀態，為了避免混淆，我們會把**編碼器時期的隱藏狀態以 h 表示**，而**解碼器時期的隱藏狀態以 s 來表示**。

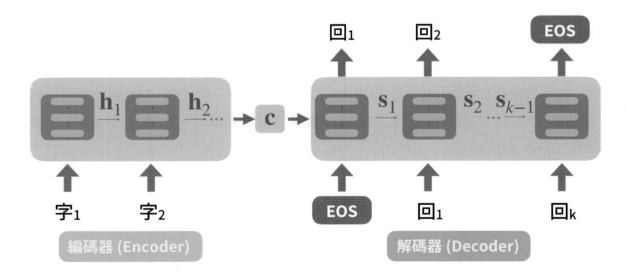

## 26.3　更簡潔的表現方法

假設是一個客戶服務的對話機器人。某一次客戶說了 T 個字的一段話，每個字都表示成一個向量，我們就會有 $\mathbf{x}_1, \mathbf{x}_2, ..., \mathbf{x}_T$ 當成輸入，送進編碼器。得到輸出向量 $c$ 之後，我們再送入解碼器，最後得到要回應的一句話，記為 $\mathbf{y}_1, \mathbf{y}_2, ..., \mathbf{y}_k$。

用「**編碼器—解碼器**」的概念去看這個對話機器人，我們就會有相當清楚的概念。

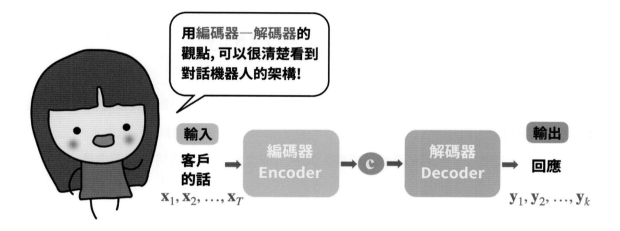

## 26.4　認真看看我們的總結表現向量 c

我們一再再的強調，隱藏狀態，也就是 RNN 的「記憶」，是 RNN 的重點，這裡我們再來更清楚看看這些隱藏狀態是怎麼產生的。雖然在編碼器—解碼器架構中，用到的是同一個 RNN 神經網路（也可以用不同的），但為了方便，我們把**編碼器時期的那個 RNN 叫做** $f_e$，**解碼器時期的叫** $f_d$。

在這樣的定義下，編碼器時期，每個階段的隱藏狀態是 $\mathbf{h}_t = f_e(\mathbf{h}_{t-1}, \mathbf{x}_t)$ 這樣產生的；而解碼器時期的隱藏狀態是 $\mathbf{s}_{t+1} = f_d(\mathbf{s}_t, \mathbf{y}_t)$ 這樣來的。

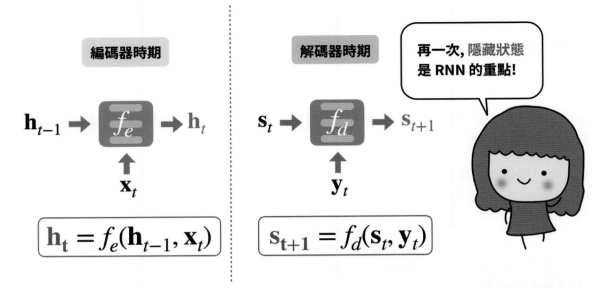

這些隱藏狀態,是最能代表某個時間點的特徵。也就是說,**隱藏狀態是特定時間點的特徵表現向量**。其中一個關鍵是編碼器時期的最後一個隱藏狀態 $\mathbf{h}_T$,我們給它一個特別的名字,叫做 $\mathbf{c}$。這個 **c 可以看成輸入文字(或文章)的總結特徵表示向量**。

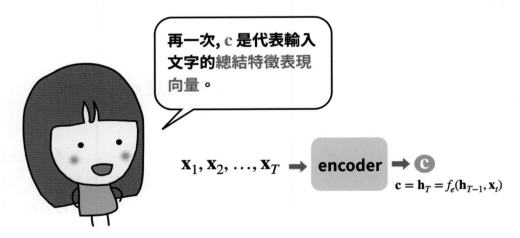

這次冒險的方式,重新審視我們的 RNN,你會發現一個重大的問題。就是我們用解碼器生成文字的階段,**只有第一次「看到」完整的全文總結向量 c**。就像玩喝水傳話的遊戲一樣,只有第一個人看過題目,往後傳的時候因為嘴巴裡有水會講不清楚,然後一直傳下去話會愈來愈不清楚!

為了解決這個問題,我們可以在解碼器,也就是生成文字的階段,**每一次都參考到完整的輸入總結表現向量 c**。用我們這個冒險學到的抽象表示方法,會發現真是非常容易說明，就是讓我們在解碼器階段的隱藏狀態是 $s_{t+1} = f_d(s_t, y_t, c)$ 這樣子計算。

解碼器時期, 每一次都參考輸入的總結向量 c。

$$s_{t+1} = f_d(s_t, y_t, c)$$

這又給我們一個啟發，那就是會問「總結向量 $c$ 一定要是編碼器最後一次的隱藏狀態嗎？」會這麼問的原因是，想想我們讀到一段話，不是所有的文字都是重點。那重點狀態是不是應該強調一點呢？

所以我們就想到，最代表輸入每個階段的隱藏狀態 $h_1, h_2, \ldots, h_T$，我們分別給不同的權重 $\alpha_1, \alpha_2, \ldots, \alpha_T$，線性組合起來變成我們最後的總結向量 $c$。也就是說，

$$c = \alpha_1 h_1 + \alpha_2 h_2 + \cdots + \alpha_T h_T,$$

其中我們還可以讓權重 $\alpha_1 + \alpha_2 + \cdots + \alpha_T = 1$。

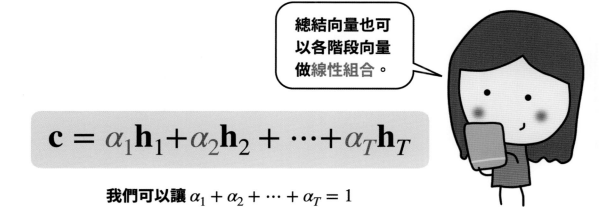

總結向量也可以各階段向量做線性組合。

$$\mathbf{c} = \alpha_1 \mathbf{h}_1 + \alpha_2 \mathbf{h}_2 + \cdots + \alpha_T \mathbf{h}_T$$

**我們可以讓** $\alpha_1 + \alpha_2 + \cdots + \alpha_T = 1$

## 26.5 這次冒險的總結

這次冒險，如果勇敢的看一下好像有點抽象的式子，會發現我們幾乎什麼新的東西都沒有！基本上就是抽象化去看 RNN 整個的過程。這樣的抽象化也讓我們更抓到了 RNN 的核心，而後面也會發現有許多非常有意思的開展！

 冒險旅程 26

1. 一起回憶一下在冒險 19 學到的一個 RNN 神經元的架構，寫一個小程式模擬神經元的運算。假設輸入是三個字，起始隱藏狀態是零向量，自己設定起始權重和偏移值，計算 $h_1$。
2. 再做一次 RNN，算出 $h_2$。記得 RNN 神經元使用的激發函數是 tanh 喔！ ▇

# 冒險27 Attention 注意力模式的概念

注意力（Attention）模式可以說是引起一陣風潮的有趣想法，包括影響到之後的冒險我們要提到的神經網路重大變革 transformers 的出現。我們這次的冒險，就來看看注意力模式到底是什麼。

## 27.1　Attention 的想法

上一次的冒險要結束的時候，我們發現 RNN 中最最重要，代表一段文字濃縮精華的向量 $\mathbf{c}$，其實不一定要像傳統用最後一次的 $\mathbf{h}_T$ 當我們的總結向量，而是綜合前面每個時間點的記憶考量。這可以有很多種方式，但最常見的是把各時間點的代表向量，做線性組合。

這裡 $\alpha_1, \alpha_2, \ldots, \alpha_T$ 怎麼產生呢?

$$\mathbf{c} = \alpha_1\mathbf{h}_1 + \alpha_2\mathbf{h}_2 + \cdots + \alpha_T\mathbf{h}_T$$

**我們可以讓 $\alpha_1 + \alpha_2 + \cdots + \alpha_T = 1$**

這樣子，我們可能產生一個更好的總結特徵向量，在回應，也就是解碼器的每一個階段，都能參考這個前文總結的特徵向量。但這裡還有一個問題，也就是**解碼器不同的階段，很可能會在意的部份是不同的！**

我們以一個英翻中的例子來說，如果編碼器這裡輸入了 "This is a book"，解碼器應該要輸出的是「這是一本書」。我們今天遇到一個英文翻譯成中文的問題：我們會

發現，當翻譯到「這」的時候，解碼器這個 RNN 最在意的應該是 "This"，而**翻譯到「書」的時候，原本的句子中當然應該最重視 "book"**。所以說這兩個不同的狀況下參考的前文代表向量少了函數，應該比較「重視」的隱藏狀態是不一樣的。比方說在翻譯「書」的時候，相對於 "book" 的權重就要給比較高，然後產生比較重視 "book" 的代表向量 $c_4$。換句話說，在解碼器的某個時間點 t，我們應該要給不同的比較大的權重。這種會把「注意力」放在某些特定特方的，就是所謂的**注意力（Attention）模式**。

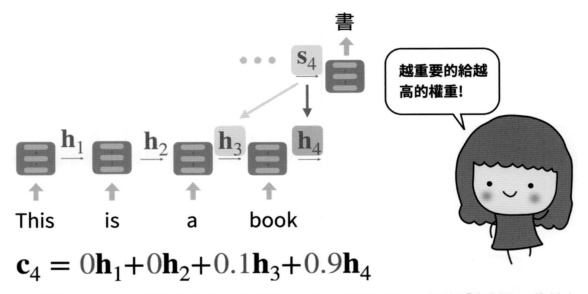

$$c_4 = 0h_1 + 0h_2 + 0.1h_3 + 0.9h_4$$

　　簡單地說，在解碼器的階段，我們準備為每一個時間點 t，打造「客制化」的前文重點代表向量。但是我們怎麼知道，前面的哪一個部份的隱藏狀態，要給比較大的權重呢？我們再繼續看下去……

 ## 27.2　如何知道我們注意力要放在哪呢？

　　我們怎麼知道，注意力該放在哪呢？首先，我們先注意，到 t 這個時間點的隱藏狀態是 s，也是最能代表這個階段的特徵。我們會把這個**向量 s 稱為 query (Q)**，準備看前面哪一個狀態和這個 Q 是比較有關係的。

　　在編碼器時期，最能代表各個階段的，自然就是每個時期的隱藏狀態 $h_1$, $h_2$, ⋯, $h_T$，我們會稱這**代表每個階段的向量 $h_i$ 為 keys (K)**。也就是說，我們現在這個階段的

「Q 向量」要和前面每一個「K 向量」算相關的強度。用最最抽象的說法，就是我們需要創造一個「相關性強度的評分函數」，或者就叫**「注意力強度函數」a**。那麼 $e = a(s, h)$ 就表示 $s$ 和前面某個時間點的 $h$ 相關程度，相關性越高自然我們就要放越多注意力在那裡。

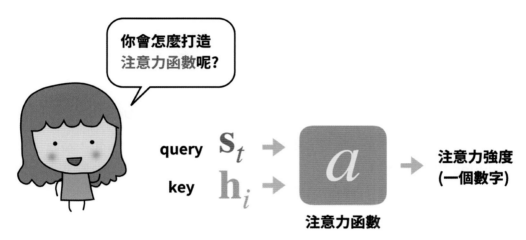

請你先想想看，交給你的話，注意力函數要怎麼設計呢？我們先假設就有了這個注意力函數，可以計算目前的 Q 向量 $s$ 和前面每個時間點 K 向量的注意力強度，記為 $e_1$，$e_2$，…，$e_T$。這會是我們的權重，不過一般我們希望權重加起來等於 1。於是，我們的老朋友 softmax 來了！

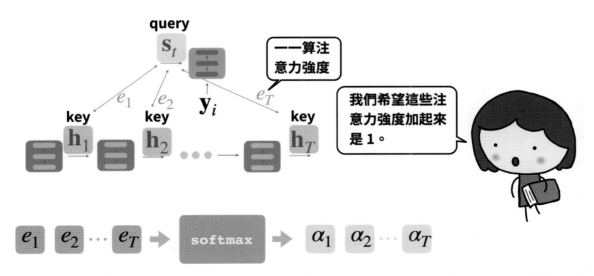

最後，經過 softmax 轉換的注意力大小記為 $\alpha_1$，$\alpha_2$，…，$\alpha_T$ 的話，就可以得到我們最終、完全客制化的代表向量 $c_t$ 了！

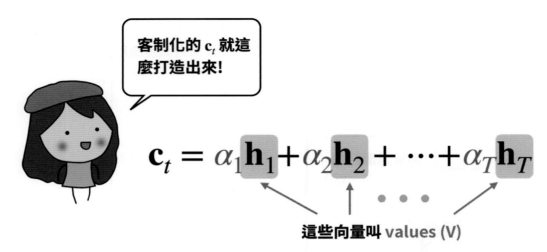

客制化的 $c_t$ 就這麼打造出來！

$$\mathbf{c}_t = \alpha_1 \mathbf{h}_1 + \alpha_2 \mathbf{h}_2 + \cdots + \alpha_T \mathbf{h}_T$$

這些向量叫 values (V)

我們在打造 $c_t$ 時用的是每一個階段的特徵代表向量 $\mathbf{h}_1$, $\mathbf{h}_2$, $\cdots$, $\mathbf{h}_T$，這些向量我們**會稱為 values (V)**。雖然在 RNN 中 K（keys）向量和 V（values）向量基本上是一樣的！但更一般的情況這兩者可以是不同的向量。

## 27.3　注意力函數該怎麼做呢？

前一個我們討論到那個神秘的注意力函數，這個函數到底應該要怎麼設計呢？這裡基本上你想得出來，可以輸入兩個向量，輸出一個函數值的函數都可以。不過流行的方式有兩大類。

我們再唸一次「輸入向量，輸出一個數值」，有沒有覺得好熟悉的感覺？對了！我們最最熟悉的神經元，就是做這樣的事啊！也就是說，我們**可以訓練一個神經元，當成是注意力函數**！

第二種方式是，兩個維度一樣的向量，內積自然是一個數字！也就是**直接用內積，也可以當成一個注意力函數！** 這是 Google 熱愛的方式。你可猜出哪一個方法「比較好」嗎？Google 發現，雖然內積好像計算更簡單，但實際上的計算的效率兩者是差不多的。更悲傷的是，他們還發現實際的效益，用一個神經元訓練的注意力函數更好！但 Google 實在太深愛內積，後面我們會看到他們怎麼解決這個問題。

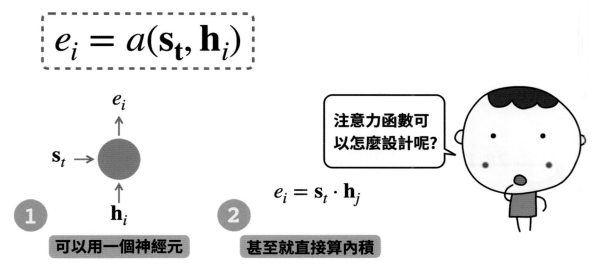

最後我們要來說明一下，這裡我們都叫注意力（attention）模式，而那個函數也就自然叫注意力函數。但是，很多地方會說這是**對齊（alignment）模式**，或是對齊函數。這什麼意思呢？如果以英翻中的例子就很清楚了！我們想翻譯 "This is a book"，當準備翻出「書」這個字的時候，我們的注意力應該會放在 "book" 身上，也就是把「書」和 "book"「對齊」。就是因為這樣，注意力模式，也叫做對齊模式！

知道注意力模式的概念之後，接下來的冒險，就可以正式介紹一位來自外太空的朋友—變型金剛 transformers！

1. 請用 NumPy 寫一個 softmax 的函式。

2. 建立一個注意力強度的向量 $\mathbf{e} = [2, -3, 5, 1.4, 0.6]$，經過前一題寫好的 softmax 函數轉換成 $\boldsymbol{\alpha}$。

3. 再建立一個 values 向量 $\mathbf{v} = [0.5, 0.4, 1.3, 2, 2.4]$，乘上前一題的 $\boldsymbol{\alpha}$ 計算出客製化的 $\mathbf{c}_t$。

 **冒險28 有機會成為第四大天王的變形金剛 transformer**

 ## 28.1 以後我們只需要注意力模式？

前一次的冒險中，可以看到注意力模式帶來的好處，就是模型可以透過注意力的分數，告訴我們它的注意力是放在哪裡。現在要來介紹將這個注意力概念發揚光大的模型 —Transformers。因為 transformers 剛好是變型金剛的英文，我們就估且把這種模型叫變型金剛吧！這個模型是 Google 團隊發表的論文《Attention is All You Need》中所提出的模型架構，打造這個模型最重要的目的是希望能夠找到一個合適的方法，解決 RNN 中遞迴計算的缺點。事實上，這是個有點囂張的論文標題，本意是說只要注意力模式（事實上是說只要變型金剛）就好，其他模型都可以滾啦！我們這裡就是要來看看這變型金剛到底怎麼做出來的。

## 28.2　Self-attention 解決 RNN 遞迴計算的問題

前一次冒險中，我們知道要做注意力模式有三大元件，Q（queries）、K（keys）、V（values）。在 RNN 模型中，keys 和 values 都是編碼階段的隱藏狀態 $\mathbf{h}_1, \mathbf{h}_2, ..., \mathbf{h}_T$，而 queries 是解碼器在某個 t 時間點的隱藏狀態 $\mathbf{s}_t$。我們就是希望做出一個最適合 t 時間點參考的總結特徵向量 $\mathbf{c}$，方法是依 $\mathbf{s}_t$ 和前面每一個 keys 的相關強度（注意力大小），決定個別 values 的權重，再用權重把 values 的向量做線性組合。

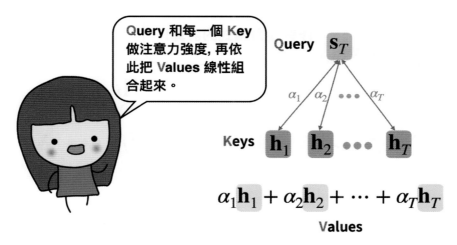

在 RNN 裡不管要不要做注意力模式，都需要一個一個遞迴的生出隱藏狀態 $\mathbf{h}_1, \mathbf{h}_2, ...$ 等等。這樣的遞迴計算讓 RNN 變慢，是 RNN 最難克服的罩門。要改掉這個問題該怎麼做呢？這裡的重點就是，我們要找到一個方法可以在編碼器階段，一次輸入所有的 $\mathbf{x}_1, \mathbf{x}_2, ..., \mathbf{x}_T$，並且還是能做注意力模式。

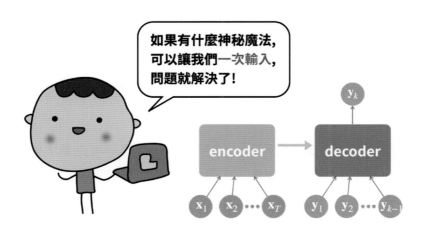

　　這要怎麼做呢？ Google 團隊想到的是，如果每一個輸入 $\mathbf{x}_p$，都神奇的有代表自己的 query $\mathbf{q}_p$, key $\mathbf{k}_p$, value $v_p$ 等三個向量，那我們不就可以做注意力模式了嗎？方法就是對於某一個 $\mathbf{x}_i$ 來說，把它的 query $\mathbf{q}_i$ 拿出來，**和所有的 keys $\mathbf{x}_j$ 去計算注意力強度**，得到 $e_1, e_2, \ldots, e_T$ 這些分數。接著就是把 $e_1, e_2, \ldots, e_T$ 做 softmax，最後再把大家的 values $v_1, v_2, \ldots, v_T$ 線性組合起來。先不說這神秘的 Q, K, V 三種向量是怎麼出來的，仔細看前面的動作就是這些輸入 $x_1, x_2, \ldots, x_T$ 大家自己互相做注意力模式，因此**這種方法就叫 self-attention**。

# Self-Attention

## 28.3　Transformers 的架構

　　雖然還不知道這神秘的 queries, keys, values 向量是怎麼出來的，不過反正現在知道，如果有了這三個向量，我們完全可以進行注意力模式！而且不用一一迭代，只要進行 self-attention 就好！對於變型金剛詳細的架構我們就不細說，只提些重點。有興趣可以再找網路上介紹 transformers 的說明。相信這次冒險提到的重點，應該是不難理解。

　　這裡最需要知道的是，變型金剛的一層架構，輸入是一堆向量，輸出也是一堆向量，而**輸入和輸出向量的數目要一樣多**，每個向量的維度也都是固定的，在原始論文中這固定的維度叫 $d_{model}$。

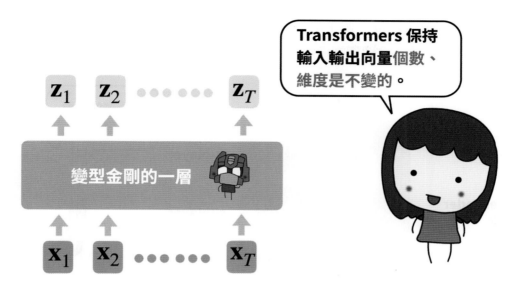

Transformers 保持輸入輸出向量**個數**、**維度**是不變的。

變型金剛的編碼器和解碼器的一層長得有點不一樣，接下來我們大概介紹一下。首先是編碼器（Encoder）的部份。變型金剛和傳統隱藏層最不一樣的是，所謂的一個隱藏層在編碼器中有兩個隱藏層，在解碼器裡有三個隱藏層，這些包在一個變型金剛層裡面的隱藏層叫**子層（sublayer）**。回想之前一個 LSTM 神經元就包了四個小神經元的事，相信大家現在也不會太震驚了。

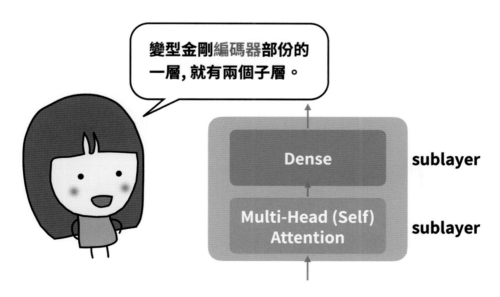

**變型金剛編碼器**部份的一層, 就有兩個子層。

變型金剛**編碼器一層，有兩個子層**，分別是 self-attention 的 **Multi-Head（Self）Attention 層**，和我們最熟悉的全連結 Dense 層。至於那個多頭（multi-head）是什麼意思，我們之後再說。為了讓模型的穩定性能夠更好，Google 運用當今公認最能

穩定訓練的技術，包括每一個子層都做了 ResNet 型的連結以及每層常模化的 Layer Normalization。這裡不會介紹詳細內容，只要先知道這些技術就是讓訓練穩定的就好。

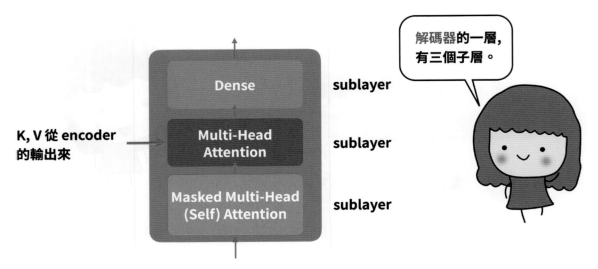

**解碼器的一層，包括了三個子層**，分別是 **Masked Multi-Head（Self）Attention**、**Multi-Head Attention** 和 Dense。Masked Multi-Head（Self）Attention 其實就是標準的 self-attention 而已，只是解碼器和以前一樣，生了一個字才會生下一個字。也就是說，開始的時候我們根本無法把所有生成的字一起輸入（廢話），於是假裝好像一起輸入，只是把後面還沒有生出來的字蓋起來而已。

要注意的是 Multi-Head Attention 那一個子層是和編碼器最不一樣的，而這一層最像以前 RNN 的注意力模式！原因是這裡的 query 是解碼器這邊做 self-attention 出來的沒錯，但 keys 和 values 都像以前 RNN，是由編碼器那邊來的！

## 28.4　神秘的 Q, K, V

之前提到很多次的 **Q**ueries, **K**eys, **V**alues（以後我們都簡稱 Q, K, V）這三種向量，到底是怎麼來的呢？其實答案很簡單，記得每個輸入 $x_1, x_2, ..., x_T$ 都該有自己的 Q, K, V 向量，很自然的想法，就是**每個輸入自己生生自己的 Q, K, V 向量**就好了啊！一個向量怎麼變成另一個向量呢？那就是做一個線性轉換就好。如果還沒學過線性代數，覺得線性轉換很可怕，那記得就只是乘上一個矩陣。

　　舉個簡單的例子大家就明白了。假設向量 $\mathbf{x}_p = [1, 2]$ 和一個矩陣 $A = \begin{bmatrix} 1 & 0 \\ 3 & 1 \end{bmatrix}$。如果我們用 $\mathbf{x}_p$ 向量乘上 $A$ 矩陣，會得到新的向量：

$$\mathbf{x}_p A = [1, 2]\begin{bmatrix} 1 & 0 \\ 3 & 1 \end{bmatrix} = [7, 2]$$

　　如果學過線性代數可能會覺得奇怪，為什麼代表線性轉換的 $A$ 矩陣是乘在後面的？「正常」的線性代數課本，不都乘在前面？簡單說就是 Google，還有不少人工智慧的專家，超級偏愛列向量（row vector）。把向量寫成列向量，做線性轉換（乘一個矩陣）時，向量就要放在前面。而一個列向量乘上一個矩陣，最最重要的概念就是會以列向量的值，做乘上矩陣裡列向量的線性組合！有了這個概念，就很容易理解變型金剛到底在做什麼了。

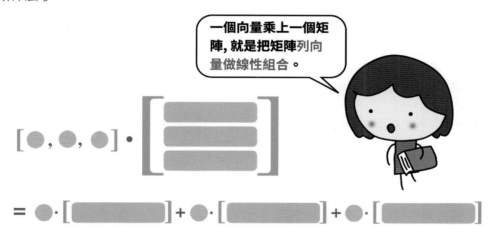

看一下剛剛的例子，就更清楚。

$$\mathbf{x}_p A = [1, 2]\begin{bmatrix} 1 & 0 \\ 3 & 1 \end{bmatrix} = 1 \cdot [1, 0] + 2 \cdot [3, 1] = [7, 2]$$

　　有了這個概念就可以來看，對於一個要輸入的向量（比如說一個字的字嵌入向量）$\mathbf{x}_p$，要怎麼做出自己的 Q, K, V 向量呢？原來做個線性轉換就可以，就是分別乘上不同

的矩陣 $W^Q, W^K, W^V$ ，得到 $\mathbf{q}_p, \mathbf{k}_p, \mathbf{v}_p$ 。對了，這 $W^Q, W^K, W^V$ 三個矩陣是怎麼出現的呢？學到現在相信大家都可以猜到，自然是神經網路自己學出來的！

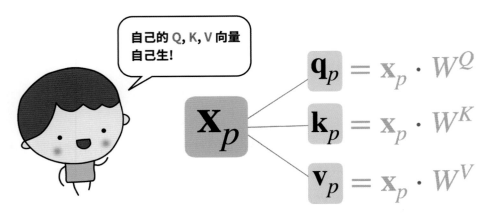

自己的 Q, K, V 向量自己生！

$$\mathbf{q}_p = \mathbf{x}_p \cdot W^Q$$
$$\mathbf{k}_p = \mathbf{x}_p \cdot W^K$$
$$\mathbf{v}_p = \mathbf{x}_p \cdot W^V$$

我們再把這生出來的 Q, K, V 向量，一列列的放到三個矩陣中，就分別叫 Q, K, V 矩陣好了。

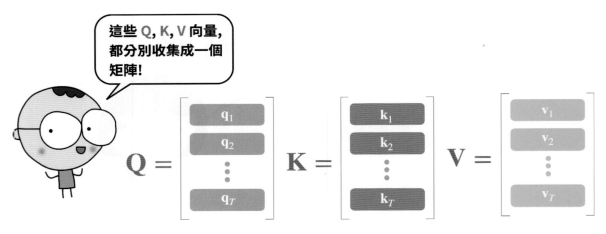

這些 Q, K, V 向量，都分別收集成一個矩陣！

現在示範其中一個 $\mathbf{q}_i$ ，要來做注意力模式運算的過程。還記得這個 $\mathbf{q}_i$ 要和其他所有的 keys $\mathbf{k}_1, \mathbf{k}_2, ..., \mathbf{k}_T$ 一一做注意力計算。因為 Google 很喜歡內積，所以就是這個 $\mathbf{q}_i$ 和每一個 $\mathbf{k}_j$ 去做內積。這不就是 $\mathbf{q}_i$ 乘上 $K^T$ 這個矩陣就算完了嗎？要乘上 $K$ 矩陣的轉置，是因為本來一個個列向量 $\mathbf{k}_1, \mathbf{k}_2, ..., \mathbf{k}_T$ ，要轉為行向量。這樣子我們會得到一個列向量，是 $\mathbf{q}_i$ 和各個 $\mathbf{k}_j$ 內積，也就是注意力的分數。

$$\mathbf{q}_i K^T = [e_1, e_2, \cdots, e_T]$$

把這些分數用 softmax 轉換，使其和為 1。

$$\text{softmax}\left(\mathbf{q}_i K^T\right) = \text{softmax}\left(\left[e_1, e_2, \ldots, e_T\right]\right) = \left[\alpha_1, \alpha_2, \ldots, \alpha_T\right]$$

計算 $\mathbf{q}_i K^T$ 後再做 softmax!

記得前面說的，一個向量乘以一個矩陣，就是把這個矩陣的列做線性組合！於是我們整個注意力模式的計算，就會變成：

$$\left[\alpha_1, \alpha_2, \cdots, \alpha_T\right] V = \alpha_1 \mathbf{v}_1 + \alpha \mathbf{v}_2 + \cdots + \alpha \mathbf{v}_T$$

這就是我們要的結果！

$$\left[\alpha_1, \alpha_2, \cdots, \alpha_T\right] \begin{bmatrix} \mathbf{v}_1 \\ \mathbf{v}_2 \\ \vdots \\ \mathbf{v}_T \end{bmatrix}$$

$$= \alpha_1 \mathbf{v}_1 + \alpha_2 \mathbf{v}_2 + \cdots + \alpha_T \mathbf{v}_T$$

所以呢，某 $q_i$ 去做注意力模式的計算，可以簡化成一個漂亮的式子：

$$\text{softmax}(\mathbf{q}_i \mathbf{K}^T)V = \alpha_1 \mathbf{v}_1 + \alpha \mathbf{v}_2 + ... + \alpha \mathbf{v}_T$$

不難發現，我們其實可以一次算完所有的注意力計算：

$$\text{softmax}(QK^T)V$$

這是因為 Google 選了內積來計算注意力強度。但回憶一下，其實也可以用神經元來計算注意力強度，甚至效果更好！但 Google 這麼深愛內積，希望能救一下內積。仔細研究發現，問題是出在 softmax 是個「贏者通吃」的轉換。尤其在數字大的時候，和別的數字比較可能只差一點點，最終也會變成差距極大！為了救內積，我們可以除以一個數字就好。這數字其實自己給也可以，不過 Google 選擇看來比較有學問的除以 $\sqrt{d_k}$，其中 $d_k$ 是一個 key $\mathbf{k}_p$（或 query $\mathbf{q}_p$）的維度。最終，我們注意力模式的計算就變成這樣一個漂亮的式子：

$$\text{Attention}(Q,K,V) = \text{softmax}\left(\frac{QK^T}{\sqrt{d_k}}\right)V$$

變型金剛的注意力模式最終版！

$$\text{Attention}(Q, K, V) = \text{softmax}\left(\frac{QK^T}{\sqrt{d_k}}\right)V$$

最後來說說，什麼是多頭（multi-head）的注意力模式。其實很簡單，我們選了一組 $W^Q, W^K, W^V$，就可以算注意力。那我們又換了一組呢？是不是可以算另一組注意力計算呢？反正我們 queries, keys, values 都自己生的，再生個另一組就好了啊！因此之故，我們可以定義不同的注意力計算！

$$\text{Attention}_i(Q_i, K_i, V_i) = \text{Attention}(XW_i^Q, XW_i^K, XW_i^V)$$

各位還記得我們上次的旅程中自己寫了一個 softmax 函式，然後利用 NumPy 算出了人生中第一個客製化的 **c** 嗎？這次的旅程就讓我們再用一次上次的 softmax 函式和 NumPy，實作一次 self-attention 的計算過程吧！

1. 假設我們現在有一個輸入 $\mathbf{x}_p = [1,\ 0,\ 2]$，及對應的 $W^Q, W^K, W^V$ 矩陣分別為：

$$W^Q = \begin{bmatrix} 0 & 0 & 1 \\ 1 & 0 & 0 \\ 0 & 0 & 1 \end{bmatrix}, W^K = \begin{bmatrix} 1 & 0 & 1 \\ 0 & 1 & 1 \\ 0 & 1 & 0 \end{bmatrix}, W^V = \begin{bmatrix} 0 & 2 & 1 \\ 1 & 0 & 3 \\ 1 & 0 & 1 \end{bmatrix}$$

請用 NumPy 分別建立輸入的向量及對應的矩陣。

2. 計算出 Q, K, V 及 $\sqrt{d_k}$。

利用注意力模式的公式：

$$\text{Attention}(Q, K, V) = \text{softmax}\left(\frac{QK^T}{\sqrt{d_k}}\right)V$$

3. 計算出 $\mathbf{x}_p$ 的 self-attention。

　　Hint：利用 **np.transpose()** 找到 $K^T$。

 **冒險 29　芝麻街自然語言新時代**

##  29.1　語意型的詞嵌入是可能的嗎？

大約在 2018 年的時候，出現了一個新的自然語言模型叫做 ELMo，剛好是一個芝麻街的角色，這個模型的問世開創了自然語言的新時代。ELMo 有什麼特別呢？這就要說到傳統的詞嵌入（word embedding）的一個問題，那就是**每個詞不論前後文怎麼變，代表向量都是一樣的。**但實際上同一個詞在不同的前後文中，可能會有不同的意義。比方說，「我<u>天天</u>喝一杯咖啡。」和「他的個性有點<u>天天</u>。」這兩個「天天」的意思是不同的！

這兩個在語意上不同的「天天」，傳統的詞嵌入沒有辦法分辨得出來，我們只會看到一樣的代表向量。

所以我們會希望用「語意」來找詞的代表向量，但聽來很神奇的事，要怎麼做到呢？

##  29.2　ELMo 開始的芝麻街時代

而第一個開創這件事情的就是 ELMo 模型。同時 ELMo 也引領了未來只要是跟自然語言處理相關的模型都要用芝麻街的角色命名的風潮！其實這個概念不是新出現的，在 RNN 的時候起就已經在做了，每一次輸出的 hidden state 都是考慮了前後文，這個 hidden state 就可以當作這個字包含語意的 embedding。

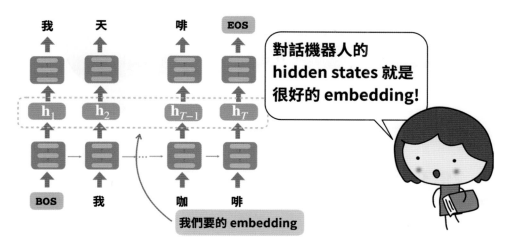

在做語意的 embedding 時並沒有限定只能做一次，我們可以堆疊好幾層的神經網路做到我們高興為止，那越後面層數做出來的 embedding 就可以想成是挖掘了更深層的語意，所以可能同一個字會有好幾個語意型 embedding 的候選人，包含第一次輸入的 embedding，又稱作 token。

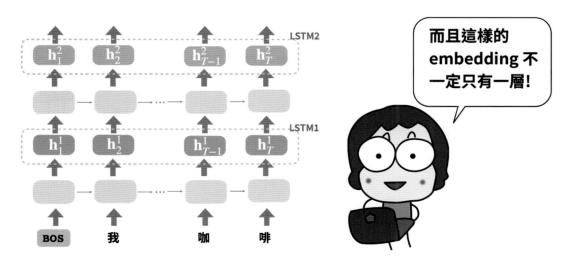

假設這裡堆了兩層的 LSTM 去得到額外的兩個 embeddings，則對於每一個輸入的文字都有三個 embedding 的候選人，於是通過 ELMo 模型，我們就會有更客製化的 embedding，也就是每一個 embedding 的候選人都會有對應的權重，這個權重跟前面做 attention 的概念是一樣的，會告訴我們哪一個 embedding 是比較重要的。

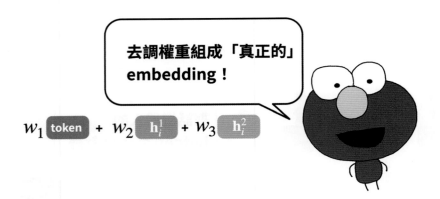

去調權重組成「真正的」embedding！

$$w_1 \boxed{\text{token}} + w_2 \boxed{h_i^1} + w_3 \boxed{h_i^2}$$

## 29.3　引領自然語言新時代的 BERT

接著我們來介紹自然語言中大名鼎鼎的 BERT。這是由 Google 團隊所提出，基於他們自家的 transformer 來的。可是原本 transformer 的解碼器還是遞迴的，要生一個字之後，才能再生下一個字。所以雖然都是自己的孩子，Google 決定不要解碼器，只留編碼器在 BERT 身上。

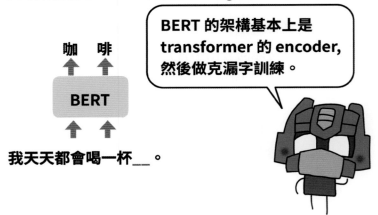

BERT 的架構基本上是 transformer 的 encoder，然後做克漏字訓練。

咖　啡

**BERT**

我天天都會喝一杯＿＿。

這裡的問題就變成，我們沒辦法用傳統對話機器人的訓練方式，需要想另一個神經網路需要知道意思才能解的任務。BERT 採用的是克漏字：電腦會隨機拿掉一些字當作訓練資料，讓模型把正確的字預測回來。

注意 BERT 是用 transformer 的模型，所以幾個輸入就是幾個輸出。每個字（或詞）對應的最後輸出、甚至中間過程的輸出，都可以當作是這個詞的 embedding。不過老實說我們很少這樣使用 BERT，更多時候是以下面的方式來用 BERT。

BERT 有很多特殊的標籤，最重要的大概是叫 [cls] 的。在句子開頭如果加上這個 [cls] 標籤，就是告訴 BERT，這不是一個字，而只是我們準備用來做一些分類啦等等任務的。最後 [cls] 對應的向量，可以想成就是我們輸入這個句子的表現向量！於是我們可以單單用這個向量來做情意分析、比較兩個句子是一樣還不一樣等等的事！

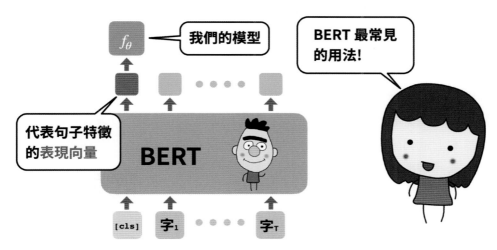

BERT 剛出道的時候，可以說打遍天下無敵手。除了生成句子不太行（畢竟沒有用解碼器），其他 NLP 自然語言處理任務可以說是全能。但時至今日，新秀太多，BERT 早已經不是王者。不過因為 Google 當初官方版的 BERT 就有中文版！所以在中文相關的應用上，BERT 還是相當好用的模型。

 ## 29.4　震驚世界的 GPT 唬爛王系列

另外一個很有名的例子就是 OpenAI 的 GPT 系列，這個模型的基本架構是 transformer 的解碼器。所以很能想像它改善了 BERT 不太會生成一段文字的缺點，可以說是 AI 界的唬爛王。

transformers 套件

當年 GPT-2 出現的時候，OpenAI 的部落格中發了一篇非常令人驚奇「新聞」。新聞中說科學家在安地斯山脈發現獨角獸的族群，這個發現是由某某大學的某教授帶領的團隊發現。中間很多細節說得跟真的一樣。我們後面會帶大家快速打造唬爛王，你可以親身感受它的功力：真的不管寫什麼，它都接得下去！

但是唬爛得這麼厲害，也是有代價的，GPT-2 總共用了 15 億左右的參數！但故事還沒有結束，GPT-3 來了，這次連下載大概都下載不了！於是，OpenAI 只提供 API。現在這 API 基本上是開放了，有興趣可以去使用看看。

**https://openai.com/api/**

## 29.5 如雨後春筍般出現的各種模型

後來 Facebook 團隊著手研究改良 Google 團隊提出的 BERT，他們認為 BERT 之所以沒有那麼強是因為書念得不夠多，因此就加強訓練 BERT，提出了 RoBERTa 模型。後來還有好幾個自然語言處理相關的模型出現，模型中參數的量一個比一個更誇張的多，如 NVIDIA 團隊提出的 MegatronLM，還有我們提過的唬爛王第三代 GPT-3 等等。當然也有科學家不想要模型愈長愈大，想要找到小一點的模型也能處理自然語言，於是就出現了參數輕量化的 DistilBERT，利用蒸餾法產生一個小巧版的 BERT。其實就是大 BERT 訓練小 BERT 的概念，就是同一筆資料大的模型先訓練好之後，將產生的預測值也就是大模型的學習結果當作小模型的正確答案，這樣小模型就可以學到老師的思考邏輯而不是只能自己摸索了！

總而言之，這許多基於 transformers 的模型，我們之後會介紹讓大家親自體驗！

 冒險旅程 29

1. 在這次的冒險中介紹了許多有名的自然語言處理模型，其中包含 ELMo、BERT、GPT，請大家自己找找看這三個模型的參數量。

2. 除了上一題中的三個模型，也找找看第五小節中提到的那些模型，或更多其他跟自然語言處理相關的模型的參數量吧！

3. 將參數量畫成長條圖放在一起比較看看，到底誰的參數量最多。

## 冒險30　用 transformers 快速打造文字生成器

## 30.1　Hugging Face 的 transformers 套件

**Hugging Face** 推出了一個叫 transformers 的套件，看名稱我們就知道，就是要做 transformers 的！這個套件裡有許多名門的模型，甚至還有社群提供的各個 transformers 版本，而且都不斷更新，大概你看到的有名模型都可以找到。

於是，你可以快速打造文字生成器，一秒就讓機器成為唬爛達人。事不宜遲，馬上就來裝這個 **transformers** 的套件。

```
!pip install transformers
```

相信在自己電腦上安裝 Anaconda 的，還記得要打開終端機，到我們深度學習環境，然後打入上面的指令（只是沒有驚嘆號），就可以安裝了。Colab 我們每次都要重裝，但自己的電腦當然就不需要了。

## 30.2　pipeline 一條龍服務

雖然我們目前為止，一直專注在打造深度學習模型，但相信大家已經發現一件事，那就是實際使用不能只有那個模型。舉例來說，假設我們做了一個對話機器人的模型。現在使用者很親切的問我們的對話機器人「你好嗎」，可愛對話機器人可能會回應「我很好」。認真看起來，「你好嗎」不會是真的輸入，而是要經過一個 **tokenizer** 編碼，變成一串數字，假設是 **872, 1962, 1621** 好了。然後這串數字要做 one-hot encoding，這時才真的送進對話機器人模型。經過一串計算，對話機器人生出結果，經 **argmax** 知道字的編號是 **2769, 2523, 1962**，再經 **tokenizer** 解碼成「我很好」。

這串過程看都累了啊！總之，就有個概念，實際用 AI 時，不會只有模型。但好消息是，在 **trasnformers** 套件中，提供了叫 **pipeline 的一條龍服務**！

我們只要引入 **pipeline**，快樂的日子就等待著我們。

```
from transformers import pipeline
```

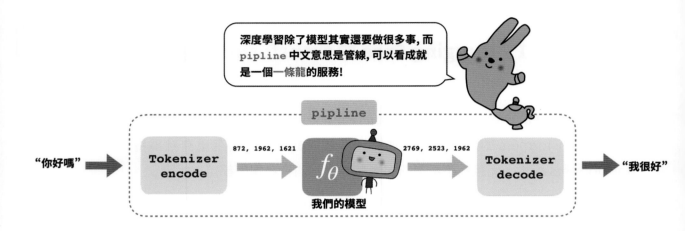

深度學習除了模型其實還要做很多事，而 pipline 中文意思是管線，可以看成就是一個一條龍的服務!

## 30.3　一行打造一個唬爛機器人

首先來打造一個唬爛機器人，我是說，文字生成器。意思是隨意輸入一段句子，然後電腦會幫我們自行腦補出後面的句子。

```
generator_en = pipeline("text-generation")
```

下完指令，會花點時間把相關模型讀進來。要注意這些模型基本上都是英文的，別急，後面會看到中文的例子。但現在讓我們先回到學習英文的美好時光，你就隨便依範例打入一串句子看看。

```
[text_en] = generator_en("I am a student who loves programming.")
```

這裡要解釋一下，要接結果，為什麼是用 **[text_en]**，而不是直接就給他用 **text_en** 呢？原因是這個樣子的，最後輸出有點類似我們以前其他模型，都是一個串列的輸出。所以呢我們要嘛就是用輸出的第 0 個元素（事實上也是唯一的元素），要嘛就像這樣，明白說要接串列裡的東西，而不是把整個串列接下來。

再來我們就可以欣賞成果了！

```
text_en['generated_text']
```

Out:

```
'I am a student who loves programming. I love the language I
am learning. So I am excited to learn more, and I am going
to play a really big role in helping many of these students
learn to programming as well." What will you do'
```

看，我們的生成器幫忙接話了！而且接下去的話都還是跟我們說的話有關的呢！多執行幾次還會發現每次機器都會幫我們接不同的話喔！

## 30.4　不訓練就可以做情意分析

還記得我們的 RNN 範例，使用 IMDB 電影評論，去看正評還是負評。現在有個不幸的消息告訴大家，使用 **transformers**，我們居然可以不訓練直接做情意分析！

馬上先來個情意分析的 **pipeline**。

```
classifier = pipeline("sentiment-analysis")
```

隨便找個網路上的評論，看看是不是電腦看得出是正評還是負評。

```
classifier("This device was actually even better than number two, b
ut still had some huge problems with Asus' quality assurance.")
```

Out:

```
[{'label': 'NEGATIVE', 'score': 0.9980971217155457}]
```

## 30.5　Zero-Shot 的文字分類！

剛剛情意分析如果已經有點令人吃驚，現在我們來個更令人吃驚的事。那就是我們不訓練，也就是所謂的 zero-shot 訓練，一樣可以做文字分類。我們可以自定分類項

目，例如這次我們就分成 "education"，"tech"，還有 "sport" 三類。

先用 **pipeline** 做個函數學習機，然後說要做文字分類。

```
classifier = pipeline("zero-shot-classification")
```

見證奇蹟的一刻來了，再度隨意找段文字，送進去看我們一行打造出來的分類器，可不可以區分是哪一類的。

```
classifier(
    "ASUS ROG STRIX G15 (G513) has excellent specs and characteristics. Its powerful hardware copes with the latest games in FHD resolution. It's quite comfortable to run even the latest games on the ASUS ZEPHYRUS G15 GA501I.",
    candidate_labels=["education", "tech", "sport"],
)
```

Out:

```
{'labels': ['tech', 'sport', 'education'],
 'scores': [0.9489917755126953, 0.03830526024103165,
0.012702989391982555],
 'sequence': 'ASUS ROG STRIX G15 (G513) has excellent specs
and characteristics. Its powerful hardware copes with the
latest games in FHD resolution. It's quite comfortable to
run even the latest games on the ASUS ZEPHYRUS G15 GA501I.'}
```

結果它知道 95% 的機率是科技類的文章，4% 是運動類，1% 是教育類。是不是非常神奇呢？

## 30.6 尋找適合的模型

目前看起來 **transformers** 光是用 **pipeline** 就很強啊。有興趣知道 **pipeline** 更多秘密的，非常推薦大家看 Hugging Face 官方 **pipeline** 的說明。

https://huggingface.co/docs/transformers/main_classes/pipelines

　　之前我們只用了預設值的方式，雖然已經很厲害，但像中文就沒有辦法。有沒有哪裡可以找到更多模型，包括中文的模型呢？我們可以到一個超級寶庫，也就是 transformers 許多人提供的模型。

`https://huggingface.co/models`

　　這裡 Tasks 區可以看到有哪些任務是我們可以做的，而在搜尋區可以搜尋有興趣的模型。比如說，我們想找中文相關的模型，就可以打入 **chinese** 去搜尋。

## 30.7　中文的 GPT-2 唬爛王

　　搜尋中文的模型時，可能會發現大多數是簡體中文的。之後我們會介紹簡體中文的模型如何使用。這裡先推薦可以找找台灣中央研究院的 CKIP Lab 中文詞知識庫小組做的模型，搜尋 **ckiplab** 會找到中文的 GPT-2 模型。

點一下就可以拷貝這個模型的名稱。現在我們像之前一樣,來做文字生成,只是這次指定剛剛找到的模型。

```
generator_zh = pipeline("text-generation",
                        model="ckiplab/gpt2-base-chinese")
```

現在我們可以像以前一樣使用,只是現在可以用中文了!

```
[text_zh] = generator_zh("要學好人工智慧,你 ", max_length=100)
```

現在多了一個參數 max_length,指的當然是生成句子的長度。接著我們來看看生成的句子。

```
''.join(text_zh['generated_text'].split())
```

Out:

,要學好人工智慧,你可以為人子做一件,在一個公司裡面。然後每個公司裡還要派一名職員(在某些公司裡面)。但到了 2010 年以後,這些職員就不必在工作),那麼對我來說,還是要有好人工智慧?」這也正是這點。雖然現在很,

這裡來解釋一下為什麼看起來這麼複雜。其實我們還是可以用

```
text_zh['generated_text']
```

來看生成的內容,但你會發現字和字中間會空一個空格。上一段程式就是去除中間的空白。

## 30.8 中文的情意分析!

我們來找找是不是有可以做中文的情意分析,也就是正負評。用前面的方式,你可以找到這個 **Raychanan/bert-base-chinese-FineTuned-Binary-Best** 模型。

```
classifier = pipeline("sentiment-analysis",
      model="Raychanan/bert-base-chinese-FineTuned-Binary-Best")
```

二話不說,我們來試試看。

```
text = "這是近來我最喜歡的一本書。"
classifier(text)
```

Out:

```
[{'label': 'LABEL_1', 'score': 0.9390172362327576}]
```

這段話的確是正評沒錯，分析機給的正評分數也相當高！我們再看一段不是那麼明顯例子。

```
text = "老闆千萬要提醒結帳的店員，摸了錢要不就好好洗手，要不就別碰食物包材 "
classifier(text)
```

Out:

```
[{'label': 'LABEL_0', 'score': 0.5667896270751953}]
```

哈哈，這次就認為是負評，不過電腦沒那麼有信心，只有 57% 左右的把握。

冒險旅程 30

1. 試著找一個你有興趣的任務，用 transformers 的 pipeline 做出來吧！
2. 有這麼多 transformers 的 NLP 模型，你能不能想一些有創意的應用方式呢？

# 冒險31 讓我們做歌詞產生器網路 App！

## 31.1 繁體簡體互換

前面我們已經知道 Hugging Face 的 **transformers** 套件裡有許多已經訓練好的酷炫模型，當我們想要試著找會中文的模型時，會發現繁體的選擇很少，而且簡體中文的模型反而是比較多的。但是如果我們會用 **Python 做繁體、簡體互換**，那問題就少多啦：對於一個簡體的模型，要送進模型之前，我們先換把繁體轉簡體再送進去，輸出簡體的部份，再換回繁體就好！

方便的繁體、簡體互換工具！

這時候我們就需要**一個叫做 OpenCC 的工具，它非常方便！** OpenCC 是**「開放中文轉換」**，有支援各程式語言的版本。我們在 Python 要安裝的是一個名字很長，叫做 **opencc-python-reimplemented** 這個套件。

```
!pip install opencc-python-reimplemented
```

然後引入要使用的 OpenCC。

```
from opencc import OpenCC
```

OpenCC 標準的使用方式如下，例如我們想把一段繁體字轉成簡體，就這樣下指令：

```
OpenCC('t2s').convert(" 現在人工智慧發展很快。")
```

Out:

' 現在人工智慧发展很快。'

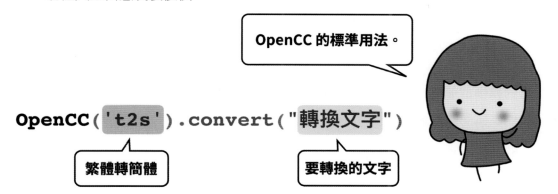

但是，每次這樣下指令也太麻煩了，所以我們**打造兩個快速快速指令，讓繁體字，和簡體字輕鬆互換！**而且像繁體轉簡體其實不只 `'t2s'` 這種方式，我們也有更多的選擇，比方說用 `'tw2sp'` 是把台灣用的正體轉為中國大陸的習慣用語。為了簡單方便，我們還是把繁體字轉為簡體字的指令命名為 `t2s`，而將簡體字轉為繁體字的物件命名為 `s2t`。

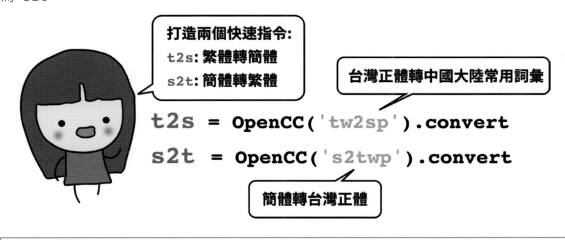

```
t2s = OpenCC('tw2sp').convert
s2t = OpenCC('s2twp').convert
```

有興趣知道互換還有什麼選項，可以參考 OpenCC 的 GitHub，在「預設配置文件」的部份。

**https://github.com/BYVoid/OpenCC**

馬上來試試我們全新打造的轉換工具！先用和剛剛一樣的例子來試試！

```
t2s(' 現在人工智慧發展很快。 ')
```

Out:

' 现在人工智能发展很快。'

真的轉換成簡體字了，還把「人工智慧」轉成中國大陸的習慣用語「人工智能」。
再來我們試試簡體轉繁體。

```
s2t(" 我还是习惯有线鼠标 ")
```

Out:

' 我還是習慣有線滑鼠 '

成功了！而且「鼠標」也轉成我們習慣的「滑鼠」。之後我們就可以盡情使用各種
中文的模型，無論它是繁體還是簡體的了！

## 31.2 　中文版的一行文生成器

先安裝上一次冒險中我們學過的 **transformers** 套件：

```
!pip install transformers
```

把熟悉的一條龍服務讀進來。

```
from transformers import pipeline
```

不同於上次使用的是英文的模型，這次我們使用的是一個叫做 **gpt2-medium-chinese** 的簡體中文模型！

```
generator = pipeline("text-generation",
                     model="mymusise/gpt2-medium-chinese")
```

於是我們可以起個頭，例如輸入 " 我是一位正在學習程式的學生，我計畫明年 "：

```
text = t2s(" 我是一位正在學習程式的學生，我計畫明年 ")
```

接著請模型幫我們以這段文字為開頭，往後生成一段字數不超過 100 字的段落，跟上次一樣我們利用一個小技巧讓這整段文字看起來比較正常！

```
[egg] = generator(text, max_length=100)
result = s2t(''.join(egg['generated_text'].split()))
result
```

Out：

，我是一位正在學習程式的學生，我計劃明年秋天學。"這件事我就從老師那兒得到什麼機會啦？"這段新聞使羅恩的眼睛和聲音都聽上去不太舒服，而且不免讓她無法接受：他必須想辦法讓他對此人的關懷有所影響；可憐的奧古，

看起來好像有點奇怪，不過沒關係，大家可以試幾次，會發現結果是不一樣的！注意因為原本的生成模型多是為英文等歐美語言設計，輸出會在字和字中間加空格。我們需要用 `split()` 依空白把切出一個字、一個字的串列。接著再把這串列中的元素合起來，不過連起來的元件是空的，於是就會是看起來順眼很多的字。

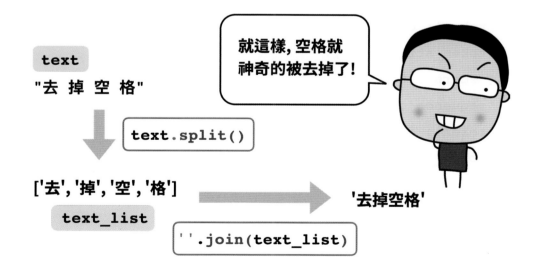

## 31.3 原版的 BERT 做中文填字

在前面的冒險中,有簡單的介紹過由 Google 團隊所提出 BERT 名門模型,我們今天就挑個小任務,中文填字遊戲來實際用用看這個模型。

```
fill_mask = pipeline('fill-mask', model='bert-base-chinese')
```

接著我們給模型一段有挖空格的文字,測試一下是不是真的可以幫我們自動填字,這裡挖空的地方用 [MASK] 表示:

```
fill_mask('生命的真諦是 [MASK]。')
```

Out:

```
[{'score': 0.2658059000968933,
  'sequence': '生 命 的 真 諦 是 愛 。',
  'token': 2695,
  'token_str': '愛'},
 {'score': 0.03982662782073021,
  'sequence': '生 命 的 真 諦 是 你 。',
  'token': 872,
  'token_str': '你'},
 {'score': 0.03092465177178383,
  'sequence': '生 命 的 真 諦 是 美 。',
  'token': 5401,
  'token_str': '美'},
 {'score': 0.03023938275873661,
  'sequence': '生 命 的 真 諦 是 此 。',
  'token': 3634,
  'token_str': '此'},
 {'score': 0.027290023863315582,
  'sequence': '生 命 的 真 諦 是 : 。',
```

```
'token': 8038,
'token_str': '：'}]
```

可以發現我們的模型真的會在挖空的地方自動填上中文字！除此之外，還會給我們五個候選字以及對應的適合度 **'score'**。

最後，為了讓輸出的部分看起來沒那麼複雜，可以寫一個函式，幫我們把模型填空好的句子取出來就可以了！

```
def fill(text):
    result = fill_mask(text)
    generated_text = []
    for d in result:
        s = ''.join(d['sequence'].split())
        print(s)
        generated_text.append(s)
```

這邊解釋一下這段程式碼，使用的時候一定要給這個函式一段文字，然後會用建立好的模型物件處理之後存成 **result**。接著利用一個空的 **list** 和 for 迴圈將填好空格的句子，從剛剛那一大段看起來很複雜的結果中取出來。

```
fill(' 我天天都會喝一杯 [MASK]。')
```

Out:
我天天都會喝一杯酒。
我天天都會喝一杯茶。
我天天都會喝一杯水。
我天天都會喝一杯的。
我天天都會喝一杯奶。

## 31.4 閱讀測驗型的問答

現在，再來看一個閱讀測驗型的問答應用，這類型的應用，通常需要先給模型閱讀一段文字，然後再詢問模型那段文字裡包含的資訊，像這種類型的問答任務，我們問模型的問題答案一定要是有出現在先給模型閱讀的那段文字裡才可以唷！

```
question_answerer = pipeline("question-answering",
                    model='uer/roberta-base-chinese-extractive-qa')
```

建立好模型的物件之後，先給模型閱讀一段文字：

```
context = '''報導隨後介紹本屆奧運金牌得主郭婞淳先前的善舉，除提到郭婞淳
名字來自「倖存」一意，也提到郭婞淳在 2016 年購買救護車送給羅東聖母醫院，
後再轉贈離島澎湖惠民醫院的故事。
報導取用澎湖縣長賴峰偉臉書發文的照片，當時郭婞淳奪金後，惠民醫院的醫護人
員也覺得與有榮焉。文末則提到郭婞淳是台灣原住民，認為她以阿美族身分一舉奪
金，同樣備受關注。'''
```

但這裡要先暫停一下，還記得最最一開始提到過大部分的中文模型都是簡體字的嗎？沒錯，現在這裡我們用的模型就是簡體字的，所以如果直接就將上面這段送給模型看，我們可愛的模型一定會跟我們抱怨它看不懂的！這個時候該怎麼辦呢？

當然是先把繁體字轉成簡體字囉！但輸出也會是簡體的，這個時候相信已經經歷過這麼多次冒險的大家，為了之後能夠更方便使用，一定都想得到我們可以直接寫一個函式把這整個過程懶人化：

```
def QA(question, context):
    c = t2s(context)
    q = t2s(question)
    result = question_answerer(question=q, context=c)
    ans = s2t(result['answer'])
    return ans
```

這段程式碼我們先將要輸入的那段文字 (context) 以及我們的問題 (question) 利用 t2s 轉成簡體字，轉換完之後就送入建立好的模型物件，並把結果存成 result，但這裡要特別注意的是，這裡出來的結果還是簡字，所以我們要用 s2t 將結果轉成繁體

字再 **return** 出來。

寫好之後我們就來試試看吧！

```
question = " 郭婞淳捐贈的救護車，最後是在哪個醫院？ "
QA(question, context)
```

Out:

' 離島澎湖惠民醫院 '

```
question = " 郭婞淳是哪一個原住民族的人？ "
QA(question, context)
```

Out:

' 阿美族 '

## 31.5　歌詞產生器

電腦能不能幫我創作歌詞呢?

然後終於要隆重介紹我們今天的主角—歌詞產生器！

```
generator = pipeline("text-generation",
                     model="uer/gpt2-chinese-lyric")
```

因為這是一個簡體中文的模型，所以我們需要把自己寫的繁體字歌詞先轉成簡體字，這樣模型才看得懂：

```
t2s(' 來到一個陌生又熟悉的城市，')
```

Out:　' 来到一个陌生又熟悉的城市，'

然後將這段轉換好的繁體字歌詞輸入到歌詞產生器中：

```
lyric_s = generator(' 来到一个陌生又熟悉的城市，',
                    max_length=100)[0]['generated_text']
''.join(lyric_s.split())
```

Out: ' 来到一个陌生又熟悉的城市，那里有一些不起眼的孩子在等着他们的爱情，他们的爱情是一场不分黑夜白天的电影，关于他们的爱情其实也还不知道他们是怎么了，后来，有一天他们一个人在一个熟悉的城市看着这些熟悉的影子，

於是，機器就自動幫我們產生了一段歌詞，但因為是簡體字的，所以我們需要再用 **s2t** 將這段歌詞轉成繁體字：

```
s2t(''.join(lyric_s.split()))
```

Out: ' 來到一個陌生又熟悉的城市，那裏有一些不起眼的孩子在等著他們的愛情，他們的愛情是一場不分黑夜白天的電影，關於他們的愛情其實也還不知道他們是怎麼了，後來，有一天他們一個人在一個熟悉的城市看著這些熟悉的影子，

 ## 31.6　做一個歌詞產生器的網路 App!

先安裝我們酷炫的 **gradio** 套件，就可以快速做出一個歌詞產生器的網路 App 去跟其他人炫耀啦！

```
!pip install gradio
```

再來標準程序，讀入 **gradio**，縮寫叫 **gr**。

```
import gradio as gr
```

接著把剛剛整個歌詞產生器的流程寫成函式的形式：

```
def lyric_generator(text):
    egg = t2s(text)
    lyric = generator(egg, max_length=100)[0]['generated_text']
    return s2t(''.join(lyric.split()))
```

再做一個互動介面 **iface**，我們這次的輸入是一段文字，輸出也是一段文字：

```
iface = gr.Interface(lyric_generator,
                     inputs='text',
                     outputs='text',
                     title=' 歌詞產生器 ',
                     description='輸入一小段你的作詞靈感，就可以自動產生歌詞！')
```

最後，我們只要用 **launch** 上架，歌詞產生器的 web app 就完成了！

```
iface.launch()
```

 冒險旅程 31

1. 發現簡體中文的模型也可以使用的話，真的增加了許多可能。找找還有沒有什麼有趣的模型，打造一個酷炫的 NLP 應用！可以的話，做成 web app 和親朋好友們分享哦。

2. 想一些天馬行空的應用。比方說用 Q&A 模型，可以打造一個售票系統嗎？發揮你的創意試試看，不一定真的會如我們想像般的順利，但是記錄一下你發現什麼有趣的東西。

# 冒險32 神經網路的另一個打造方式

## 32.1 把 CNN 看成兩個神經網路模型

之前介紹過的卷積神經網路（CNN），有一個非常經典的例子叫 LeNet-5。LeNet-5 可以說就是非常標準的 CNN，進行了數次的卷積、池化這樣的動作，再把出來的許多「記分版」拉平成一個向量。要做的事就是 CNN 最常做的圖形分類。

於是我們會發現，一張照片進來這個神經網路，經過卷積還有池化之後，就會被拉平成一個向量。接著，就送到最標準的全連結神經網路，進行分類。所以我們可以把 LeNet-5 這樣的模型，想成包含了兩種不同用途的神經網路：一個是將圖變成適當的向量，這個向量可以想成是神經網路經過某種理解，可以表示那張圖的特徵的表現向量。而另一個神經網路，則是藉由圖片的表現向量來對圖片進行分類。

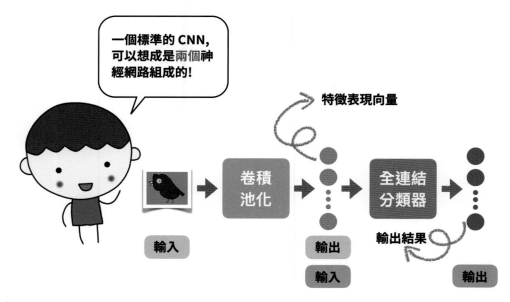

依照兩個神經網路的功能來說，LeNet-5 可以看成有一個特徵擷取器再加上一個分類器。

前面我們打造神經網路，基本上是手動一層一層地將神經網路堆疊起來。所以，有點難感覺到我們建了兩個神經網路。之後我們會學到一個新的寫法，很清楚的說哪幾層的神經網路要放在一起。於是就可以分成兩個部份，把前面說到的特徵擷取器和分類器，分別打造出來，最後再把它們串成一個完整的 LeNet-5。

## 32.2　讀取 CIFAR-10 數據集

我們就以要分類 CIFAR-10 數據集中的資料為例。CIFAR-10 有包括飛機啦、鳥啦、貓啦、狗啦等等十個種類的圖，每張圖片只有 32 X 32 的大小。這真是超低的解析度，很多連我們人都很難分辨！

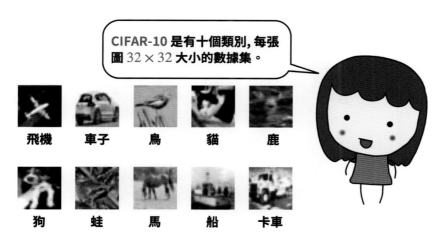

一如往常，我們先將讀取資料集的函式以及要進行分類模型所需的預處理函式讀取進來。

```
from tensorflow.keras.datasets import cifar10
from tensorflow.keras.utils import to_categorical
```

用和之前一樣的方式將資料讀進來，我們在這也準備了每一個類別的中文翻譯，就是 **class_name** 這個 list。

```
(x_train, y_train), (x_test, y_test) = cifar10.load_data()
class_name = ['飛機', '汽車', '鳥', '貓', '鹿', '狗', '青蛙',
'馬', '船', '卡車']
```

和之前一樣，我們將圖片資料進行常規化，並對標籤資料進行 one-hot encoding。

```
x_train = x_train/255
x_test = x_test/255
y_train = to_categorical(y_train, 10)
y_test = to_categorical(y_test, 10)
```

我們可以稍微看一下測試資料的圖片。

```
plt.imshow(x_test[5])
print(f" 這是 {class_name[y_test[5].argmax()]}");
```

Out: 這是青蛙

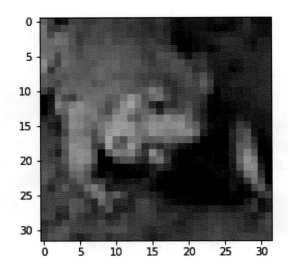

沒錯，這是一隻青蛙，解析度真的很低吧！

## 32.3　第一代：過去標準逐層打造神經網路的方法

現在我們先用以前的方法，來打造一個準備用來分類 CIFAR-10 的 LetNet-5 神經網路。和之前一樣，我們先把基本要打造神經網路的函式讀進來。

```python
from tensorflow.keras.models import Sequential
from tensorflow.keras.layers import Dense, Flatten
from tensorflow.keras.layers import Conv2D, MaxPool2D
```

接著是照我們平常的方式，建立一個新的神經網路。

```python
model = Sequential()
```

由於 CIFAR-10 是圖片大小為 32 X 32 的彩色圖片資料集，因此，定義第一層卷積層時，我們需要指定資料的輸入尺寸 **input_shape=(32, 32, 3)**。假設我們要用 32 個過濾器，就是這樣寫。

```python
model.add(Conv2D(32, (3, 3), input_shape=(32, 32, 3),
padding='same', activation='relu'))
model.add(MaxPool2D())
```

接著再加入第二次的卷積層與池化層。記得我們的過濾器是越來越多的，這裡是用四倍的成長。

```python
model.add(Conv2D(128, (3, 3), padding='same', activation='relu'))
model.add(MaxPool2D())
```

第三次的卷積、池化，基本上是和第二次一樣，只是過濾器又是四倍！

```python
model.add(Conv2D(512, (3, 3), padding='same', activation='relu'))
model.add(MaxPool2D())
```

接下來拉平我們的記分版。

```python
model.add(Flatten())
```

最後是標準全連結神經網路，做分類。

```
    model.add(Dense(256, activation='relu'))
    model.add(Dense(10, activation='softmax'))
```

我們可以用 **summary** 欣賞一下結果。

```
    model.summary()
```

Out:

Model: "sequential"

| Layer (type) | Output Shape | Param # |
|---|---|---|
| conv2d (Conv2D) | (None, 32, 32, 32) | 896 |
| max_pooling2d (MaxPooling2D) | (None, 16, 16, 32) | 0 |
| conv2d_1 (Conv2D) | (None, 16, 16, 128) | 36992 |
| max_pooling2d_1 (MaxPooling2D) | (None, 8, 8, 128) | 0 |
| conv2d_2 (Conv2D) | (None, 8, 8, 512) | 590336 |
| max_pooling2d_2 (MaxPooling2D) | (None, 4, 4, 512) | 0 |
| flatten (Flatten) | (None, 8192) | 0 |
| dense (Dense) | (None, 256) | 2097408 |
| dense_1 (Dense) | (None, 10) | 2570 |

Total params: 2,728,202

Trainable params: 2,728,202

Non-trainable params: 0

我們可以看到模型架構、權重數量以及輸入資料，在經過每一層神經網路隱藏層後，輸出的格式及尺寸。

## 32.4　第二代：用串列將神經網路層一次放進模型中

上述程式碼是就是我們打造 CNN 模型的標準手法。但是呢，這樣的方式我們想修改這個神經網路會有些不方便的地方。比如說，我們想改變全連接層神經元的個數，或者有人說某個激活函數好棒棒，我們也想換。要做到這樣的事，就是修改程式碼並重新執行。也就是說，其實感覺比較不是修改一個模型，而是打造一個新的神經網路模型！

除了難以修改之後，我們也很難從程式碼直接看出，嗯，這個部份是特徵擷取器，那個部份是分類器。

那要怎麼辦呢？接著下來就要告訴大家，我們的老朋友 **Sequential**，不是只能像以前那樣，只能一層一層打造神經網路模型。事實上，我們可以先準備好一個神秘串列，裡面的內容就是模型中所有神經網路層。然後，可以就把這個神秘串列交給 **Sequential**，它就會幫我們做出這個神經網路！

說做就做，來用新的方式打造我們的 LeNet-5 神經網路函數學習機。首先就是把原本模型所有神經網路層，都放到一個我們命令為 `many_layers` 的神秘串列中。

```
many_layers = [
Conv2D(32, (3, 3), input_shape=(32, 32, 3), padding='same',
activation='relu'),
MaxPool2D(),
Conv2D(128, (3, 3), padding='same', activation='relu'),
MaxPool2D(),
Conv2D(512, (3, 3), padding='same', activation='relu'),
MaxPool2D(),
Flatten(),
Dense(256, activation='relu'),
Dense(10, activation='softmax'),
]
```

接著下來，就是見證奇蹟的一刻了！我們準備用新的方法，來打造和前面一模一樣的神經網路。這個新的神經網路，不如就叫，嗯，啊，**second_model** 好了啦。就像前面說的，**Sequential** 可以把 **many_layers** 裡面的隱藏層，一次性的全部建好。

```
second_model = Sequential(many_layers)
```

驚人的是，此時的 **second_model** 就是一個定義好架構的神經網路模型了！跟之前一樣，透過 **summary** 來欣賞我們的作品。

```
second_model.summary()
```

Out:

Model: "sequential_1"

| Layer (type) | Output Shape | Param # |
| --- | --- | --- |
| conv2d_3 (Conv2D) | (None, 32, 32, 32) | 896 |
| max_pooling2d_3 (MaxPooling2D) | (None, 16, 16, 32) | 0 |
| conv2d_4 (Conv2D) | (None, 16, 16, 128) | 36992 |
| max_pooling2d_4 (MaxPooling2D) | (None, 8, 8, 128) | 0 |
| conv2d_5 (Conv2D) | (None, 8, 8, 512) | 590336 |
| max_pooling2d_5 (MaxPooling2D) | (None, 4, 4, 512) | 0 |
| flatten_1 (Flatten) | (None, 8192) | 0 |
| dense_2 (Dense) | (None, 256) | 2097408 |
| dense_3 (Dense) | (None, 10) | 2570 |

```
Total params: 2,728,202
Trainable params: 2,728,202
Non-trainable params: 0
```

---

是不是很神奇方便？等等，不是說好要很容易看出這可愛的函數學習機，包含特徵擷取器還有分類器這件事嗎？熟悉 Python 的小夥伴們，我們知道兩個串列可以透過相加合併成一個大串列。反過來說，看著一個大串列，我們是不是也可以愛怎麼想它是哪兩個串列加起來的，就怎麼想。也就是說，我們可以將那個 LeNet-5 函數學習機前半特徵擷取器，以及後半段分類器，各自放入一個串列之中。接著就把這兩個串列加起來，再送進 Sequential！

## 32.5　第三代：用兩個串列定義神經網路，再一次放進模型中

首先，我們來打造特徵擷取器的部份。因為這部份就是 CNN 特色卷積啦、池化啦之類的，於是就叫 **CNN_layers** 好了。

```
CNN_layers = [
Conv2D(32, (3, 3), input_shape=(32, 32, 3), padding='same',
activation='relu'),
MaxPool2D(),
Conv2D(128, (3, 3), padding='same', activation='relu'),
MaxPool2D(),
Conv2D(512, (3, 3), padding='same', activation='relu'),
MaxPool2D(),
Flatten(),
]
```

再來就是分類器。這個部份就兩層全連接層，於是依剛剛形成的慣例，叫它 **FC_layers**。

```
FC_layers = [
Dense(units=256, activation='relu'),
Dense(units=10, activation='softmax'),
]
```

最後，我們將 **CNN_layers** 和 **FC_layers** 這兩個串列加起來，再送給 **Sequential**，打造出來的全新三代並將函式的結果定義成變數 **third_model**：

```
third_model = Sequential(CNN_layers+FC_layers)
```

到現在，我們用三種不同方式，打造了三個神經網路模型，包括 **model**、**second_model**、**third_model**，基本上是完全一樣的神經網路模型！驚不驚喜，意不意外？

等等我們再說明 **third_model** 這種作法是有什麼好處。這裡重複之前說過的好習慣，在打造好一個深度學習函數學習機之後，務必欣賞一下自己的作品。

```
third_model.summary()
```

Out:

Model: "sequential_2"

| Layer (type) | Output Shape | Param # |
|---|---|---|
| conv2d_6 (Conv2D) | (None, 32, 32, 32) | 896 |

```
max_pooling2d_6 (MaxPooling2D)    (None, 16, 16, 32)     0

conv2d_7 (Conv2D)                 (None, 16, 16, 128)    36992

max_pooling2d_7 (MaxPooling2D)    (None, 8, 8, 128)      0

conv2d_8 (Conv2D)                 (None, 8, 8, 512)      590336

max_pooling2d_8 (MaxPooling2D)    (None, 4, 4, 512)      0

flatten_2 (Flatten)               (None, 8192)           0

dense_4 (Dense)                   (None, 256)            2097408

dense_5 (Dense)                   (None, 10)             2570

=======================================================================
Total params: 2,728,202
Trainable params: 2,728,202
Non-trainable params: 0
```

## 32.6　第四代：可以方便修改部份神經網路，不會動到別人！

　　所以，到底這樣的寫法有什麼優點呢？最大的好處，就是我們可以很方便修改其中的一個部份。比如說，可能 **CNN_layers** 的部分我們覺得滿意了，但想修改後面全連結的部份，因為全連接層只用了兩層（更不要說還有一層是輸出層），好像有點不深度學習。於是我們只針對 **FC_layers** 做修改，就叫做 new_FC_layers。

```
new_FC_layers = [
Dense(1024, activation='relu'),
Dense(128, activation='relu'),
Dense(10, activation='softmax'),
]
```

再來我們全新四號模型來了，就叫做，嗯，**fourth_model**。

```
fourth_model = Sequential(CNN_layers+new_FC_layers)
```

你可能會有疑問，這樣的話，和以前我們直接修改原來的神經網路，重新定義函數學習機，不是一樣的嗎？這不一樣、大大的不一樣。以前的方式，重新定義函數學習機，所有的參數都會再一次被初始化。意思是說，之前訓練的權重都消失了！在訓練情況不好的時候，我們的確會這樣做。但現在如果我們覺得前面 **CNN_layers** 訓練過的參數要記得，只有後面的 **new_FC_layers** 要重新訓練，那新的方法就是做到了這件事！因為打造四代函數學習機時，我們完完全全沒有動到 **CNN_layers**！

再來又是標準用 **summary** 欣賞我們打造的神經網路的時候。你會發現 **fourth_model** 和前三代不同，比如說 **third_model**。但是呢，這兩個模型在前面 CNN 層那邊，又長得一樣。

```
fourth_model.summary()
```

Out:

Model: "sequential_3"

| Layer (type) | Output Shape | Param # |
| --- | --- | --- |
| conv2d_6 (Conv2D) | (None, 32, 32, 32) | 896 |
| max_pooling2d_6 (MaxPooling2D) | (None, 16, 16, 32) | 0 |
| conv2d_7 (Conv2D) | (None, 16, 16, 128) | 36992 |
| max_pooling2d_7 (MaxPooling2D) | (None, 8, 8, 128) | 0 |
| conv2d_8 (Conv2D) | (None, 8, 8, 512) | 590336 |
| max_pooling2d_8 (MaxPooling2D) | (None, 4, 4, 512) | 0 |
| flatten_2 (Flatten) | (None, 8192) | 0 |

```
dense_6 (Dense)                    (None, 1024)          8389632

dense_7 (Dense)                    (None, 128)            131200

dense_8 (Dense)                    (None, 10)               1290

=================================================================
Total params: 9,150,346
Trainable params: 9,150,346
Non-trainable params: 0
```

冒險旅程 32

1. 將本書出現過的神經網路模型，請嘗試用串列的方式重新定義一次，並比較，使不使用這樣的來建立神經網路模型，是否會有什麼差異呢？

2. 請嘗試用各種方式來確認，**fourth_model** 與 **third_model** 的前三層卷積層，它們權重其實完全相同。

3. 以串列的方式建立神經網路，除了容易修改部分神經網路層的設定外，是否還有其他優點呢？

## 冒險 33 Functional API 介紹

我們在學習如何建立神經網路的時候，經常會聽到，神經網路是由一層一層的神經網路層堆疊而成的，也就是大家最熟悉的 Sequential 建構方式。

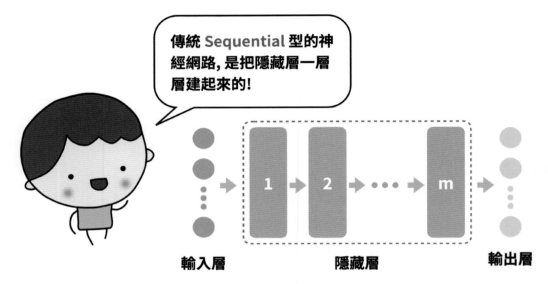

這樣聽起來，神經網路之間的每一層隱藏層，似乎只能是前後串接起來。難道我們不能用更有創意的架構，比如說，兵分多路的網路架構，是不是也能用 TensorFlow 打造出來呢？

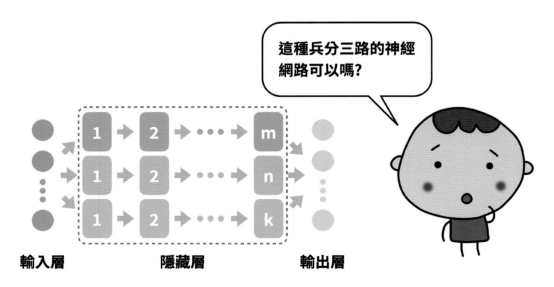

實際上，上面的架構也可以是神經網路模型的架構，而且用 TensorFlow 很容易可以建出來！我們在這裡就會告訴各位，如何使用程式來實作上面這樣複雜的神經網路，事實上，具有這麼複雜架構的神經網路模型，經常會被稱為具有非線性堆疊架構的神經網路模型。

## 33.1　神經網路模型的數學概念

在本書一開始的冒險旅途中曾經提過，神經網路的每一層，其實都是具有權重的函數，而一個神經網路模型，就是由這些函數合成而來的；從數學的角度來看，當我們將資料輸入到神經網路時，資料會經過神經網路的每一層，經過各式各樣的計算，變成我們希望的輸出資料。

舉例來說，假設一個手寫辨識、全連結的神經網路。輸入當然是我們很熟的 $28 \times 28 = 784$ 個神經元，輸出是 10 個神經元，想用兩個分別是 500 個神經元的隱藏層。

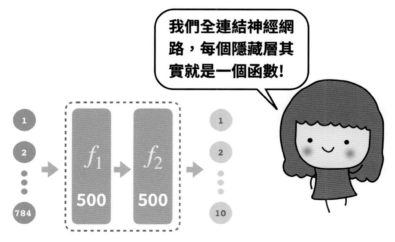

其中，輸入層的神經元數量為 784，這個數字是每一張手寫數字圖片在經過拉平而得到的向量維度，而輸出層的神經元數量為 10，則是由於我們希望辨識出輸入資料的圖片，上面所畫的究竟是 0 到 9 之間的哪個數字，中間兩層隱藏層的神經元數量皆為 500，這是由我們自己開開心心隨便設定的！

回顧一下，神經網路的每一層的神經元的個數，其實指的是資料在輸入進這一層後，經過計算所得到的輸出向量的維度（卷積層的 filter 個數，指的則是輸出資料的通

道數），因此，我們若將每一層以函數的形式表示，則上面的網路架構圖可以寫成精簡，可能有點嚇人的一串數學函數的運作。

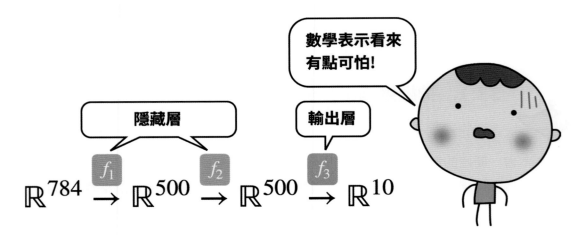

其中，$f_1$ 對應的第一層隱藏層背後的數學函數，這個函數會將輸入資料的 784 維向量，經過神經網路的運算後，變成 500 維的向量，亦即，第一層隱藏層的輸出向量；相似地，$f_2$ 代表的則是第二層隱藏層背後的函數，它會將第一層隱藏層輸出的 500 維向量，透過計算，變成另一個 500 維的向量；最後的函數 $f_3$ 代表的則是輸出層背後的運算，它會將第二層隱藏層所輸出的 500 維向量，變成 10 維的輸出向量，輸出向量中的 10 個數字，做了 softmax，所以可想成是 0 到 9 哪一個數字的機率。

當有神經網路其實就是一層一層的函數在作怪的概念時，我們就能從資料的角度，來看看一筆資料在經過這樣函數時，究竟變成什麼樣子，以下的數學看起來有點可怕，請做好心理準備。

假設我們以變數 **x** 表示輸入資料，則經過第一層隱藏的後，資料 **x** 在經過函數 **f1** 的運算後，會變成一個 500 維的向量 **f1(x)**；我們用另一個變數 **h1** 來表示該向量，在數學上是這個樣子的：

$$h1 = f1(x)$$

這段寫成程式就是 **h1 = f1(x)**，是不是覺得和數學表示式 87 分像？使用 **h1** 作為變數名稱，是因為這個變數代表的是第 1 層隱藏層（hidden layer）所輸出的向量。

作為第一層隱藏層 **f1** 的輸出，緊接著，變數 **h1** 會被當作第二層隱藏層 **f2** 的輸入向量來使用，進而得到 **f2** 的輸出向量 **f2(h1)**，同樣地，為了方便，我們用另一個變數 **h2** 來紀錄這個向量，這次我們直接用程式表示了，反正你會發現基本和數學上是一樣的！

$$h2 = f2(h1)$$

最後，我們將變數 **h2** 送進輸出層 **f3** 裡，就能得到我們想要的機率向量 **f3(h2)**，同樣的技巧，我們用另一個變數 y 來紀錄這個 10 維的機率向量，換句話說，我們得到：

$$y = f3(h2)$$

上面這個過程就像是人生旅途一樣，我們是以資料的角度來了解資料在每一個階段前後的變化，並透過不同變數來表示資料在變換前後的樣貌。從函數的角度來看神經網路的每一層，會發現整個邏輯基本上是一樣的！

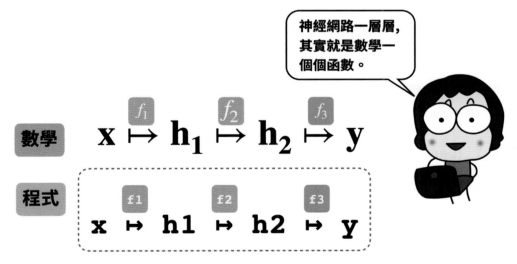

因此，神經網路模型的運作方式，其實就只是變數 x 如何在經過一系列的操作後，得到變數 y 的過程而已，相鄰的兩個變數其實就是它們經過函數變換前後的樣子。

這樣的觀點，恰巧提供了撰寫神經網路的另一種方式，也就是了解變數是如何透過函數及輸入變數而得到的。

## 33.2 回顧 Sequential API 建置神經網路模型的方式

我們來定義以下用於手寫辨識圖片且具有兩層隱藏層的全連接神經網路模型:

```python
from tensorflow.keras.models import Sequential
from tensorflow.keras.layers import Dense
```

基本上就只有用到 **Sequential** 和 **Dense**。

```python
model = Sequential()
model.add(Dense(500, input_dim=784, activation='relu'))
model.add(Dense(500, activation='relu'))
model.add(Dense(10, activation='softmax'))
```

我們可以用 **summary** 欣賞一下結果。

```python
model.summary()
```

Out:

Model: "sequential"

| Layer (type) | Output Shape | Param # |
|---|---|---|
| dense (Dense) | (None, 500) | 392500 |
| dense_1 (Dense) | (None, 500) | 250500 |
| dense_2 (Dense) | (None, 10) | 5010 |

Total params: 648,010

Trainable params: 648,010

Non-trainable params: 0

## 33.3　使用 Functional API 建置神經網路模型的方式

接下來，我們來看如何透過 **tf.Keras** 所提供的另一種建立神經網路的方式，首先，我們需要兩個新朋友：

```
from tensorflow.keras.models import Model
from tensorflow.keras.layers import Input
```

以下我們將介紹如何透過 **Model**、**Input** 來定義神經網路，這種建立神經網路的方式，稱之為 Functional API。Functional API 的最大好處就是，定義神經網路模型就像是寫數學一樣，開開心心的透過變數及函數來定義新變數即可！

首先，我們將每一層神經網路看成像是函數的長相：

```
f1 = Dense(500, activation='relu')
f2 = Dense(500, activation='relu')
f3 = Dense(10, activation='softmax')
```

這裡的一個好處是，我們在單獨看每一層神經網路層的時，其實只需要設定好神經元個數以及激活函數要用哪一種即可，神經元個數代表其實是這個函數輸出的向量維度，換言之，我們並不需要說明輸入資料的維度是什麼！

接下來，我們透過新朋友來定義第一個變數：

```
x = Input(shape=(784,))
```

這裡其實就是在跟全天下宣告，變數 **x** 的長相就是一個 784 維的向量，要注意到的是，Python 當中的向量形狀不是 **(784, 1)** 而是 **(784,)**。

接著，我們透過 **f1** 以及 **x** 來定義新的變數 **h1**。

```
h1 = f1(x)
```

是的，定義變數就和寫數學函數的時候一模一樣，完全沒有任何差異！同樣地，我們透過 **f2** 以及 **h1** 來定義新的變數 **h2**。

```
h2 = f2(h1)
```

最後，透過 **f3** 以及 **h2** 來定義輸出變數 **y**。

```
y = f3(h2)
```

我們從輸入變數 **x** 開始，一路定義到輸出變數 **y**，並且了解到這中間是透過哪些變數一路變換的，在透過函數清楚定義出變數之間的關係之後，只需要透過的另一位新朋友 **Model**，就能一行變出神經網路模型。

```
new_model = Model(x, y)
```

我們用 **summary** 欣賞一下結果。

```
new_model.summary()
```

Out:

Model: "model"

| Layer (type) | Output Shape | Param # |
| --- | --- | --- |
| input_1 (InputLayer) | [(None, 784)] | 0 |
| dense_3 (Dense) | (None, 500) | 392500 |
| dense_4 (Dense) | (None, 500) | 250500 |
| dense_5 (Dense) | (None, 10) | 5010 |

```
================================================================
Total params: 648,010
Trainable params: 648,010
Non-trainable params: 0
```

透過與 model 進行簡單的比較，可以很容易的看出，new_model 的 summary 除了多出一行之外，其他部分基本上與是 model 完全一樣的，沒錯，我們以 Functional API 的方式，重新定義了一個與 model 具有相同架構的神經網路模型！驚不驚喜，意不意外？

我到底看了什麼!?

## 33.4　隱藏層愛怎麼接就怎麼接

接著，我們透過以下的神經網路，向各位介紹 **Functional API** 的特色，就是，只要知道變數之間的關係怎麼定義，神經網路的隱藏層我們愛怎麼接就怎麼接，來試著打造兵分二路的神經網路架構。

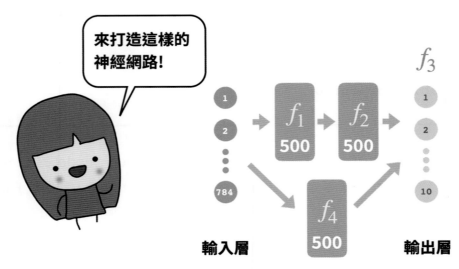

來打造這樣的
神經網路！

輸入層　　　　　　　　　　　　　　　輸出層

　　這個神經網路最調皮的地方，就是資料在經過第一層隱藏層之後，輸出的變數會接著輸入到兩個不同的隱藏層中，其中一個就是 **f2**，與我們之前所看到的相同，而另一個則是新的隱藏層 **f4**，而這兩個隱藏層的輸出，會一同被輸入到輸出層，得到我們想要的 10 維向量。

　　這裡就涉及到兩個問題，第一個問題，我們該如何把 **f1** 的輸出變數，分別送到 **f2** 與 **f4** 之中呢？第二個問題，**f2** 與 **f4** 的輸出變數，該如何合併起來，送進輸出層呢？這兩個問題對應的是模型的多重輸出（Multi-output）以及多重輸入（Multi-input）模式。

　　以下，我們來看看該如何解決第一個問題，首先，我們將所有的函數重新定義一次

```
f1 = Dense(500, activation='relu')
f2 = Dense(500, activation='relu')
f4 = Dense(500, activation='sigmoid')
f3 = Dense(10, activation='softmax')
```

　　接著，我們就能從輸入變數 **x** 開始，透過函數逐個定義出新的變數了。如果可以先畫出來（不管真的畫出來，還是在腦袋裡畫出來）整個架構、要命名的變數，對建模型有很大的幫助！

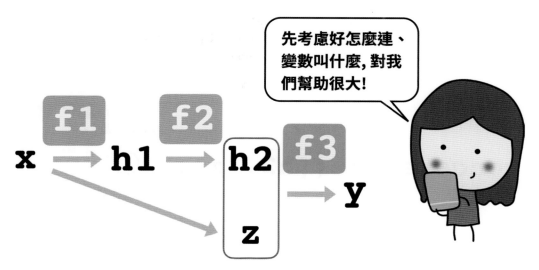

如同之前一樣，**x** 代表輸入變數，是一個 784 維的向量，在經過第一層隱藏層 **f1** 後會得到變數 **h1**，而 **h1** 會經過兩個不同的隱藏層，分別得到兩個 500 維的變數 **h2** 與變數 **z**，最後，我們需要將兩個變數一起送進輸出層，得到輸出變數 **y**。

第一個問題，該如何分別定義出變數 **h2** 與變數 **z** 呢？這個問題很簡單，就是勇敢的分開定義！

```
h2 = f2(h1)
z = f4(h1)
```

這個問題馬上就能迎刃而解，毫無難度。

第二個問題是，該如何將變數 **h2** 與變數 **z** 送進輸出層 **f3** 呢？**Functional API** 的重要觀念是，我們每次都只會將一個變數變成另一個變數，因此，送進輸出層 **f3** 之前，變數 **h2** 與變數 **z** 需要先合併成單一個變數，因此，我們需要一位新朋友 **concatenate**。

```
from tensorflow.keras.layers import concatenate
```

**concatenate** 的目的就是將變數放在一起排排站，讓多個變數變成一個變數，因此，**concatenate** 能協助我們將 **h2** 與 **z**，這兩個 500 維的變數，合併成一個 1000 維度的變數，在這裡，我們給這個新變數一個名稱 **u**。需要注意到的是，我們需要將 **h2** 與 **z** 以 **list** 的形式放進 **concatenate** 中。

把 $h_2$ 和 z 向量串
起來, 合成一個
向量。

# concatenate([h2, z])

```
u = concatenate([h2, z])
```

接下來，變數 **u** 就能開開心心送進輸出層裡面了！

```
y = f3(u)
```

最後，透過指定輸入與輸出變數，我們就能定義出神經網路模型。

```
branch_model = Model(x, y)
```

雖然這個模型看起來很複雜，但還是按照慣例，先用 **summary** 欣賞一下結果。

```
branch_model.summary()
```

Out:

Model: "model_1"

| Layer (type) | Output Shape | Param # | Connected to |
|---|---|---|---|
| input_1 (InputLayer) | [(None, 784)] | 0 | [] |
| dense_3 (Dense) | (None, 500) | 392500 | ['input_1[0][0]'] |
| dense_7 (Dense) | (None, 500) | 250500 | ['dense_3[0][0]'] |
| dense_8 (Dense) | (None, 500) | 250500 | ['dense_3[0][0]'] |

```
concatenate (Concatenate)(None, 1000)    0         ['dense_7[0][0]',
                                                     'dense_8[0][0]']
dense_9 (Dense)            (None, 10)     10010     ['concatenate[0][0]']


==================================================================
Total params: 903,510
Trainable params: 903,510
Non-trainable params: 0
```

我們可以從 **summary** 的最後一欄了解到每一層隱藏層的輸入變數是如何從其他隱藏層輸出而來，可以觀察到，第一層隱藏層會分別送到兩個獨立的隱藏層，而它們各自的 500 維輸出，會送到 **concatenate (Concatenate)** 這一層裡合併成 1000 維度，接著，才會送進輸出層之中。

 冒險旅程 33

1. 請嘗試用 Functional API 建立具有以下架構的神經網路模型，每一層隱藏層的激發函數愛用什麼就用什麼。

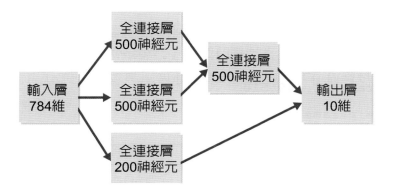

模型的 **summary** 會是下面的樣子。

Out:

Model: "model"

| Layer (type) | Output Shape | Param # | Connected to |
|---|---|---|---|
| input_1 (InputLayer) | [(None, 784)] | 0 | [] |
| dense (Dense) | (None, 500) | 392500 | ['input_1[0][0]'] |
| dense_1 (Dense) | (None, 500) | 392500 | ['input_1[0][0]'] |
| concatenate (Concatenate) | (None, 1000) | 0 | ['dense[0][0]', 'dense_1[0][0]'] |
| dense_3 (Dense) | (None, 500) | 500500 | ['concatenate[0][0]'] |
| dense_2 (Dense) | (None, 200) | 157000 | ['input_1[0][0]'] |
| concatenate_1 (Concatenate) | (None, 700) | 0 | ['dense_3[0][0]', 'dense_2[0][0]'] |
| dense_4 (Dense) | (None, 10) | 7010 | ['concatenate_1[0][0]'] |

Total params: 1,449,510

Trainable params: 1,449,510

Non-trainable params: 0

# 冒險34　簡單找表示向量的方法 Autoencoder

我們經常提到，輸入資料在經過神經網路模型中的隱藏層作用之後，隱藏層所輸出的資料其實是某種表現向量。而這些表現向量通常是抽象的，也就是你不知道向量中的每一個數字的意思是什麼。不管在做什麼樣的 AI 模型，基本上就是輸入資料，經過一連串抽象化的「理解」，最後變成我們所想要的輸出資料。因此，所以在建立網路的時候，大部分會強調的是輸入資料以及輸出資料的長相，而中間的隱藏層的設定，經常是使用者自己定義的，也就是抽象資訊的長相是建構模型的人自己說了算，因此，我們在模型中間所得到的「抽象」資訊，大多數的時候對人類實在是太「抽象」了，並沒有什麼對人生有幫助的具體意義！

令人驚訝的是，在 1980 年代時就有一種神經網路模型架構，設計的目的不為別的，就為了將資料轉換人類較能輕鬆理解且不抽象的「抽象」資訊，而這樣的神經網路模型，稱之為**自編碼器（Autoencoder）**。

## 34.1　自編碼器的概念

自編碼器就是一個將資料經過編碼加密再解碼還原的兩階段過程，它由兩個模型串接而成的，包含了一個**編碼器（Encoder）**以及一個**解碼器（Decoder）**；顧名思義，編碼器的用途就是要資料進行編碼的模型架構，而解碼器的用途，則是希望能透過代表原始資料的「抽象」資訊來還原出資料。

換言之，能透過編碼器的運算，我們希望資料 $x$ 能變成一個具有代表性且維度相對原始資料較低的向量 $z$，我們為什麼希望編碼後的向量 $z$ 要是低維度呢？第一個原因是因為原始資料 $x$ 可能包含了許多無用的訊息，像是處理手寫數字圖片時，784 個像素中其實包含了大量無意義的背景空白數據，大多數的背景數據經常是無意義的；第二個原因則比較簡單，因為低維度的向量對人類來說是比較容易想像甚至是視覺化的，而什麼樣的低維度向量 $z$ 是具有代表性的呢？這就需要談到解碼器的部分了，解碼器的用途是將資料 $x$ 透過編碼器轉換成代表性的低維度向量 $z$ 後，再將低維度向量 $z$ 透過各種手

段，盡可能的重建成為資料最原本的長相 **x**，若我們使用 **x̂** 來表示還原的資料的話，則自編碼器的目標就是讓原始資料 **x** 盡可能地像是重建資料 **x̂**，關於自編碼器的概念可詳見下圖。

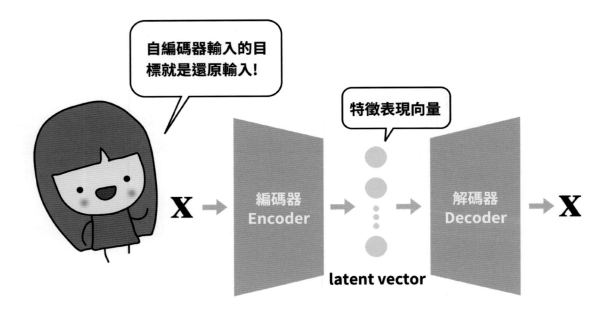

## 34.2 自編碼器的實作範例 - 資料準備

以下我們來看看該如何用神經網路來實作一個用於手寫數字圖片的自編碼器，目標是要把一個手寫辨識的數字，壓到 2 維向量！

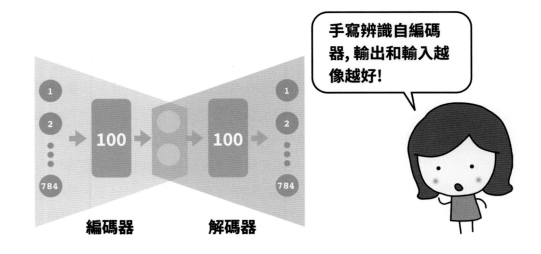

從圖片中可以發現，自編碼器當中的編碼器是一個輸入為 784 維的向量，輸出為 2 維的向量，且有一層具有 100 個神經元的全連接層作為唯一的隱藏層；為了方便起見，解碼器的架構是與編碼器的模型結構相反，解碼器的輸入資料為 2 維向量，輸出資料為 784 維向量，唯一的隱藏層同樣使用具有 100 個神經元的全連接層，為了方便以及確保輸出資料的數據範圍在 0 到 1 之間，所有神經網路層的激發函數都使用 **sigmoid** 函數。

在了解完上述的自編碼器設定後，我們準備開始建立這樣的神經網路模型囉！

首先，我們將打造神經網路的函式讀進來。

```
from tensorflow.keras.models import Sequential, Model
from tensorflow.keras.layers import Input
from tensorflow.keras.layers import Dense
```

```
from tensorflow.keras.datasets import mnist, fashion_mnist
from tensorflow.keras.utils import to_categorical
```

透過 **tf.keras** 底下 **datasets**，包含了各式各樣經典而又富有挑戰性的內建資料集，並能藉此輕鬆讀取；在這裡，我們使用我們的老朋友之一 MNIST 手寫數字圖片資料集來進行示範；若覺得手寫數字圖片資料集的實用度不高，也可以讀入 Fashion 版的辨識資料，裡面的資料主要是分辨衣服和褲子等衣著類的圖形。

以下是讀取手寫數字圖片資料集 MNIST 的讀取方式：

```
(x_train, y_train), (x_test, y_test) = mnist.load_data()
```

以下是讀取 Fashion 版的 MNIST 資料集的讀取方式：

```
(x_train, y_train), (x_test, y_test) = fashion_mnist.load_data()
```

我們在這裡其實不需要每一張圖片的標籤資料 **y_train** 以及 **y_test**，但為了後面在視覺化呈現時，能透過圖片的標籤來看出每筆資料經過自編碼器之後，會如何分佈在低維度空間上面，我們還是會將 **y_train** 以及 **y_test** 讀取進來，但是我們不會對標籤資料進行 **one-hot encoding** 來轉換成向量。

接著，我們將每筆 28 X 28 的圖片資料的尺寸大小轉換成 **(1, 784)**。

```
x_train = x_train.reshape(-1, 28*28)
x_test = x_test.reshape(-1, 28*28)
```

同樣地,我們可以將資料的數據範圍標準化至 0 到 1 之間。

```
x_train = x_train / x_train.max()
x_test = x_test / x_test.max()
```

## 34.3　自編碼器的實作範例 - 建置模型

接著,我們要透過 **Functional API** 來建立一個簡易的自編碼器。首先,可以將以函數來表示每一個隱藏層,並藉此來表示兩兩變數在函數前後的關聯性。

在編碼器的部分,我們會將輸入資料的 784 維向量透過具有 100 個神經元的全連接層進行轉換,接著,它的數學函數會是以下這個形式:

$$f_1 : R^{784} \mapsto R^{100}$$

接著,會將得到的 100 維向量,另一個全連接層變成 2 維的向量,所以這邊的函數長相是:

$$f_2 : R^{100} \mapsto R^2$$

這個 2 維的向量,就會是輸入資料的一種表示向量,接著,我們要來建立解碼器模型,來讓這個表示向量有點用處。

在解碼器的部分,會將剛剛得到的 2 維向量,透過具有 100 個神經元的全連接層進行轉換,因此,這裡數學函數長成下面的樣子:

$$g_1 : R^2 \mapsto R^{100}$$

最後，我們會將得到的 100 維向量，還原成 784 維的向量，所以這邊的函數長相是：

$$g_2 : R^{100} \mapsto R^{784}$$

在這裡的自編碼器，其實就是四個函數 $f_1, f_2, g_1, g_2$，接續著彼此而運算。

接下來，我們看看輸入資料 $\mathbf{x}$ 在經過這四個函數後，究竟應該是什麼樣子？首先，$f_1$ 會將輸入資料 $\mathbf{x}$ 變成一個 100 維的向量，我們在這邊叫它 $\mathbf{h}_1$，也就是說

$$\mathbf{h}_1 = f_1\left(\mathbf{x}\right)$$

接著，$f_2$ 會把剛剛得到的 $\mathbf{h}_1$ 變成一個 2 維的向量，我們在這邊叫它 $\mathbf{z}$，換句話說

$$\mathbf{z} = f_2\left(\mathbf{h}_1\right)$$

然後，$g_1$ 會把剛剛得到的 $\mathbf{z}$ 變成 100 維的向量，我們在這邊叫它 $\mathbf{h}_2$，換句話說

$$\mathbf{h}_2 = g_1\left(\mathbf{h}_1\right)$$

最後，藉由 $g_2$ 會把 $\mathbf{h}_2$ 變成 784 維的向量，我們在這邊叫它 $\hat{\mathbf{x}}$，代表它是輸入資料 $\mathbf{x}$ 的還原版本，而這裡，我們可以透過將 $\mathbf{h}_2$ 輸入到 $g_2$ 來得到 $\hat{\mathbf{x}}$

$$\hat{\mathbf{x}} = g_2\left(\mathbf{h}_2\right)$$

接下來，我們就可以準備用 **Functional API** 的方式來建立自編碼器模型囉！開始的時人候先設輸入格式為 784 維的向量。

```
x = Input(shape=(784,))
```

四個神經網路層代表的四個函數，也可以依照數學函數的長相來設定。

```
f1 = Dense(100, activation='sigmoid')
f2 = Dense(2, activation='sigmoid')
g1 = Dense(100, activation='sigmoid')
g2 = Dense(2, activation='sigmoid')
```

透過 **f1** 以及 **x**，我們可以得到 **h1**

```
h1 = f1(x)
```

透過 **f2** 以及 **h1**，我們可以得到表示向量 **z**

```
z = f2(h1)
```

將輸入資料 x 變成表示向量 z 的過程，就是所謂的編碼器；接著，我們要來建立自編碼器的解碼器部分。

透過 **g1** 以及 **z**，我們可以得到 **h2**

```
h2 = g1(z)
```

透過 **g2** 以及 **h2**，我們可以得到表示向量 **x_hat**

```
x_hat = g2(h2)
```

在了解到從輸入資料 **x** 到還原資料 **x_hat** 是怎麼定義之後，我們就可以藉由 **Model** 函式來建立神經網路了！

```
autoencoder = Model(x, x_hat)
```

## 34.4　組裝自己的神經網路

我們可以用 **summary** 欣賞一下結果。

```
autoencoder.summary()
```

Out:

Model: "model"

| Layer (type) | Output Shape | Param # |
|---|---|---|
| input_1 (InputLayer) | [(None, 784)] | 0 |
| dense (Dense) | (None, 100) | 78500 |
| dense_1 (Dense) | (None, 2) | 202 |
| dense_2 (Dense) | (None, 100) | 300 |
| dense_7 (Dense) | (None, 784) | 79184 |

Total params: 158,186
Trainable params: 158,186
Non-trainable params: 0

比較特別的是，因為我們希望一筆資料在輸入以及輸出之後，長相最好是一模一樣，所以我們的損失函數就會是希望輸入與輸出的差異越小越好，在這邊用的是**平均平方誤差（Mean Square Error, MSE）**，但其實用什麼樣的損失函都差不多，因為在這裡，損失函數只是用來決定，輸入與輸出之間的誤差是以什麼方式來衡量而已。

```
autoencoder.compile(loss='mse',
                    optimizer='sgd'
                    )
```

最後，就可以開開心心的來自編碼器模型了！

```
autoencoder.fit(x_train, x_train,
                batchsize=100,
                epochs=20,
                )
```

Out:

Epoch 1/20

600/600 [==============================] - 5s 9ms/step - loss: 0.2206

Epoch 2/20

600/600 [==============================] - 5s 8ms/step - loss: 0.2134

Epoch 3/20

600/600 [==============================] - 5s 8ms/step - loss: 0.2065

Epoch 4/20

600/600 [==============================] - 4s 7ms/step - loss: 0.2000

Epoch 5/20

600/600 [==============================] - 5s 8ms/step - loss: 0.1937

Epoch 6/20

600/600 [==============================] - 5s 8ms/step - loss: 0.1878

Epoch 7/20

600/600 [==============================] - 4s 7ms/step - loss: 0.1822

Epoch 8/20

600/600 [==============================] - 4s 7ms/step - loss: 0.1769

Epoch 9/20

600/600 [==============================] - 5s 8ms/step - loss: 0.1719

Epoch 10/20

600/600 [==============================] - 5s 8ms/step - loss: 0.1671

Epoch 11/20

600/600 [==============================] - 4s 7ms/step - loss: 0.1626

Epoch 12/20

```
600/600 [==============================] - 4s 7ms/step - loss: 0.1583
Epoch 13/20
600/600 [==============================] - 4s 7ms/step - loss: 0.1542
Epoch 14/20
600/600 [==============================] - 4s 7ms/step - loss: 0.1504
Epoch 15/20
600/600 [==============================] - 4s 7ms/step - loss: 0.1468
Epoch 16/20
600/600 [==============================] - 4s 7ms/step - loss: 0.1433
Epoch 17/20
600/600 [==============================] - 4s 7ms/step - loss: 0.1401
Epoch 18/20
600/600 [==============================] - 4s 7ms/step - loss: 0.1370
Epoch 19/20
600/600 [==============================] - 4s 7ms/step - loss: 0.1341
Epoch 20/20
600/600 [==============================] - 5s 8ms/step - loss: 0.1313
```

要注意的一點是，由於我們希望模型的輸入與輸出最好是一模一樣的，所以在訓練模型的時候，模型的輸入與輸出放的都會是 **x_train**，而 **validation_data** 也是一樣的，我們會將測試集的圖片資料用來作為測試資料的輸入以及輸出上。

## 34.5　大中取小：編碼器 Encoder

可能有人會問，明明我們只需要輸入資料 **x** 以及還原資料 **x_hat** 這兩個變數，就可以建立自編碼器，為什麼我們需要定義 **h1, z, h2** 這些變數呢？

原因很簡單，就像我們一開始說過的，自編碼器不僅僅是一個資料還原模型，而是由編碼器以及解碼器，分別具有壓縮以及還原功能的兩個模型，因此，訓練自編碼器的功能最大用意，就是透過建立編碼器來確保資料能夠被表示成低維度的向量，同時也建

立解碼器來確保這個表示向量能夠重建出資料原本的樣子。

所以，我們需要從自編碼器這個大模型上，將兩個模型分別給找出來，而這個方法非常簡單，就是利用 **x, h1, z, h2** 這些變數。

還記得嗎？所謂的編碼器，其實就是將輸入資料 **x** 變成表示向量 **z** 的過程，所以我們可以用下面的方式，從自編碼器當中將編碼器的部分拿出來！

用 Functional API, 我們很容易取出部份模型！

編碼器

```
Encoder = Model(x, z)
```

沒錯，就是這麼簡單，只要知道輸入變數以及輸出變數，就會簡單的建立一個模型，這就是用 **Functional API** 的方式寫模型的優點！

我們可以用 **summary** 欣賞一下編碼器 **Encoder** 的模型架構。

```
Encoder.summary()
```

Out:

Model: "model_1"

| Layer (type) | Output Shape | Param # |
|---|---|---|
| input_1 (InputLayer) | [(None, 784)] | 0 |
| dense_4 (Dense) | (None, 100) | 78500 |

```
dense_5 (Dense)                (None, 2)                            202
```

```
=================================================================
Total params: 78,702
Trainable params: 78,702
Non-trainable params: 0
```

不難發現，編碼器 **Encoder** 其實就只是自編碼器 **autoencoder** 的前半部分。

## 34.6　大中取小：解碼器 Decoder

自編碼器模型中的解碼器，也就是將表示向量 **z** 變成還原資料向量 **x_hat** 的這個過程，聰明的讀者可能會舉一反三，覺得解碼器應該能透過下面的方式建立了！

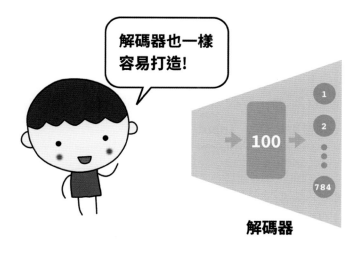

解碼器也一樣容易打造!

解碼器

```
Decoder = Model(z, x_hat)
```

事實上，我們一執行程式碼就會馬上發現，這行程式碼竟然無法順利執行！這是為什麼呢？原因很簡單，因為表示向量 **z** 並不是像輸入資料 x 一樣，是由 **Input** 函式直接定義出來的，所以表示向量 **z** 並不能作為模型的輸入來使用，所以，上面的程式碼就會發生錯誤。

　　既然變數 **z** 無法使用，同理，從變數 **z** 定義出的變數 **h2** 以及變數 **x_hat** 當然也都不能再拿來用了，在這種情況下，如果我們想建立解碼器，還有什麼東西是可以從自編碼器借用過來的呢？雖然變數不能再使用了，但是將這些變數變來變去的神經網路層，卻還是可以使用的！

　　原因很簡單，因為每一層神經網路，其實都代表著一個有訓練權重的函數，而在我們訓練完自編碼器 **autoencoder** 之後，這些權重當然還是會乖乖的留在當時定義的函數上，也就是說，**f1, f2, g1, g2** 這些函數還是能開開心心地使用，接下來，我們要來看怎麼再次利用涉及解碼器的 **g1** 以及 **g2** ！

　　為了再次利用 **g1** 以及 **g2**，我們先準備一個新的 2 維輸入變數，為了和 2 維變數 **z** 有所分別，我們將這個變數稱作 **z_input**。

```
z_input = Input(shape=(2,))
```

　　接下來，因為 **g1** 以及 **g2** 已經就定義過（甚至是訓練好了！）有了，透過它們來對剛剛定義的變數做 **z_input** 操作，與之前相同，經過 **g1** 的轉換，我們可以把 **z_input** 轉換成一個 100 維的向量 h，接著，這個 100 維的向量 **h** 經過 **g2** 的作用後，就能得到 784 維的向量，我們稱這個向量為 **x_reconstruct**，以代表從 2 維的表示向量還原成 784 維的原始資料的意思。

```
h = g1(z_input)
x_reconstruct = g2(h)
```

　　因此，我們就知道一個 2 維度變數 **z_input**，再送進 **g1** 以及 **g2** 函數後，就能得

到還原資料 **x_reconstruct**，而從 **z_input** 到的過程，其實就是解碼器，也因此，我們可以用下面的方式將自編碼器模型當中的解碼器給獨立定義出來。

```
Decoder = Model(z_input, x_reconstruct)
```

一如往常，我們可以用 **summary** 欣賞一下解碼器 **Decoder** 的模型架構。

```
Decoder.summary()
```

Out:

Model: "model_2"

| Layer (type) | Output Shape | Param # |
|---|---|---|
| input_2 (InputLayer) | [(None, 2)] | 0 |
| dense_2 (Dense) | (None, 100) | 300 |
| dense_3 (Dense) | (None, 784) | 79184 |

Total params: 79,484

Trainable params: 79,484

Non-trainable params: 0

簡單比對一下之前的 **autoencoder** 與 **Decoder** 的模型架構，不難發現，除了 **Decoder** 模型架構第一層是全新的 **InputLayer** 外，接下來的兩層其實和 **autoencoder** 的最後兩層是一模一樣的！

事實上，如果將隨便一筆資料送進 **autoencoder** 算算看，或是送進 **Encoder** 之後再送入 **Decoder** 計算，這兩種方式所得到的結果會是相同的！因為從函數的寫法來看，**autoencoder** 是由一個 **Encoder** 函數和一個 **Decoder** 函數所形成的合成函數！

## 34.7　編碼器 Encoder 的視覺化呈現

現在我們來看一看，編碼器究竟有什麼樣的用處！

首先，我們來簡單介紹一下，在資料科學中有種技巧，就是將資料整理成容易用人眼觀察的數據分布，這樣的手法稱之為**資料視覺化（data visualization）**。

事實上，受限於天生的限制，人類只能看到三維以內的資料，但人類最容易觀察，還是以 2 維平面來呈現數據分布，但是我們知道，之前處理過的資料集，例如：手寫數字圖片資料集 MNIST、十類別低解析度彩色圖片資料 CIFAR-10，這些資料集中的單筆資料的維度動輒成百上千，顯然就不是 2 維的資料，因此，我們就偷偷的在心中希望，是否有一種方式，能將這些資料適當地擺放在 2 維平面（或是放在高於 2 維，但仍然便於觀察的空間）上，讓我們可以觀察一下每筆資料之間的某種隱藏關係呢？順帶一提，將資料降低維度的過程，稱之為**維度縮減（dimension reduction）**，維度降低有許多的應用，其中一個應用是資料視覺化。

我們回憶一下，自編碼器模型中的編碼器，建構它的目的是為了將輸入資料 $x$ 變成低維度且具有代表性的表示向量 $z$，我們知道具有代表性的意思指的是，表示向量 $z$ 可以透過解碼器輕鬆地還原成很像原始資料的還原資料 $\hat{x}$，因此，編碼器的另一個用途，就是將輸入資料的維度降低！如此一來，編碼器似乎天生就是個可以拿來做資料視覺化的工具呢！

這樣做有什麼好處呢？就是為了滿足人類希望將資料擺在 2 維平面（或是其他高於 2 維，但仍然便於觀察的空間）上進行觀察的小小心願啦！

接下來，我們就來看看該如何使用前面得到的編碼器 Encoder 來實作資料視覺化。

首先，因為需要繪製圖形，所以需要老朋友 **-matplotlib** 套件的協助。

```python
import matplotlib.pyplot as plt
```

我們寫一個小函式來隨機取出 1000 筆資料，並將這些資料的表示向量以散布圖的方式畫出來。

```
def representation(x, y):
    y_pred = Encoder.predict(x)
    idx = np.random.randint(x.shape[0], size=1000)
    colors = ['r', 'g', 'b', 'c', 'm', 'y', 'k', 'lime', 'orange',
'purple']
    for label, c in enumerate(colors):
        label_idx = idx[y[idx]==label]
        plt.scatter(y_pred[label_idx, 0], y_pred[label_idx, 1],
                    c=c, label=str(label))
    plt.legend();
```

接下來，將資料以及標籤輸入到函式中，可以得到下面的結果。

```
representation(x_train, y_train.argmax(axis=-1))
```

Out:

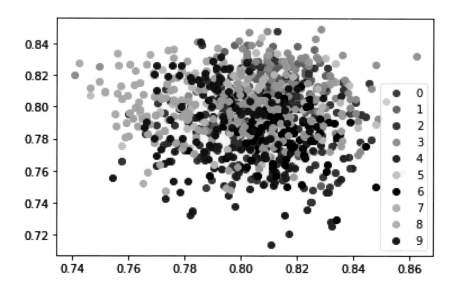

　　聰明的你可能會想問，不同數字圖片的表示向量看起來有些差別，但是差別好像又不是不大？是的，這其實是因為，當我們在訓練模型的時候，並沒有告訴神經網路哪一筆資料是什麼數字，自然而然地，訓練模型的時候，模型只會專注學習在將每筆資料降低維度並盡可能地還原，也因此，這樣的資料視覺化方式，其實是沒有充分使用到的資料集本身的標籤資料，那麼，有沒有一種降維的方式，是能同時考慮數據資料以及它的標籤資料呢？有的，我們將會在接下來的冒險中陸續見到！

## 34.8 解碼器 Decoder 的應用 - 生成模型

在建構自編碼器時,特別是在將資料變成 2 維表示向量的那一層神經網路,我們使用了 **sigmoid** 作為我們的激活函數,也因此,能得到的 2 維表示向量,一定都會在 2 維平面的單位正方形$[0,1]\times[0,1]$裡頭,換言之,我們可以將 60,000 筆訓練資料,變成這個範圍裏面的 60,000 個點。

我們從小就知道,正方形裡有無限多個點,所以$[0,1]\times[0,1]$中有 60,000 個點,代表著訓練資料所對應的表示向量,而這 60,000 個點能透過解碼器還原成原始資料,那麼問題來了,除了這 60,000 個點以外的其他無限多個點,又會被解碼器「還原」什麼東西呢?

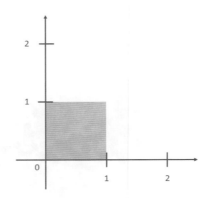

首先,我們在單位正方形$[0,1]\times[0,1]$內橫向及縱向均勻等分出個 15 點,所以我們會得到 15x15 共 225 個點。

```
n = 15
digit_size = 28
figure = np.zeros((digit_size * n, digit_size * n))
grid_x = np.linspace(0, 1, n)
grid_y = np.linspace(0, 1, n)
```

接下來,我們會準備繪製兩個圖形,一個是$[0,1]\times[0,1]$上的 255 個點,接著,我們將這 255 個點透過編碼器「還原」,並將其 **reshape** 成 28 X 28 的圖片,並將每一張圖片放在原本$[0,1]\times[0,1]$上的點所在的位置上。

```
for i, yi in enumerate(grid_x):
    for j, xi in enumerate(grid_y):
        z_sample = np.array([[xi, yi]])
        x_decoded = Decoder.predict(z_sample)
        digit = x_decoded[0].reshape(digit_size, digit_size)
        figure[(n-i-1) * digit_size: (n - i) * digit_size,
                j * digit_size: (j + 1) * digit_size] = digit
```

最後一步驟就是將兩張圖的上的點以及對應的還原圖片給繪製出來了！

```
plt.figure(figsize=(16, 8))
plt.subplot(1, 2, 1)
XX, YY = np.meshgrid(grid_x, grid_y)
plt.scatter(XX, YY)

plt.subplot(1, 2, 2)
plt.imshow(figure, cmap='Greys')
plt.axis('off');
```

Out:

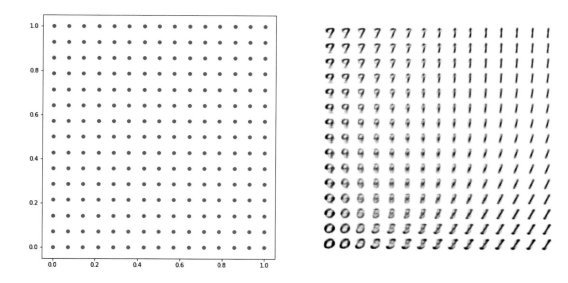

這邊可以看出，我們把正方形中的每一個點拿來還原成圖片資料的話，似乎是可以看出一些 0、7 和各種角度的 1，大致來說，以 2 維的表示向量來還原圖片的話，會是非常模糊且不精緻的，這是由於，我們在訓練模型時是以平均平方誤差（Mean Square

Error, MSE）作為損失函數來進行訓練，在資料量太大的時候，模型所能學到的還原方式，通常就是將所有資料的長相的混合，也因此，以目前的條件透過解碼器資料生成，似乎並不是可行的辦法。

## 34.9　積小成大

在前面，我們先定義了自編碼器模型，再從中分別取出編碼器以及解碼器，在取出解碼器的時候，我們需要額外定義一個新的變數 **z_input**，並重新將新變數 **z_input** 重新透過函數 **g1** 以及 **g2** 的計算，才能得到還原資料 **x_reconstruct**。

這樣的做法有一些不直覺的地方是，若我們希望小模型的輸入變數並不是大模型的輸入變數，這樣就需要透過既有的函數來重新定義新的變數，這似乎會有那麼一點點的困擾。因此，我們在這裡要採用另一個方式，也就是先定義編碼器與解碼器這兩個比較小的模型，再將這兩個模型合成自編碼器模型！

首先，將該讀取進來的函式通通讀取進來：

```python
from tensorflow.keras.models import Model
from tensorflow.keras.layers import Input
from tensorflow.keras.layers import Dense
```

接著，將編碼器和解碼器各自輸入變數以及各自需要使用到的函數定義出來。以下是編碼器的輸入變數以及兩層神經網路層對應的函數。

```python
x = Input(shape=(784,))
f1 = Dense(100, activation='sigmoid')
f2 = Dense(2, activation='sigmoid')
```

以下是解碼器的輸入變數以及兩層神經網路層對應的函數。

```python
z = Input(shape=(2,))
g1 = Dense(100, activation='sigmoid')
g2 = Dense(2, activation='sigmoid')
```

我們知道，編碼器的輸出變數，其實是將輸入變數 **x** 先經過函數 **f1** 的運算，再經過函數 **f2** 的運算所得到的，因為我們其實不需要這個變數，所以就直接將上面這兩層的運算結果，直接送進 **Model** 函式裡面當作輸出變數使用；同理，解碼器的輸出變數是輸入變數 **z** 經過函數 **g1** 與的 **g2** 運算得到的。因此，我們可以這樣直接定義模型。

```
Encoder = Model(x, f2(f1(x)))
Decoder = Model(z, g2(g1(z)))
```

這裡有一件有趣的事情是，其實編碼器 **Encoder** 和編碼器 **Decoder** 也都是函數！而自編碼器，其實就是將變數先經過 **Encoder** 變成表示向量，再經過 **Decoder** 變成還原資料的過程，所以，我們可以這樣定義自編碼器模型。

```
another_autoencoder = Model(x, Decoder(Encoder(x)))
```

我們可以用 **summary** 欣賞一下結果。

```
autoencoder.summary()
```

Out:

Model: "model_6"

| Layer (type) | Output Shape | Param # |
|---|---|---|
| input_1 (InputLayer) | [(None, 784)] | 0 |
| model_4 (Functional) | (None, 2) | 78702 |
| model_5 (Functional) | (None, 784) | 79484 |

Total params: 158,186
Trainable params: 158,186
Non-trainable params: 0

從這邊不難發現，我們無法直接觀察 **autoencoder** 的詳細架構，但是，若與我們前面建立的自編碼器模型是一模一樣的，不難發現兩個模型的權重總數是一模一樣的！

冒險旅程 **34**

1. 請將本次冒險的模型加深，並看看表示向量的分佈以及資料還原的效果是否有比較好？

2. 請發揮創意，想想 Autoencoder 除了拿來找表示向量以及生成資料外，是否還有其他的應用呢？

# 冒險35 創作型的神經網路 GAN

前面提過的自編碼器模型，可以透過壓縮再還原的過程，藉由解碼器將未曾看過的表示向量，還原成不曾存過的資料，而這種模型，稱之為生成模型（Generative model）。

但如同上一次冒險的最後，我們知道生成模型並不是那麼容易生出令人滿意的生成資料，因此，我們或許需要考慮不同的模型架構，來實現生成模型的核心概念，也就是要能無中生有的生出栩栩如生的「假」資料。

換個想法，與其大費周章的建構一個可以壓縮、還原的模型來取出一部分模型當作生成模型，不如直接建構一個獨立的生成模型，再透過另一個專業人士來判斷，我們眼前的資料是否為真實的。而這樣的想法，就是著名的**生成對抗網路（Generative Adversarial Nets, GAN）**的概念。

## 35.1　生成對抗網路（Generative Adversarial Net）

GAN 由 Ian Goodfellow 等人於 2014 年在神經信息處理系統大會（NeurIPS）發表，其核心概念就是定義出一個**生成器模型（Generative model）**與**一個鑑別器模型（Discriminative model）**。生成器就是主角「創作者」，因為要創作所以一般我們都是輸入天馬行空的「靈感」。在電腦裡，這就是一個隨機生成的向量。輸出看我們想要電腦創作什麼，可以是照片、音樂、文字等等都可以。

但是生成器可能是亂生，生出的東西可能很離譜。這個時候，鑑別器就要扮起老師的角色。鑑別器會建立品味，知道什麼是真的（好的）作品，什麼是生成器生出來假的作品。鑑別器的目標是要能得到鑑別器老師的認可。

由上面的解說，我們會發現這兩個模型的目標是相反的！所以生成器、鑑別器兩個模型合併起來的架構，就稱為生成對抗網路。

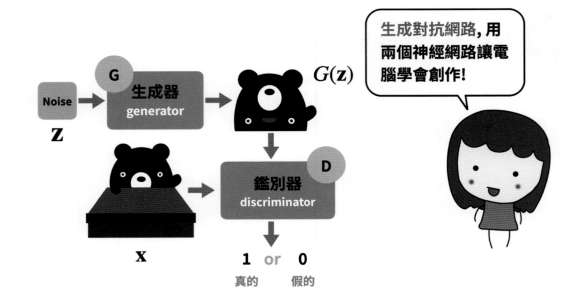

生成對抗網路, 用兩個神經網路讓電腦學會創作!

## 35.2 殘忍的打罵教育

　　我們可能會以為生成器這位創作者很神奇,應該很難設計,其實沒有。基本上我們只要設計個「輸出符合要求」的神經網路就好。比如說,我們想要生成 $64 \times 64$ 大小的照片。那會是三個分別代表 R、G、B 三原色強度 $64 \times 64$ 大小的矩陣。那麼只要確定有 $64 \times 64 \times 3 = 12288$ 個輸出,基本上就可以了!

　　我們常常把生成器用 $G$ 做為函數的名稱。現在就是我們給了一個叫雜訊(noise)的隨機向量(維度看我們高興)$\mathbf{z}$,輸出也就是「作品」是 $G(\mathbf{z})$。這個作品生成器會希望得到「老師」鑑別器的認可,也就是希望 $D(G(\mathbf{z}))$ 是接近 1 的。

　　身為老師的鑑別器 $D$ 是相反的,就是對真實世界來的資料 $\mathbf{x}$,希望自己是「有品味」辨識的,也就是 $D(\mathbf{x})$ 應該越接近 1 越好。然後對於從生成器隨便生成的資料資料 $G(\mathbf{z})$,鑑別器希望能看出這是生成器生出來的「假數據」,因此希望 $D(G(\mathbf{z}))$ 越接近 0 越好。

## 生成器、鑑別器大對抗！

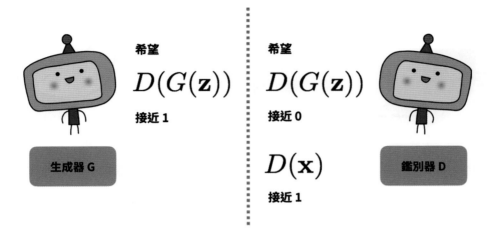

認真想想這是很殘忍的訓練方式。想像你自己是個想學畫畫的生成器，於是到美術教室找到鑑別器老師。一到了美術教室，老師只是說「畫吧。」什麼也沒有教你，你就開始畫了。畫好了交給老師，老師看覺得太差了，打了你一巴掌，但還是沒告訴你哪裡不好、要怎麼修。你又回去畫，再交上來老師又看不順眼再打你一巴掌。如是反反覆覆，可能被打了上萬次之後，你終於會畫圖了（就是不會被打了）！好在這不是在人類世界發生的，而是電腦。

## 35.3　生成器和鑑別器怎麼訓練？

鑑別器是怎麼訓練的呢？其實相當容易。比方說我們想讓生成器生出鳥照片，那我們就去收集很多真實世界的鳥照片。這些照片都被標記為 1，也就是真實世界的數據。那有沒有「反面教材」呢？當然有啊，就是我們的生成器產出的作品，要有多少就有多少。這些生成器的作品都被標記為 0。

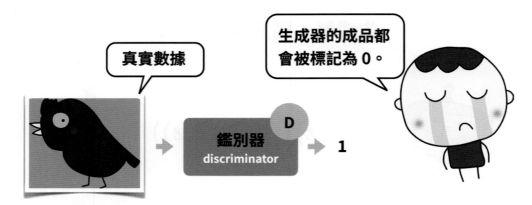

我們先訓練鑑別器，不過不能訓練得太好，因為這樣生成器會「了無生趣」。鑑別器有點樣子之後，我們就開始訓練生成器。

訓練生成器的方式是，生成器作品出來以後，送入鑑別器，目標是得到老師肯定，也就是 1。注意訓練生成器時，鑑別器的參數是不變的！

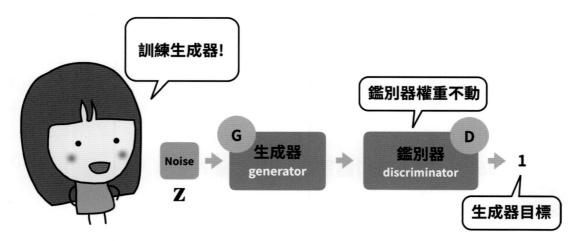

就這樣輪流訓練鑑別器、生成器，經過若干時間，生成器慢慢抓到老師想要的，終於可以創作出像樣作品！

下一次的冒險，生成對抗網路這有趣的想法，會不會有什麼特別的作品。

冒險旅程 35

1. GAN 的其中一個用途就是生成足以騙過看過真實資料的鑑別器的「生成」資料，其中一個應用的時機，就是當我們需要更多資料，卻礙於各種原因而無法蒐集到更多資料時，我們可以藉由 GAN 的「幫忙」來產生「生成」資料，然後把「真實」資料跟「生成」資料混在一起使用。

舉例來說，我們可以生成更多的手寫辨識圖片，來幫助我們加速手寫辨識模型的訓練，以下就是一些 GAN 所生成的手寫辨識圖片。

一個反面例子則是，若我們「生成」的像是電腦斷層或磁振造影這樣醫學方面的影像，那由這些資料來打造的 AI 模型，就有可能產生出會對醫療決策做出不正確指示的決策，進而影響人類的安危。

我們可以發揮創意思考看看，除了上述兩個適合和不適合使用生成資料來訓練模型的例子外，還有何種領域的資料，是我們使用「生成」資料來當訓練資料集來建造的 AI 模型，也不會打造出一個有可能影響人類安危的 AI 模型呢？

## 冒險36 有趣的 GAN 應用

仔細想想，其實 GAN 並不是一個新的模型架構，只是一個很有創意的把我們問題化為函數的方法。生成器這個神經網路用來創作作品，而鑑別器會看這個作品是不是個像樣的作品。如果更進一步，用更有創意的方式去化成函數，GAN 還能做出更特別的東西嗎？我們來看一下。

## 36.1 向素對向素（Pix2Pix）

首先我們看 Isola 與朱俊彥等人的團隊在 2017 年國際電腦視覺與圖型識別會議（CVPR2017）當中所提出的 Pix2Pix，當年可以說是個非常火紅的模型，來看看到底做了什麼。

如果我們想做的事是，「把一張空拍圖轉為地圖」。用 GAN 來做，可以把生成器的輸入是一張空拍圖，輸出就是這張空拍圖對應的地圖。

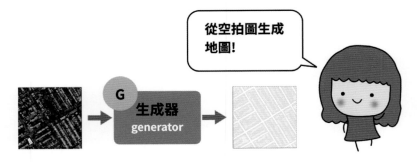

可能我們會想，鑑別器當然就是輸入一張地圖，輸出就是判斷這像不像一張地圖。

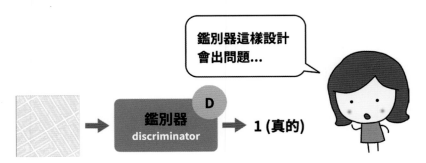

　　這樣其實會有一個嚴重的問題！因為只是判斷像不像地圖，有一天我們可愛的生成器生出了一張地圖，深受鑑別器肯定。那下次不管輸入哪張空拍圖，生成器都生出同一張地圖，反正鑑別器都會說很好。這當然不是我們想看到的情況，可是又該怎麼辦才好呢？很簡單，就是鑑別器的輸入把空拍圖和相對的地圖一起輸入！所以鑑別器真的要看的是，這張地圖是不是這空拍圖對應的地圖，是的話才會回答 1（真的）。

　　Pix2pix 有很多有趣的應用！比方說我們也可以把黑白照片變成彩色照片！

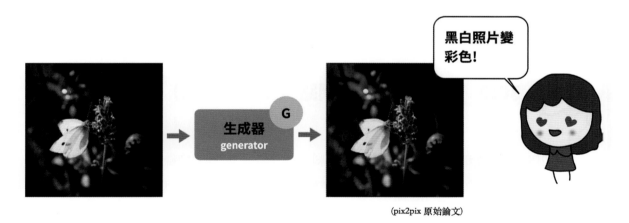

(pix2pix 原始論文)

　　比如說我們也可以用電腦生成開車的街景，相對來說這容易（想想很早以前我們就有類似的賽車遊戲），然後再生成真實的街景。這有什麼用呢？一個應用就是可以用來訓練自動駕駛的車子。否則我們就要把想訓練的車子送到馬路上橫衝直撞，撞倒好幾棵樹，撞死好幾個人之後電腦才終於會開車。

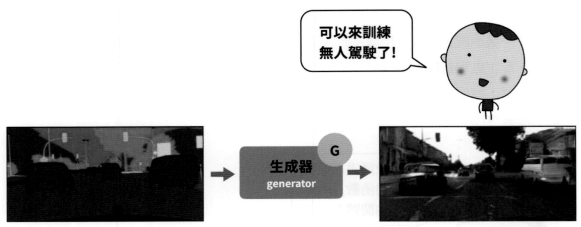

可以來訓練
無人駕駛了！

生成器
generator
G

(pix2pix 原始論文)

　　Pix2pix 當然還有更多可能，推出之後 AI 社群許多人也做出很多有意思的應用。比如 OpenAI 的 Christopher Hesse 就將這樣的模型寫成一個網站，讓人可以透過簡單的互動來將塗鴉變成特定種類的圖片，像是貓、包包以及鞋子，我們甚至能透過幾個簡單的色塊，來生成特定外觀的建築物圖片！有興趣的讀者可以前往下方網址玩玩看。

https://affinelayer.com/pixsrv/

## 36.2　循環生成對抗網路（CycleGAN）

　　Pix2Pix 雖然號稱可以將資料的對應資料生成出來，但為了訓練模型時，需要準備的資料集還是挺辛苦的。因為每一次訓練的時候，都需要兩種不同類型的資料配對（pair）在一起，舉例來說，我們想要設計一個 AI 模型，輸入一張男生的照片，輸出「如果這個男生是女生的話，應該是什麼樣子的女生照片」。

你可能會覺得，這可以用 pix2pix 的想法做！這基本上是沒錯，但問題是這樣我們需要找上萬，可能更多的「配對」，就是兩個人一看就知道有某種關聯性的男生、女生照片組合。現實上這樣找配對真的太困難了啊！

因此，朱俊彥與 Isola 等人在 2017 年國際電腦視覺大會（ICCV2017）提出了一個不用將資料進行配對的方式，但依然能將資料轉換成對應資料。想法是我們只要準備要互相轉換的數據集 A, B。比如說 A 是男生的照片，B 是女生的照片。我們需要打造兩種生成器，生成器 G 是從 A 到 B，這裡就是男生變成女生；生成器 F 就是 B 到 A，也就是女生變男生。兩個鑑別器分別鑑定像不像男生或女生的照片就好。

真正的魔法來了！怎麼確保生出來的照片是有關聯的呢？畢竟我們沒有進行配對啊。很簡單，今天透過生成器 G，把一張男生照片換成女生照片後，再將這張女生照片送入生成器 F。於是我們又得到一張男生照片，這張照片需要和原來的人是同一位男生！當然，這裡不一定要原來的照片，只要是同一個人的照片就好，怎麼樣叫夠像本身也是個有趣的主題，但我們這裡暫不討論。

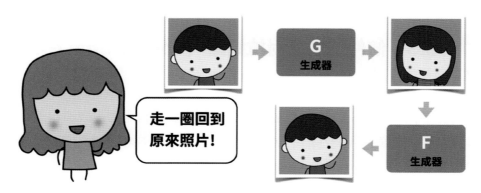

因此，這兩個生成器串成一個迴圈，因此就叫 CycleGAN。

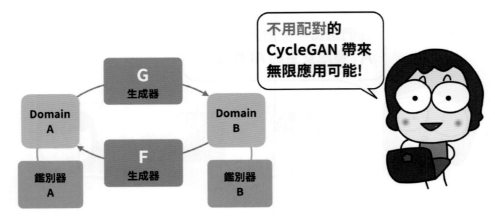

不用配對的
**CycleGAN** 帶來
無限應用可能！

CycleGAN 「不用配對」的特性，帶來無限應用的可能。原始論文是以馬變斑馬的例子，還可以即時把馬的影片變成斑馬的影片。有可能用 CycleGAN 「變臉」嗎？陽明交大的魏澤人老師，還在東華大學任教的時候，做了個把館長的影片，用 CycleGAN 變成陳沂的例子：

**https://youtu.be/Fea4kZq0oFQ**

這個例子被 GAN 的作者 Ian Goodfellow 在 Twitter 上轉發，也被後來一篇學術論文 "CycleGAN Face-off" 引用。

CycleGAN 還有個非常具潛力的應用，那就是翻譯沒有人會的古文字！在以前因為沒有人會，所以也不知該怎麼訓練神經網路去學，現在有了不用配對的 CycleGAN 就有可能了。事實上在 CycleGAN 出來後，不只是古文字，許多比較先進的自動翻譯系統都是運用類似 CycleGAN 這種想法。大家也發現比以前手把手教電腦有更好的效果！

##  36.3　條件式生成對抗網路（Conditional GAN）

舉例來說，原始版的 GAN 在生成器的部分，其實是沒有用到生成資料的某些資訊，像是資料的標籤，就像是我們在前一次的冒險中所看見的 GAN 在 MNIST 上的應用，其實生成器並沒有針對 0 到 9 中哪一個數字去進行圖片生成，雖然生成器大多數時候都能好好的生出一些「很像」數字的手寫數字圖片，但也會有個狀況是，一些「不太像」數字的手寫「數字」被生成出來，而最重要的是，這些圖片是鑑別器辨別不出是否為

MNIST 資料集中手寫數字圖片。

在這種情況下，我們則可以先跟 GAN 模型說好，不管接下來要生成或是鑑別資料，我們都會先跟你說這個資料的類別是屬於哪一種類，以 MNIST 為例的話，就是先跟它說接下來要生成的以及要鑑別的，會是 0 到 9 的哪一個數字。

換句話說，**在訓練生成器模型時，需要偷偷告訴它，接下來要想辦法去生成具有某個類別標籤的資料**（舉例來說，想辦法生成像是 5 這個數字的圖片）；在訓練鑑別器時，則提醒它，接下來要辨別的圖片，其實是 5 這個類別的圖片噢！這樣子的 GAN 模型，稱之為條件式生成對抗網路（Conditional GAN）。

## 36.4　StyleGAN 的各種生成範例

條件式生成對手抗網路之後，大家又開始思考，是不是有可能進一步放入「風格」，於是出現一個稱為 StyleGAN 的模型。比如說之前大家可能用過，可以把自己的照片，轉成迪士尼人物風格。

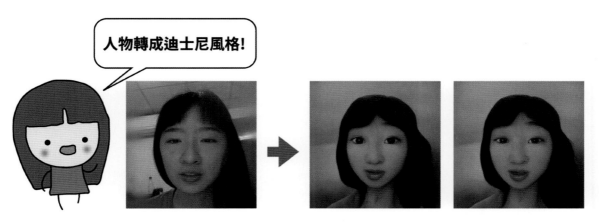

人物轉成迪士尼風格！

在搜尋引擎中打入 "This X Does Not Exist" 的話，可以找到這個網站：

https://thisxdoesnotexist.com/

這裡你可以找到各種的生成範例，包括人、貓、甚至二次元老婆等等，都不是真正的照片，而是由電腦生成的。

這些都是電腦生出來的照片!

冒險旅程 36

1. 除了本次冒險中的 GAN 模型外,讀者可以嘗試找看看,GAN 家族還有哪些知名的模型呢?這些模型中,哪一些模型還持續被應用在真實世界的呢?

# 冒險37 FaceNet 和特徵表現向量的尋找

神經網路一大特色是，我們只要專注把問題化成函數就好。有時我們會用很有創意的方式，把我們的問題化成函數。比如生成對抗網路中，是把問題化成兩個函數，要去訓練兩個神經網路。這很巧妙的解決了，我們「創作者」生成器這個神經網路，很難準備訓練資料的情況。

其實再更之前的自編碼器也是類似的情況。我們的目標是，給定一組數據，比如說一張照片，我們想找出最適合這張照片的**特徵表現向量**。這也是原本很難準備訓練資料的例子，但被我們很巧妙的找到一個訓練方式。

怎麼找出良好的特徵表現向量，是深度學習近年來的重要主題！自編碼器是一個例子，但我們也發現有許多限制。舉例來說，因為用一張張的照片取特徵表現向量，很有可能發生「同一個人、不同照片」的表現向量有不小的差異。有沒有辦法讓神經網路真的找到一個人的表現向量呢？我們又有什麼原因要在意這件事呢？一個很好的例子是，我們想做人臉辨識。這一次的冒險，就來看要做人臉辨識有什麼困難，要怎麼達成。

## 37.1　人臉辨識的問題

有一天，兔子老闆宣布公司要全部 AI 化，第一步就是要把公司的門禁系統，做成人臉辨識系統。於是，以後大家就可以開開心心刷臉就進來上班！

以後公司門禁就直接用人臉辨識！

我們假設兔子老闆的公司裡，包括老闆在內，一共有四位員工。

這問題看來很簡單,就是標準的分類問題。也就是當我們輸入某位同仁的照片,輸出就是這位同仁的代號,於是我們就知道是誰了!當然,就像以前做分類問題一樣,我們會做 one-hot encoding,這裡就不細說。

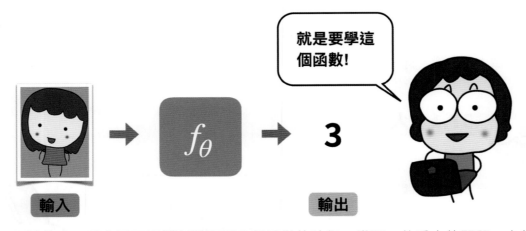

目前為止,看來是不是很有道理呢?但是做的時候,發現一件重大的問題。之前說過,要分辨一個種類,我們需要大約一千張照片。換到現在的場景,就是說,**每個人要交一千張照片來訓練這個神經網路**!

好吧,就算兔子老闆很有威嚴,每位員工真的交了一千張照片,我們也辛苦訓練出這個人臉辨識系統。但不久,新的問題又來了:又有一位新員工加入。這下可好,我們又要請他交一千張照片。然後,原本的神經網路輸出是 4 個數字,現在變成 5 個。也就是說,我們神經網路要重新打造、重新訓練!

## 37.2　打造個會找人臉特徵的函數，問題就解決了！

我們來看看怎麼解決這個問題。假設現在經過一個神奇的方式，訓練出一個函數學習機，只要輸入一個人的照片，輸出就是這個人的特徵代表向量。這樣子，問題就可以圓滿解決！

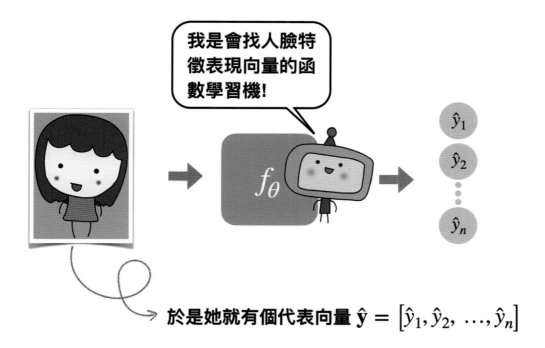

於是她就有個代表向量 $\hat{\mathbf{y}} = [\hat{y}_1, \hat{y}_2, \ldots, \hat{y}_n]$

為什麼呢？原因很簡單，因為我們真的有這個神經網路打造的神奇特徵學習函數，把公司成員都用一張照片去計算代表向量，記為 $\hat{\mathbf{y}}_1, \hat{\mathbf{y}}_2, \hat{\mathbf{y}}_3, \hat{\mathbf{y}}_4,$，這四個向量我們要記錄下來。於是，當公司有一個人進來的時候，監視器當場看到的照片，再度送入我們神奇特徵學習機。這時得到的向量 $\hat{\mathbf{y}}$，就可拿去和前面四個向量一一比對。最接近的，自然就是那個人了！

這的的確確解決了我們的問題，但是，一開始要怎麼訓練這個函數呢？ Google 提出一個叫 FaceNet 的架構，巧妙的訓練人臉特徵函數學習機！

# 37.3 神奇的 FaceNet 想法是什麼？

FaceNet 主要的特徵函數學習機其實不難設計。我們先決定代表向量要多大，比如說 128 維的向量好了。那麼設計一個輸入是照片，輸出是 128 維的向量的神經網路就好！順帶一提，雖然在原始論文中，FaceNet 的最終輸出，會經過單位化變成單位向量，但實作上，這樣的輸出限制反而是不需要的。

FaceNet 最關鍵的一步，就是到底要怎麼訓練呢？畢竟我們說過，找特徵表現向量的問題，很難去準備訓練資料的。原來，FaceNet 是用所謂的**三元組損失（Triplet Loss）**，定義一個損失函數，巧妙達成目標。

這巧妙之處就是，我們每次找出某個人的照片，FaceNet 稱為**錨點 (Anchor)**，記為 $\mathbf{x}_a$，就會隨機找一張同一個人、不同的照片，稱為正資料 (Positive)，記為 $\mathbf{x}_p$。最後，我們會再找出一張不是同一個人的照片，稱為**負資料 (Negative)**，記為 $\mathbf{x}_n$。這時代入我們特徵函數學習機，會得到目前三張照片的特徵表現向量：$\hat{\mathbf{y}}_1 = f_\theta(\mathbf{x}_a)$，$\hat{\mathbf{y}}_p = f_\theta(\mathbf{x}_p)$，及 $\hat{\mathbf{y}}_n = f_\theta(\mathbf{x}_n)$。然後你是否猜到了呢？我們就是希望兩張是同一個人照片的表現向量 $\hat{\mathbf{y}}_a$ 和 $\hat{\mathbf{y}}_p$ 是越接近越好，而是不同人照片的表現向量 $\hat{\mathbf{y}}_a$ 和 $\hat{\mathbf{y}}_n$ 越遠越好。這樣的方式定義出的損失函數，就叫做三元損失函數。

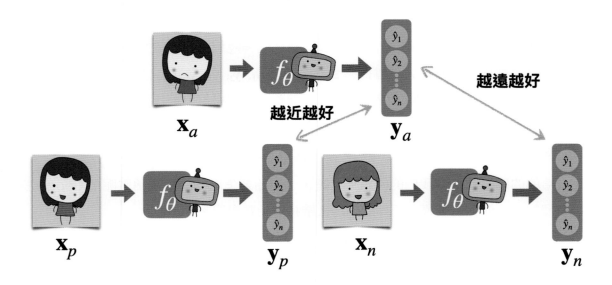

## 37.4　FaceNet 的快速實作

在這邊，我們來搭建一個 MNIST 手寫數字圖片數據庫上的 FaceNet 模型，更酷炫的是，我們要把每一張圖以 2 維的點來表示，沒錯，也就是把每一張圖上的 784 個數字濃縮成 2 個數字！

首先，我們把 TensorFlow 該用到的套件都讀進來，大多數相信大家都很熟悉了。這裡特別看看我們主角 TensorFlow 讀進來時，所有高手都會縮寫成 **tf**，所以我們也這麼做。

```python
import tensorflow as tf
from tensorflow.keras.datasets import mnist
from tensorflow.keras.models import Sequential
from tensorflow.keras.layers import Input, Dense
from tensorflow.keras.optimizers import Adam
```

TensorFlow 的社群當中，有一些熱情人士將目前尚未實作的功能以「外掛」的形式實作成一個套件，稱之為 **TensorFlow Addons**，這裡面包含了很多較新的機器學習或是深度學習的函式可以使用，雖說 TensorFlow Addons 是基於 TensorFlow 的外掛套件，但卻是 TensorFlow 官方認可的套件，只是在使用上，有時候會出現一些與 TensorFlow 不相容的問題，原因很簡單，通常是因為 TensorFlow 做了點改版，但外掛套件沒有跟著新版本進行相對應的修改而已。

以下我們可以用 **pip** 指令進行 TensorFlow Addons 套件的安裝。

```python
!pip install -U tensorflow-addons
```

在這個外掛套件當中，一個很好用的 loss 就是我們前面提到過的，FaceNet 用於訓練的三元組損失，在這邊叫做 **TripletSemiHardLoss**，當安裝好 **tensorflow-addons** 之後，我們就先將這個函式讀進來。

```python
from tensorflow_addons.losses import TripletSemiHardLoss
```

```python
(x_train, y_train), (x_test, y_test) = mnist.load_data()
x_train = x_train.reshape(-1, 28*28)/255
x_test = x_test.reshape(-1, 28*28)/255
```

接下來就是準備我們的全連接神經網路模型啦！

```python
model = Sequential()
model.add(Dense(128, activation='relu', input_shape=(784,)))
model.add(Dense(64, activation='relu'))
model.add(Dense(2))
```

在這裡，我們指定模型的 loss 為 **TripletSemiHardLoss(margin=0.87)**，其中的
**0.2** 就是三元組損失當中的 $\alpha$，這邊的意思就是希望不同類別的資料，它們的向量表示
法要盡可能地保持至少 **0.87** 這個社交距離；訓練模型的方式跟之前做過的一樣，我們
使用 **Adam(0.001)**。

```python
model.compile(optimizer=Adam(0.001),
                loss=TripletSemiHardLoss(margin=0.87))
```

訓練的時候，我們就開開心心的訓練個 5 次就好。

```python
history = model.fit(x_train, y_train, epochs=5)
```

Out:

Epoch 1/5

1875/1875 [==============================] - 7s 4ms/step - loss: 0.0021

Epoch 2/5

1875/1875 [==============================] - 7s 4ms/step - loss: 0.0022

Epoch 3/5

1875/1875 [==============================] - 7s 4ms/step - loss: 0.0014

Epoch 4/5

1875/1875 [==============================] - 7s 4ms/step - loss: 0.0015

Epoch 5/5

1875/1875 [==============================] - 7s 4ms/step - loss: 0.0011

因為我們故意壓到了 2 維特徵表現向量，很容易可以呈現出結果。這裡我們準備一
個簡單的函式，以達成這樣的目標。

```python
def representation(x, y):
    y_pred = model.predict(x)
    idx = np.random.randint(x.shape[0], size=2000)
    colors = ['r', 'g', 'b', 'c', 'm', 'y', 'k', 'lime', 'orange'
, 'purple']
    for label, c in enumerate(colors):
        label_idx = idx[y[idx]==label]
        plt.scatter(y_pred[label_idx, 0], y_pred[label_idx, 1],
                    c=c, label=str(label))
    plt.legend();
```

接下來，我們將訓練資料以及測試資料各自的特徵表現向量以散布圖的方式畫出來，並根據類別標籤進行點的上色。

```python
plt.figure(figsize=(12, 6))
plt.subplot(1, 2, 1)
representation(x_train, y_train)
plt.title("Training Data")
plt.subplot(1, 2, 2)
representation(x_test, y_test)
plt.title("Testing Data");
```

Out:

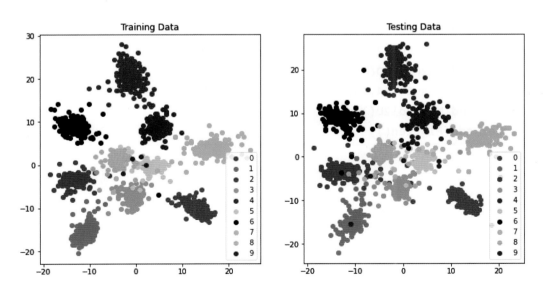

這時候就可以看到，當我們把所有的圖片以 2 維向量來表示的時候，它們如果類別相同，就會抱在一起取暖，如果類別不同，則會互相遠離彼此，透過標籤來形成各自的的小團體，更令人覺得厲害的地方是，測試資料也具有一樣的小團體的特性，也就是說，FaceNet 這種訓練方式，可以在產生特徵表現向量時，是同時考慮了圖片資訊以及圖片的標籤資訊。

**冒險旅程 37**

1. 嘗試看看使用 FaceNet 這種訓練方式，使用 CNN 模型在 MNIST 或是上在 Fashine MNIST 找特徵表現向量。

2. 跟著我們的腳步，用下面的程式碼打造一個在 CIFAR-10 上的 CNN 模型，並使用 FaceNet 的訓練方式來找到 CIFAR-10 數據集中的每一張圖片的特徵表現向量表示法，並看看效果如何！

   首先，我們快速打造一個來拿將資料轉換成特徵表現向量的特徵擷取器，其實就是我們之前做過的 CNN 模型的前半段。

```
model = Sequential()
model.add(Conv2D(16,(5, 5), padding='same',
                 input_shape=(32, 32, 3),
                 activation='relu'))
model.add(MaxPool2D())
model.add(Conv2D(32,(5, 5), padding='same', activation='relu'))
model.add(MaxPool2D())
model.add(Conv2D(64,(5, 5), padding='same', activation='relu'))
model.add(MaxPool2D())
model.add(Flatten())
```

## 冒險38　用 DeepFace 來做人臉辨識！

　　上次的冒險中提到過的 FaceNet，在原始論文中其實是應用在人臉辨識上，但是很明顯的，我們沒有那麼多的人臉照片數據庫可以幫助我們進行人臉辨識模型的訓練。

　　所以在這次冒險中，我們來看看有沒有什麼人臉辨識模型，是已經準備好，而且真的直接使用的，下面就要來看看這個由人臉辨識套件 DeepFace。

DeepFace 套件有許多打包好的人臉辨識模型 (如 FaceNet) 可以快速運用!

　　DeepFace 是由 FaceBook 開發的人臉辨識套件，不僅能用來辨識人臉並進行辨識，更可以用內建的資料來分析照片中的人的性別、年齡、國籍甚至是情緒等訊息！DeepFace 中包含了許多非常知名且強力的神經網路模型，像是以著名的神經網路模型 VGG-16 為基礎的 VGG-Face、上一次冒險介紹過的 FaceNet 模型等等，總之，就是不怕模型辨識不出來人臉，只怕 DeepFace 辨識的太正確而已！

　　在這次冒險中，我們來簡單看一下如何使用 DeepFace 套件搭建一個簡易的人臉辨識模型，更厲害的是，在我們沒有訓練模型（也不想再花時間訓練的情況）的時候，DeepFace 的辨識能力看起來是相當地有模有樣。

## 38.1 準備套件、照片數據庫與照片小展示

這次我們會用到 OpenCV,來做一下照片上的處理。

```
import cv2
```

我們使用 **pip** 指令安裝 **deepface** 和 **gradio** 套件。

```
!pip install deepface
!pip install gradio
```

將兩個套件安裝完成後,就可以先讀進來。

```
from deepface import DeepFace
import gradio as gr
```

跟之前的方式一樣,我們使用事先準備好的照片資料集,我們先用 **!wget** 將事先準備好的照片壓縮檔抓下來。

```
!wget --no-check-certificate \
    https://github.com/yenlung/Deep-Learning-Basics/raw/master/
images/photos.zip \
    -O /content/photos.zip
```

接著就可以使用 **zipfile** 這個套件來解壓縮這份檔案。

```
import zipfile
local_zip = '/content/photos.zip'
zip_ref = zipfile.ZipFile(local_zip, 'r')
zip_ref.extractall('/content')
zip_ref.close()
```

我們先介紹一下照片集在 Colab 背後的電腦的路徑及擺放方式。打 Colab 左邊的檔案(Files),可以看到這邊有一個 photos 資料夾,稍微看一下這個資料夾的結構:

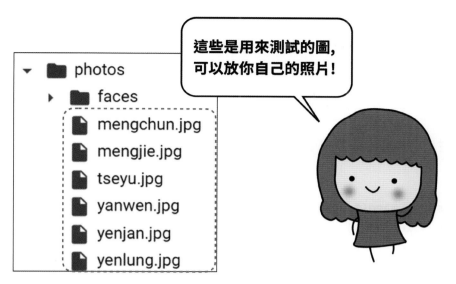

從這邊我們可以看到，photos 資料夾底下有一個 faces 資料夾以及 6 個 jpg 檔。這兩個 jpg 檔主要是用來當作示範或是測試用 6 個人的照片。

至於 faces 這個資料夾，它底下的架構是長這樣的：

faces 資料夾當中包含了以一些人的英文姓名來命名 6 個小資料夾，這些小資料夾裡投放的就是這些人自己的照片。這是實務上處理類別資料的方式，也就是我們會將相同類別標籤的資料放在同一資料夾底下。在這裡，類別標籤就是這個人的名字，所以我們會將同一個人的照片放在同個資料底下。

因為接下來這幾張照片以及 6 個資料夾會常常被使用到,所以先將它們的路徑寫成變數以方便後續使用。

```
base_dir = "/content/photos"
face_dir = "/content/photos/faces"
```

我們在這裡準備了一個厲害的畫圖函式,這個函式厲害的地方是能一次畫出多張圖片。

```
def show_image(*args):
    k = len(args)
    fig = plt.figure(figsize=(5*k, 5))
    for i, photo in enumerate(args):
        plt.subplot(1,k,i+1)
        plt.axis('off')
        plt.axis('equal')
        plt.imshow(cv2.cvtColor(photo, cv2.COLOR_BGR2RGB))
```

這個畫圖函式的方便之處在於,我們可以把很多張照片繪製出來,具體的使用方式是這樣,如果我們需要展示一張叫 img 的照片,那麼我們只需要 **show_image(img)** 就可以秀出照片!

這裡可以秀的照片格式是用 OpenCV 套件讀取進電腦後,所得到的陣列。如果要展示很多張照片呢?那就把所有照片通通輸入進 **show_image** 函式之中,比如 im01, im02 兩張照片,就是 **show_image(im01, im02)**,就能把兩張照片給展示出來了。以下我們看看如何真的將照片用上面的方式展示出來,首先,我們先將兩張照片的路徑透過 OpenCV 套件讀進來。

```
im01_path = base_dir + "/" + "yenjan.jpg"
im01 = cv2.imread(im01_path)
```

如此一來，我們就能像上面，把這張照片給展示出來。

```
show_image(im01)
```

Out:

若我們今天有另一張照片，我們用下面的方式將照片讀取進 Colab 中。

```
im02_path = face_dir + "/yenjan/" + "yenjan02.jpg"
im02 = cv2.imread(im02_path)
```

我們想和前一張照片一起展示出來，看看有沒有機會看出兩張照片是否為同一個人？

```
show_image(im01, im02)
```

Out:

## 38.2 DeepFace 之超級比一比

我們接著來看看,該如何使用 DeepFace 來幫助我們辨識這兩張照片是否有可能是同一個人的照片。

我們可以透過 DeepFace 中的 **verify** 函式來比較兩張照片是否為同一個人。具體的使用方式是:

> 使用 `verify` 可以辨識兩張照片是否為同一個人!

`DeepFace.verify( 照片1, 照片2, model_name=辨識模型)`

跟之前一樣,照片需要是用 OpenCV 讀取進 Colab 之後的格式,辨識模型則是要使用哪一個預訓練模型來進行人臉辨識,目前 DeepFace 支援八種名門辨識模型,包括我們之前介紹過的 FaceNet。

> DeepFace 支援的 8 種名門人臉辨識模型!

| | |
|---|---|
| VGG-Face | DeepFace |
| Facenet | DeepID |
| Facenet512 | ArcFace |
| OpenFace | Dlib |

　　若不指定要用哪一種模型進行人臉辨識的話，**verify** 函式會自動使用 VGG-Face 這個模型來進行辨識。也就是，**verify** 函式會自動設定參數 **model_name="VGG-Face"**。當 **verify** 函式被成功執行後，會回傳一個 **dict** 物件給我們，因此，我們會設一個變數把這個物件保留下來。

　　需要留意的是，使用 **verify** 函式時，弱參數 **model_name** 所指定的模型是第一次使用的話，我們會先自動下載用來辨識的模型參數。

```
result  = DeepFace.verify(im01, im02)
```

我們來看看 **result** 這個變數的長相。

```
result
```

```
Out:
{'detector_backend': 'opencv',
 'distance': 0.20938343555816152,
 'model': 'VGG-Face',
 'similarity_metric': 'cosine',
 'threshold': 0.4,
 'verified': True}
```

　　這裡面比較重要的兩個訊息是 **'model': 'VGG-Face'** 和 **'verified': True**，它其實要告訴我們的是，這兩張照片裡的人究竟是否為同一個人呢？ VGG-Face 覺得這個答案是肯定的（True），也就是兩張照片是同一個人的照片。

## 38.3　DeepFace 之人海中找到你

　　接下來，我們來看看如何在眾多照片中，找到最像目標照片的人們，以下，我們用襯衫有點緊的其中一位作者當示範。

```
im03_path = base_dir + "/" + "tseyu.jpg"
im03 = cv2.imread(im03_path)
show_image(im03)
```

Out:

接下來，我們要拿著上面這位仁兄的照片，去 faces 資料夾底下的六個資料夾詢問，逐一比對哪些人的照片最像上面這位襯衫很緊的大叔。這邊我們要使用的是 **DeepFace.find** 函式來進行尋人任務，這就是標準的人臉辨識！

這樣可以瞬間打造人臉辨識！

**DeepFace.find**(目標照片，搜尋資料夾路徑)

有時候，DeepFace 無法在搜尋路徑中找到像這個目標人物的照片，在這種情況下，DeepFace 預設是會丟出一個錯誤訊息！這有時候相當的惱人，因為程式其實沒有什麼錯誤或是 bug，為了不讓可能會出現的錯誤訊息影響寫程式的美麗心情，我們要告訴 DeepFace，如果真的說找不到像這個人的照片，那就別勞煩了。具體的方式，就是使用參數 **enforce_detection=False** 來避免錯誤訊息。

接下來，我們就可以開始進行 DeepFace 的尋人超級任務！

```
df = DeepFace.find(im03, face_dir, enforce_detection=False)
```

在這邊，因為我們指定了參數 **enforce_detection=False**，所以無論如何 DeepFace 都會告訴我們搜尋結果，或是以 Pandas 的 Data Frame 物件來呈現搜尋結果！我們稍微看一下這個 Data Frame 的長相：

```
df
```

Out:

```
                                      identity  VGG-Face_cosine
0         /content/photos/faces/tseyu/tseyu01jpg         0.193754
1  /content/photos/faces/yanwen/yanwen01.jpg         0.343910
```

這個 Data Frame 的每一個 row 告訴相似人物的照片路徑，以及有相似程度（越接近 0 代表越像目標人物），row 編號為 0 的那一筆資料，就是最像目標人物的照片了，因為人物名字就是資料夾的檔案名稱，所以我們可以用簡單的文字處理就得到最像目標人物的名字。

```
name = df['identity'][0].split('/')[-2]
print(f" 我辨識這位是 {name}。")
```

Out:　我辨識這位是 **tseyu**。

如果我們認真看一下到底有多像，也可以像之前一樣透過路徑和 **show_image** 函式將找到的照片展示出來。

```
im04_path = df['identity'][0]
im04 = cv2.imread(im04_path)
show_image(im04)
```

Out:

DeepFace 竟然可以在有兩個人的照片中，找出長得像是襯衫很緊的作者的照片，這真是太厲害了！

## 38.4　DeepFace 之情緒讀心術

DeepFace 除了可以用來辨識誰跟誰像不像之外，也可以根據一個人的照片，來判斷這個人的年齡、性別、種族甚至是情緒等等。我們先準備第五位通緝犯⋯我是說某一位作者的照片。

```
im05_path = base_dir + '/' + "yenlung.jpg"
im05 = cv2.imread(im05_path)
show_image(im05)
```

Out:

分析照片裡面人的性別、年齡、種族, 甚至情緒!

**DeepFace.analyze(** 照片 **)**

接著，我們使用 **DeepFace.analyze** 函式來進行人物的分析，我們將希望分析的人物照片輸入進去後，會得到一個 **dict** 變數。

如果只想分辨這四個資訊的某幾個，也可以指定參數 **actions** 並將想分析的人物資訊放進來，舉例來說：

```
obj = DeepFace.analyze(im05_path, actions=['age', 'emotion'])
```

只會分析出照片中的人物年齡及情緒。如果不使用指定參數 **actions** 的話，則會將年齡、生理性別、種族以及情緒都進行分析。要注意的一點是，第一次執行 **DeepFace.analyze** 時，**DeepFace** 會先下載用於分析年齡、生理性別、種族以及情緒的四個模型。

```
obj = DeepFace.analyze(im05_path)
```

我們來看看 **obj** 變數的長相。

```
obj
```

Out:
```
{'age': 37,
 'dominant_emotion': 'happy',
 'dominant_race': 'asian',
 'emotion': {'angry': 2.587403254400762e-15,
  'disgust': 1.0918388753488436e-27,
  'fear': 5.702559981883421e-15,
  'happy': 99.9998927116394,
  'neutral': 0.00011009369700332172,
  'sad': 2.47156760118869e-13,
  'surprise': 2.3833848089571674e-09},
 'gender': 'Man',
 'race': {'asian': 99.7096061706543,
  'black': 7.766500971229107e-05,
  'indian': 0.057995785027742386,
  'latino hispanic': 0.19564081449061632,
  'middle eastern': 1.4971057282764377e-05,
  'white': 0.036663099308498204},
 'region': {'h': 426, 'w': 426, 'x': 72, 'y': 120}}
```

這個 **dict** 變數最重要的幾個 key 就是 **'age': 37**、**'dominant_emotion': 'happy'**、**'dominant_race': 'asian'** 以及 **'gender': 'Man'** 啦～這裡的意思就說，DeepFace 的分析結果覺得這張照片是一位 37 歲、看起來開開心心的亞洲男性。

由於這個資訊有點複雜，我們就可以做一些簡單的準備，將這個結果以簡潔的方式呈現，首先，準備一個將情緒、生理性別以及種族翻譯成中文的 **dict** 變數。

```python
labels = {'angry':' 生氣 ', 'disgust':' 厭惡 ', 'fear':' 恐懼 ',
          'happy':' 開心 ', 'neutral':' 沒什麼特別表情 ',
          'sad':' 悲傷 ', 'surprise':' 吃驚 ',
          'Man':' 男 ', 'Woman':' 女 ',
          'asian':' 亞洲 ', 'black':' 黑 ', 'indian':' 印弟安 ',
          'latino hispanic':' 拉丁美洲（西班牙裔）',
          'middle eastern':' 中東 ', 'white':' 白 '}
```

為了親切地呈現出人物分析的結果，我們準備一個函式 **show_info**。

```python
def show_info(obj):
    age = obj['age']
    emotion = labels[obj['dominant_emotion']]
    race = labels[obj['dominant_race']]
    gender = labels[obj['gender']]
    if gender==' 女 ':
        spam = ' 她 '
    else:
        spam = ' 他 '
    text = f" 這是一位 {age} 歲的 {race} 人 {gender} 子，{spam} 感覺是 {emotion} 的。"
    return text
```

如此一來，剛剛的分析結果就可以用下面的方式來呈現。

```python
show_image(im05)
print(show_info(obj))
```

Out:

這是一位 37 歲的亞洲人男子，他感覺是開心的。

## 38.5　DeepFace 之找找人臉在哪裡

DeepFace 還有個很棒的功能就是可以幫我們找到照片中的人臉位置，並將把圖片中人臉以外的位置切除掉，而且還會自動幫我們把臉稍微的轉正。要做到這件事很簡單，就是使用 **preprocess_face** 函式。

```
from deepface.commons.functions import preprocess_face
```

在這邊，我們將照片的路徑（或是已經讀進來的照片）輸入進來，並且指定參數 **detector_backend="mtcnn"** 來達到將臉轉正的效果。

```
im01p = preprocess_face(im01_path,
                        detector_backend="mtcnn"
                        )
```

這邊需要注意到的一點是，出來的臉部照片會是 1 個尺寸大小為 **(244, 244)** 的彩色照片，所以要把照片拿出來是用 **im01p[0]**。

```
im01p.shape
```

Out: **(1, 224, 224, 3)**

我們來看看原本的圖片跟切出來的臉部相片。

```
show_image(im01, im01p[0])
```

Out:

我們也可以看看剛剛那位 37 歲的開心亞洲男子跟他的臉部位置。

```
im05p = preprocess_face(im05_path,
                        detector_backend="mtcnn"
                        )
show_image(im05, im05p[0])
```

Out:

 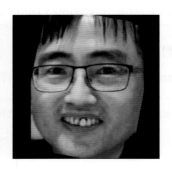

## 38.6　DeepFace 之隨拍隨分析

跟之前的幾次冒險一樣，我們也要透過 Gradio 簡單的做出一個 Web App ！在這邊我們可以同時進行情緒分析與臉部位置偵測。

```
inputs = gr.Image(label=" 來張自拍 ",
                  source="webcam",
                  type="file")
output_text = gr.Textbox(label="AI 辨識結果 ")
output_img = gr.Image(label="AI 辨識結果 ")
```

和之前的冒險略略不同的一點是，我們希望做一個可以讓使用者自拍並馬上進行情緒分析的 Web App，所以在 Gradio 的輸入上，我們需要指定參數 **source="webcam"**，讓 Gradio 可以從電腦的攝像頭或自拍鏡頭取得照片，參數 **type="file"** 則是讓自拍照片暫存起來，並使用 **img.name** 的方式，來將路徑輸入到透過 Gradio 包裝的函式裡。

以下我們準備一個將自拍照片的路徑讀取進來，並進行將分析傳出去的函式。

```
def webapp(img):
    obj = DeepFace.analyze(img_path=img.name,
                           enforce_detection=False
                           )
    img_process = preprocess_face(img.name,
                                  detector_backend="mtcnn",
                                  enforce_detection=False
                                  )[0][:,:,::-1]
    return show_info(obj), img_process
```

**img.name** 裡面的就是透過自拍所得到的照片所暫存的路徑位置。接下來就是將這些建置 Web App 的小物件組裝起來了。

```
iface = gr.Interface(fn=webapp,
                     inputs=inputs,
                     outputs=[output_text, output_img],
                     title="AI 辨識器 ",
                     description=" 點一下自拍，讓我來猜猜你的年紀、種
族、性別還有現在的情緒是什麼。").launch(share=True)
```

Out:

```
Colab notebook detected. To show errors in colab notebook,
set `debug=True` in `launch()`
Running on public URL: https://51698.gradio.app


This share link expires in 72 hours. For free permanent
hosting, check out Spaces (https://huggingface.co/spaces)
```

點擊 **https://xxxxx.gradio.app** 進入網址就可以看到我們的 Web 版本人臉情緒分析 App ！當我們允許網頁瀏覽器使用電腦攝影機或是使用手機進入網址後，就可以透過自拍的方式，把照片給你的 AI 辨識器，讓它去分析出你的年紀、種族、性別、以及當下的情緒吧！

AI 辨識器

點一下自拍, 讓我來猜猜你的年紀、種族、性別還有現在的情緒是什麼。

view the api 🖋 • built with gradio ⬡

## 冒險旅程 38

1. 請準備兩張照片並用 DeepFace 提供的八種模型分別看看兩張照片是否為同一個人！

   首先，我們將可以使用的八種模型的參數，定義成 **models** 這個 list。

```
models = ["VGG-Face", "Facenet", "Facenet512", "OpenFace",
          "DeepFace", "DeepID", "ArcFace", "Dlib"]
```

   接下來，我們只需要提供 **index**，就能快速決定要用哪一個模型進行辨識了！

```
i = 0
result = DeepFace.verify(im01, im02, model_name= models[i])
```

   請練習看看使用這八種模型來進行人臉辨識，並將結果呈現出來。

2. 用 DeepFace 打造一個可以用手機拍照的應用。發揮你的創意，不一定要用 DeepFace 的全部功能。比方說，你準備用 analyze，可以只打造專門猜年齡的有趣 app，也可以只看能不能正確判斷使用者情緒。如果是判斷情緒，你也可以試試用你的 app，能不能做出所有情緒來！

# 冒險39　強化學習的介紹

## 39.1　AlphaGo 給我們的啟發

**深度強化學習**是很重要的主題，最有名例子大概是 AlphaGo。2016 年 AlphaGo 擊敗世界棋王李世乭，震驚了全世界。原因是專家們都知道，讓電腦下圍棋是非常難的事情，如果用傳統的方式想辦法，可能還要花個 50 年到 100 年電腦才有機會擊敗職業棋士。這也讓大家覺得深度學習真的好厲害！

AlphaGo 是由 DeepMind 這家公司推出的。因為 DeepMind 在 2014 年被 Google 買了下來，所以很多人記得是 Google 開發了 AlphaGo。DeepMind 其實 2015 年就在頂級科學期刊 Natural 上發表一篇關於用 **Deep Q-Learning** 去玩 Atari 的古典電玩遊戲。在不用手把手教電腦怎麼玩的情況下，電腦超過 50% 的遊戲都玩得比人類好！

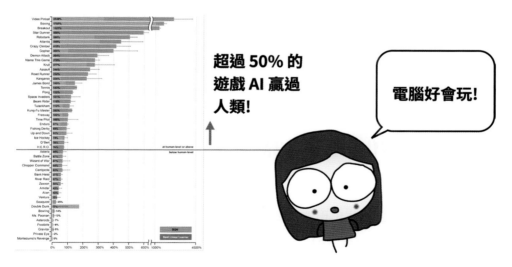

值得一提的是，AlphaGo 核心開發者之一黃士傑博士，是交大畢業、師大完成博士學位的。因為他唸博士班時期就開發了 Erica，拿到電腦圍棋的世界冠軍，於是 DeepMind 邀請他去英國工作，加入 DeepMind 開發 AlphaGo 的團隊。

就像這本書裡一直說的，一個人工智慧的問題，交給我們來做的話，會想去訓練哪

一個函數呢？在這裡很自然的想法是，輸入當然是「棋盤上目前的狀況」，輸出就是「下在哪一個位置最好」。但是，目標就是想要打敗世界棋王，如果準備出這種訓練資料，那不就是比世界棋王還要厲害嗎？

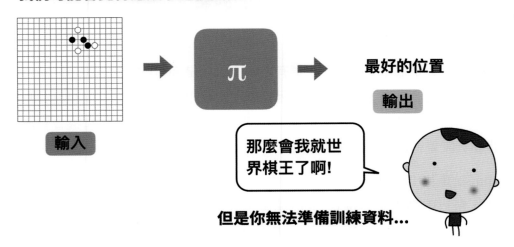

**我們可能會覺得應該學這個函數…**

π

最好的位置

輸出

輸入

那麼會我就世界棋王了啊！

**但是你無法準備訓練資料…**

　　既然這樣子行不通，一個異想天開的想法是，**「不然讓電腦自己生訓練資料來訓練自己啊！」** 這聽來有點像天方夜譚的事，怎麼做到的呢？這次冒險要介紹的深度強化學習，再一次就是**「很有創意的把問題化成要學的函數」**，甚至還自己生出訓練資料來訓練自己。而這種讓電腦「自己訓練自己」的概念，叫**自監督式的學習（self-supervised learning）**，是新進人工智慧發展的重點方向。

## 39.2　強化學習基本架構

　　強化學習其實不是最近才出現的，概念這裡來說明一下。在 t 時間點會有一個**環境（environment）的狀態（state）**，記為 $S_t$。這個環境可能是任何形式，比如說下圍棋可能就是棋盤現在的樣子、無人駕駛可能就是外面環境一段時間的畫面、玩遊戲是最近幾張遊戲畫面等等。

　　接著會把這樣的狀態餵給電腦，在強化學習中我們常稱為**代理人（agent）**。電腦依狀態決定一個**動作（action）** $a_t$，這時會得到當下的**獎勵（reward）** $r_t$。要注意有時獎勵是很即時的，比如說玩一個遊戲吃到金幣，打倒敵人的時候。但有很多時刻，像是下圍棋，並不會知道當下選哪一步是好還是不好，於是只有等到最後電腦贏了給他 1 分獎勵，如果輸了就是該死，應該扣他 1 分，但是中間的一般都設 $r_t = 0$。

此接著就會有新的狀態 $S_{t+1}$，接著電腦又選了一個動作 $a_{t+1}$，得到當下的獎勵 $r_{t+1}$，如此一路下去。最終的目標就是得到最大的獎勵！

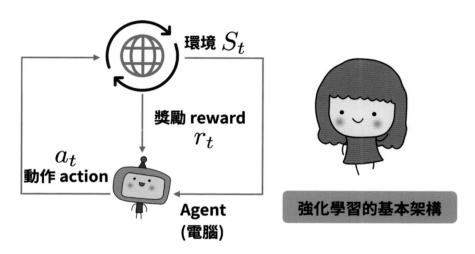

強化學習的基本架構

不管怎麼變化，深度學習都是想辦法把想解決的問題化為函數的型式。那強化學習有什麼函數是可以讓我們選擇的呢？ 函數之間又有什麼不同呢？要怎麼選擇適合自己的函數呢？在這邊主要有兩種想法，分別是所謂的 **policy based** 還有 **value based**。

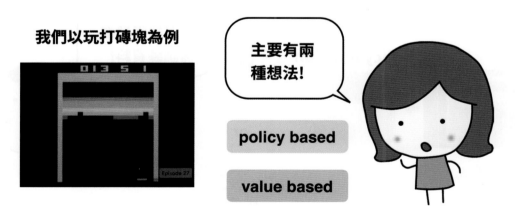

我們以玩打磚塊為例

主要有兩種想法！

policy based

value based

接著下來，就用打磚塊這個遊戲，來說明這兩種方式的不同。

## 39.3 Policy Based

**Policy Based** 基於「策略」的方式，大概是最自然會想到的方法。更白話的說，要學的就是一個叫 policy 函數的 **「動作函數」**。比方說玩打磚塊遊戲，能做的動作就是控制下面的板子往左、往右或是不動。所有可能的動作記為

$$\mathcal{A} = \{往左, 往右, 不動\}$$

三種情況。當然，在電腦裡我們會給每個動作一個編號，也就是 $\mathcal{A} = \{0, 1, 2\}$ 之類（更精確的說，會再做 one-hot encoding）。於是，輸入的狀態 $S$ 就是打磚塊的畫面，當然並不只是當下的畫面，也可能需要把前幾秒的畫面都提供後，才能知道球是在往上還往下；輸出自然就是從這三個動作中選出一個最適合的出來。

這種要去學要做什麼動作的函數，說高級一點就是要採什麼「策略」，就叫做**策略（policy）函數**。因為 p 開頭，所以常常用**希臘字母的 π 來代表策略函數**，這看起來也比較高級的感覺。

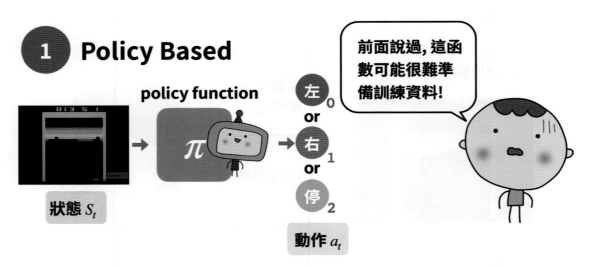

打磚塊難度可能沒有下圍棋高，但變化還是非常多，再加上目標是想要打敗一流好手，訓練資料很難取得。雖然學到策略函數是我們的目標，但不容易直接學的情況，需要去試試有沒有別的方式可以達成。

## 39.4　Value Based

接著來看 **value based** 的方法。這次要學的是不直接輸出動作，而是評價。通常有兩大類，第一種是指說可以去給狀態評分，分數高的狀態就是好的狀態，於是想辦法進入那樣的狀態。另一種常簡稱叫 Q 函數的評分函數，是在某個狀態下、做了某一個動作給予評分。這個評分通常就是在某個狀態下、做了某個動作後會得到總 reward 的期望值。

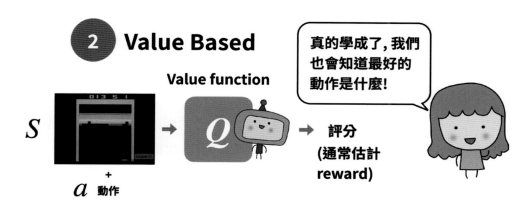

先別管這個函數為什麼比較容易訓練，假設真的訓練好了一個 Q 函數，叫做 $Q_\theta$，為什麼就解決選擇動作的問題呢？原因很簡單，當進入了某個神秘狀態 $S$ 時，只要算出每一個動作的 Q 值，不就知道哪個動作最好了嗎？比如 $Q_\theta(S, 左) = 3.2$，$Q_\theta(S, 右) = 8$，$Q_\theta(S, 停) = 4$，最高分的是 8，於是我們就選最高分的動作往右移動！換句話說，只要訓練出一個 Q 函數，就可以知道策略函數了。

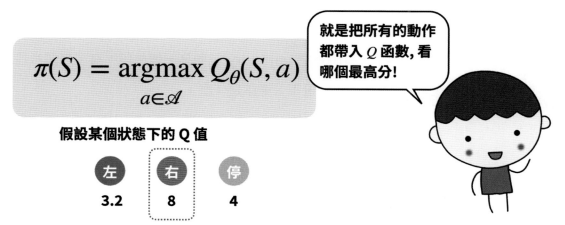

順帶一提，當 Q 函數訓練完成時，像上面的例子，完完全全讓電腦依據 Q 函數決定最好動作，稱為 **greedy policy（貪心策略）**。你可能會想，採取 greedy policy 是正常的啊，會有什麼問題嗎？等等會說明到這個部分，請先繼續看下去。

當然還有更根本的問題，為什麼 Q 函數的訓練是可行的？這想起來有點神秘的事，就是強化學習有意思的地方。

##  39.5　Monte-Carlo 學習法

現在知道，我們的目標就是用深度學習去打造一個叫 $Q_\theta$ 的函數學習機，把 Q 函數給學起來，這種方式就叫做 Deep Q-Learning！想法很美好，名稱很響亮，但是**最大的問題就是，訓練資料怎麼來？**

基本的想法就是，想要從許多的經驗，不管是真人的經驗，還有電腦的經驗，轉化成訓練資料。尤其是電腦可以不斷玩，要有多少訓練資料就有多少訓練資料。

首先，先看一下一次玩耍的經驗中，需要來紀錄什麼。情境可能是這樣，在 t 這個時間點，我們在狀態 $S_t$，此時做了一個動作叫 $a_t$，得到 $r_t$ 分，再進入到下一個狀態 $S_{t+1}$。這時我們又做一個叫 $a_{t+1}$ 的動作，得到 $r_{t+1}$ 分，進再下一個狀態 $S_{t+2}$……好，相信沒有人想要繼續看下去了。總之，記錄一筆經驗，就是**一段的行為，會稱為一段 trajectory**，長得像這樣：

$$S_t, a_t, r_t, S_{t+1}, a_{t+1}, r_{t+1}, S_{t+2}, \ldots$$

有些遊戲很長，沒完沒了，有時會把 trajectory 記到某一個片段。有了這個片段之後，就可以去算 Q 函數在 $(S_t, a_t)$ 的情況下，應該是什麼。

$$Q_t = Q(S_t, a_t) = r_t + r_{t+1} + r_{t+2} + \cdots$$

一方面這加到無窮多項可能不會收斂（雖然也不太會加到無窮多項），一方面是在 $S_t$ 做了 $a_t$ 這個動作，進入 $S_{t+1}$，可能不同玩的經驗會選不同的路線。簡單說就是未來的狀態是比較不確定的，所以**要打個折扣，就令一個小於 1 的數，叫** $\gamma$。於是，$Q(S_t, a_t)$ 的值就應該是

$$Q_t = Q(S_t, a_t) = r_t + \gamma \cdot r_{t+1} + \gamma^2 \cdot r_{t+2} + \cdots$$

總而言之，這樣子終於有了一筆訓練資料輸入是 $(S_t, a_t)$，輸出是 $Q_t$，也就是 $((S_t, a_t), Q_t)$。每次的經驗就是一個隨機抽樣出來的結果，而運用亂槍打鳥，我意思是，隨機抽樣去計算我們要的結果，就是**蒙地卡羅（Monte-Carlo）學習法**。

我們的情況用蒙地卡羅法有兩個麻煩點。第一個是要記錄很長的過程，最後才得到一筆訓練資料！第二個麻煩點是，同一串經驗中確實可以得到 $Q(S_t, a_t)$，也可以得到 $Q(S_{t+1}, a_{t+1})$ 等等的值。但仔細看看它們怎麼來的，會發現這兩筆數據來源也太接近了（只差一項）。說的比較有學問一點，就是它們的相依性太強了！

但是，還有其他的方法嗎？答案是肯定的，就是有另一個酷炫名稱，叫做 **Temporal-Difference 學習法**。

## 39.6　Temporal-Difference 學習法和 Bellman 方程式

現在，先來看一段非常小、最精簡的一段經驗，就是在 $S_t$ 這個時間點，電腦做了 $a_t$ 這個動作，得到 $r_t$ 這麼多的 reward，再進入下一個階段是 $S_{t+1}$。合起來這筆小經驗就是 $(S_t, a_t, r_t, S_{t+1})$。現在要來變魔術了，準備從這麼少的數據中，就能夠做出一筆訓練資料！

仔細想想，在進入 $S_{t+1}$ 這個狀態時，會做什麼動作呢？那當然是選擇 $Q(S_{t+1}, a)$ 值最大的那個動作，也就是假設採取 greedy policy！於是，Q 值可以這麼估計：

$$Q_t = Q(S_t, a_t) = r_t + \gamma \cdot \max_{a \in \mathcal{A}} \{Q(S_{t+1}, a)\}$$

這個式子叫做 **Bellman 方程式**！於是呢，只有一筆小小小片段的經驗 $(S_t, a_t, r_t, S_{t+1})$，就會得到一筆訓練資料 $((S_t, a_t), Q_t)$，真是太酷炫了！這用一小段時間差，透過 Bellman 方程式得到訓練資料的方法，當然也有個高級的名字，叫 **Temporal-Difference 學習法**，很多人也簡稱叫 **TD 學習法**。

然後讓電腦一直玩、一直玩，做一次動作就有一筆訓練資料，於是很容易累積很多的訓練資料。當然，再多也是有限的，沒辦法包含所有情況。不過從有限的訓練資料推到任何情況就是神經網路的專長！打造出一個神經網路函數學習機 $Q_\theta$，然後來把這些訓練資料學起來！這就是 **TD 學習法的 Deep Q-Learning**。謝謝大家，不用拍手。

$$Q(S_t, a_t) = r_t + \gamma \cdot \max_{a \in \mathcal{A}} \{Q_\theta(S_{t+1}, a)\}$$

我們只要每步都收集到這小小片段，就可以準備訓練 $Q$ 的資料。

因此就是讓電腦一直玩一直玩！

$$(S_t, a_t, r_t, S_{t+1})$$

冷靜下來之後，你會發現，有一個根本的問題。那就是使用 Bellman 方程式的時候，我們需要計算在 $S_{t+1}$ 狀態時，所有動作對應的 Q 值！在 $S_{t+1}$ 這個狀態時，所有的動作都有經驗過嗎？當然是不一定啊！那這 Q 值怎麼出來的呢？答案很簡單啦，還記得有個在學 Q 函數的神經網路函數學習機 $Q_\theta$ 嗎？問它就好了啊，所以真正計算在 $(S_t, a_t)$ 輸入時的「正確答案」$Q_t$ 值的方法是：

$$Q_t = Q(S_t, a_t) = r_t + \gamma \cdot \max_{a \in \mathcal{A}} \{Q_\theta(S_{t+1}, a)\}$$

所以呢，Deep Q-Learning 常常是電腦自己玩，生出訓練資料，去訓練神經網路 $Q_\theta$，所以是一種自監督式的學習。TD 法的 Deep Q-Learning 就更過分：根本是舊版的 $Q_\theta$ 自己產生訓練資料，然後去訓練自己，得到新版的 $Q_\theta$。

## 39.7　使用 $\varepsilon$-Greedy Policy 來累積經驗

現在已經知道訓練 Q 函數的時候，訓練資料是怎麼來的。回到更前面一點點的問題，就是可愛的電腦是怎麼玩的，也就是怎麼累積經驗值呢？前面說過，在玩到某個狀態 $S_t$ 的時候，可以用採 greedy policy，也就是帶所有可能動作，到我們目前訓練出的好棒棒 $Q_\theta$，找到最高分的那個，就做那個動作。

這個會有問題嗎？問題可大了啊。開始的時候，我們的 $Q_\theta$ 是爛得不得了啊！加上前面說，其實 $Q_\theta$ 基本上是「自己訓練自己」，所以結果很可能會一路擺爛下去！

那怎麼辦呢？想法就是讓電腦開始的時候，不要完全靠 Q 函數（因為也不可靠），多一點「冒險」的精神。詳細說起來，就是可以設定一個神秘的 $\varepsilon$，這個值在 0 到 1 之間。可以想成**這個值就是隨機程度**：越小越不隨機（就照 Q 函數的意思），越大越隨機。真正的作法是，每次要做一個動作的時候，都會隨機生出一個介於 0 到 1 的亂數 $r$，而這個值大於 $\varepsilon$，就照 Q 函數的意思（也就是採用 greedy policy），小於等於 $\varepsilon$ 時就隨便，我是說，隨機來啦。

**$\varepsilon$-Greedy Policy**

**每次要做個動作時, 先亂數取一個 $r$。**　開始的時候 $\varepsilon$ 設大一點。

$$\begin{cases} r > \varepsilon & \textbf{Greedy Policy (用 } Q \textbf{ 函數決定)} \\ r \leq \varepsilon & \textbf{亂亂玩!} \end{cases}$$

這樣子選一個 $\varepsilon$ 決定隨機程度的方式，叫做 $\varepsilon$-**Greedy Policy**。開始的時候，會先把 $\varepsilon$ 設大一點，也就是接近 1，讓電腦更自由的亂亂玩。之後 $Q_\theta$ 越來越有樣子的時候，再慢慢把 $\varepsilon$ 變小。最後讓 $\varepsilon = 0$ 的時候，就是完完全全交給 $Q_\theta$ 決定動作！

 ## 39.8　其實也是可以直接學 Policy Function

最後有一點小補充。前面說到，要直接學策略函數（policy function）不是很容易。不過，Q-Learning 有個先天缺點：很難去考慮動作有無限種可能的情況（因為要取最大值）。然後大家勇敢的去看神經網路的學習，發現其實是可以用實際的經驗（這包括電腦亂玩的經驗）就當作是我們的目標。尤其是玩得好、得分高的經驗，更是希望電腦就學著這樣子去玩！大家有興趣的話可以去看看到底要怎麼做，照例這都會有一個聽來高級的名字，叫做 **policy gradient** 的方法。

 冒險旅程 39

1. 看完本冒險後，了解到許多強化學習的概念跟實例，請根據生活周遭環境，想出一個問題可以透過強化學習來解決的，並且說明清楚你的問題要如何設計。　■

# 冒險40　自動交易系統：資料整理篇

最終兩回的冒險，和前面有點不一樣。我們來做一個完整的專案，股票的自動交易系統。在真實世界的應用中，我們會發現程式有時真是複雜（噁心）到初學者會覺得有點困難。我們也沒有特別優化整個程式，變成精美範例，但是真正的專案往往是這個樣子，你慢慢克服各種困難，也許拼拼湊湊就能完成一個專案。總之，不要當成是精美範例，而是希望能有點啟發，讓大家走上真正屬於自己的冒險旅程。

## 40.1　收集股票數據

一開始，最重要的當然是收集我們要使用的金融數據！從市面上挑選一檔上市櫃股票，那就選用台灣有名的股票：台積電，股票代號是 2330。現在，抓取股票數據使用 FinMind 套件來獲得股票資訊吧！

安裝一下 finmind：

```
!pip install finmind
```

FinMind 提供眾多金融的開源資料給使用者，主要是教育、非商業用途，使用上有免費及贊助方案。裡面收集台股相關資料，並提供下載、線上分析、回測，也有其他國家市場數據集，有興趣進一步了解，可以至 FinMind 官網查詢。在這邊我們主要使用 FinMind 所提供的套件，來抓取需要的台股金融數據，首先要使用套件中的 **DataLoader**，**DataLoader** 可以想像成是一個存放數據的儲存空間。

```
from FinMind.data import DataLoader
```

先建立一個 **DataLoader** 名稱為 **dl**，**taiwan_stock_daily** 是下載台股股價資料，FinMind 也有提供下載股價以外的基本面資料、籌碼面資料，在此冒險不會抓取，如果想知道其他資料如何下載，FinMind Api 官網會有不同資料下載的程式教學。

回到我們的主題，因為台積電股票代號為 2330，在 FinMind 中 **stock_id** 也是 2330，抓取數據需要設定 **start_date**、**end_date**，表示起始日至結束日之間的股票資訊取得，而我們要抓取的期間是 2010 至 2021 年的股票價格。

```
dl = DataLoader()
stock_data = dl.taiwan_stock_daily(
    stock_id='2330',start_date='2010-01-01',end_date='2021-12-31')

stock_data
```

Out:

| | date | stock_id | Trading_Volume | Trading_money | open | max | min | close | spread | Trading_turnover |
|---|---|---|---|---|---|---|---|---|---|---|
| 0 | 2010-01-04 | 2330 | 39511138 | 2557720928 | 65.0 | 65.0 | 64.0 | 64.9 | 0.4 | 8255 |
| 1 | 2010-01-05 | 2330 | 38394084 | 2464115096 | 65.0 | 65.1 | 63.9 | 64.5 | -0.4 | 9205 |
| 2 | 2010-01-06 | 2330 | 52734385 | 3390698544 | 64.5 | 64.9 | 63.7 | 64.9 | 0.4 | 12597 |
| 3 | 2010-01-07 | 2330 | 53294614 | 3437221996 | 64.9 | 65.0 | 64.2 | 64.2 | -0.7 | 11195 |
| 4 | 2010-01-08 | 2330 | 48047497 | 3068341466 | 63.5 | 64.3 | 63.5 | 64.0 | -0.2 | 9804 |
| ... | ... | ... | ... | ... | ... | ... | ... | ... | ... | ... |
| 2949 | 2021-12-24 | 2330 | 12008673 | 7276331245 | 606.0 | 609.0 | 604.0 | 604.0 | -2.0 | 10444 |
| 2950 | 2021-12-27 | 2330 | 16771900 | 10193462167 | 604.0 | 610.0 | 604.0 | 606.0 | 2.0 | 16637 |
| 2951 | 2021-12-28 | 2330 | 35156339 | 21569506434 | 610.0 | 615.0 | 610.0 | 615.0 | 9.0 | 36241 |
| 2952 | 2021-12-29 | 2330 | 25604320 | 15788043027 | 615.0 | 619.0 | 614.0 | 616.0 | 1.0 | 28804 |
| 2953 | 2021-12-30 | 2330 | 20522055 | 12654016133 | 619.0 | 620.0 | 615.0 | 615.0 | -1.0 | 15565 |

2954 rows × 10 columns

使用 **FinMind** 取回的眾多資訊之中，我們抓取的股票資訊為開盤價、最高價、最低價、收盤價。接下來，重新命名一下表格名稱，讓欄位可以更清楚明瞭（可以自己命名喜歡的欄位名稱），所以把欄位名稱更換成 **TIME**、**OPEN**、**MAX**、**MIN**、**CLOSE**。因為資料表我們給強化學習不用包含日期資訊，所以把日期修改當作索引，使用 **set_index**。經由上述重新整理後，資料表樣貌比較清楚簡單，畢竟一開始抓取的數據不一定會跟我們要的長相都符合，這也是數據處理常會遇到的問題！

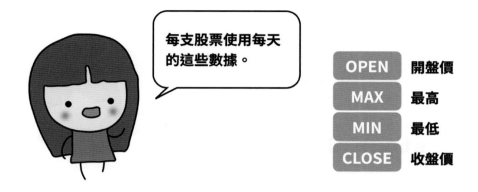

每支股票使用每天的這些數據。

| OPEN | 開盤價 |
| MAX | 最高 |
| MIN | 最低 |
| CLOSE | 收盤價 |

```
stock_data=stock_data[['date','open','max','min','close']]
stock_data.columns=['TIME','OPEN','MAX','MIN','CLOSE']
stock_data = stock_data.set_index("TIME")

stock_data
```

Out:

| TIME | OPEN | MAX | MIN | CLOSE |
|------|------|-----|-----|-------|
| 2010-01-04 | 65.0 | 65.0 | 64.0 | 64.9 |
| 2010-01-05 | 65.0 | 65.1 | 63.9 | 64.5 |
| 2010-01-06 | 64.5 | 64.9 | 63.7 | 64.9 |
| 2010-01-07 | 64.9 | 65.0 | 64.2 | 64.2 |
| 2010-01-08 | 63.5 | 64.3 | 63.5 | 64.0 |
| ... | ... | ... | ... | ... |
| 2021-12-24 | 606.0 | 609.0 | 604.0 | 604.0 |
| 2021-12-27 | 604.0 | 610.0 | 604.0 | 606.0 |
| 2021-12-28 | 610.0 | 615.0 | 610.0 | 615.0 |
| 2021-12-29 | 615.0 | 619.0 | 614.0 | 616.0 |
| 2021-12-30 | 619.0 | 620.0 | 615.0 | 615.0 |

2954 rows × 4 columns

整理好的金融資料 **to_csv** 儲存成一個新的 csv 檔,方便之後我們需要時,可以直接使用,不用再整理一次了,但是記得 Colab 是把這個 **stock_data.csv** 暫時放在檔案,所以記得要下載下來喔!不然檔案會消失就又要再重新執行才行。

```
stock_data.to_csv('stock_data.csv')
```

## 40.2 建立 Q 表設定函式

設計 Q 表是為了存放強化學習需要使用的資訊:$S_t$、$a_t$、$r_t$、$S_{t+1}$、$Q_t$(也就是我們估計的 Q 值)。這裡每一個狀態 $S_t$ 是某股過去 20 天的股價資訊,也就是 t-20 到 t-1 天的股價,等一下的函式中我們稱為 **state_data**。這樣設計的狀態,可以發現不管我們的模型做了什麼,下一次的狀態不會因為我們的動作而改變:因為 $S_{t+1}$ 永遠是 t-29 到 t 天股價數據,稱為 **next_state_data**。

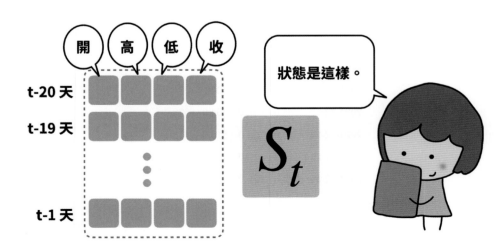

　　避免後續建立過多表格，每次都要重複一樣的動作，我們可以先將函數 **pd.DataFrame** 設定下 Q 表，建立表格欄位、表格內容，之後再把資料放入即可。

```
def q_table(table_name, state_data, next_state_data):
  table_name = pd.DataFrame(columns=['state','action','reward','next_state','q'])
  table_name['state'] = state_data
  table_name['next_state'] = next_state_data
  return table_name
```

## 40.3　交易動作設定

　　接著是強化學習另一個重點，這部分是股票交易動作。我們的 $a_t$ 簡單設計成三種動作，分別是：買股票、賣股票、不交易。其中「不交易」當然就是不買不賣，「買」股票是目前有的現金全下，「賣」股票就是目前有的股票全部賣掉。當然之後你可以設計成更多類型的動作。這個冒險當中，假設購買股票的數量是可以無限細分，比如說可以購買 0.5 股這類的數量。

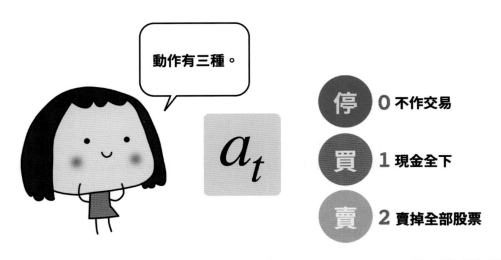

```
action = [0, 1, 2]
```

　　定義為交易動作後，對於我們股票操作流程也來定義一下：

　　交易初始設定：持有現金金額（**hold_money**）、持有股數（**hold_num**）。

　　交易過程：經由前 20 天的資訊昨天決定出今日交易動作，選擇 **action** 某一的動作後，根據動作執行交易，每次所得到的交易結果都會計算報酬多少。具體來說，如果 Q 表的 **action** 是買入動作且持有現金金額大於 0 的話，就會把持有的錢按照收盤價轉換成等值的股票。**action** 是賣出動作且需要報酬率超過 2%，才會將持股的股數皆賣出。這邊特別說明，**action** 動作雖然是買入或賣出，但是沒有滿足條件的話，會把 Q 表的 **action** 修改成沒有交易（Q 表的 action 紀錄會有差異）。如果動作是不動的話，則不進行任何交易。

　　再來就是報酬程式碼 **reward**，$r_t$ 的計算公式：

$$\frac{持有現金 + (持有股數 \times 今日收盤價)}{前期持有現金 + 前期持有股數 \times 前日收盤價} - 1$$

```python
# 交易設定
def transaction(loop_num1, loop_num2, table_name):

  # 交易初始設定
  hold_money=100000
  hold_money_previous=hold_money
  hold_num=0
  hold_num_previous=0
  buy_price=0

  for i in range(loop_num1,loop_num2):
    if table_name['action'][i] ==1 and hold_money_previous >0:# Buy
      sell_num=0
      buy_num=0
      buy_num=hold_money/table_name.state[i+1].iloc[-1]
['CLOSE'] # 買入股數
      hold_money=0
      hold_num+=buy_num
      # 買入價格
      buy_price = table_name.state[i+1].iloc[-1]['CLOSE']
```

```
    # 計算報酬
    table_name.reward[i]=(hold_money+(hold_num * table_name.
state[i+1].iloc[-1]['CLOSE']))/(hold_money_previous + hold_num_
previous*table_name.state[i].iloc[-1]['CLOSE'])-1
    hold_money_previous=hold_money
    hold_num_previous=hold_num


elif table_name['action'][i] ==2 and (table_name.state[i].iloc[-1]
['CLOSE']-buy_price)/buy_price >= 0.02: # Sell # 漲多少才賣出
    buy_num=0
    sell_num=hold_num
    # 把股數全數賣出
    hold_money+=sell_num * table_name.state[i+1].iloc[-1]
['CLOSE']
    hold_num=0

    table_name.reward[i]=(hold_money+(hold_num * table_name.
state[i+1].iloc[-1]['CLOSE']))/(hold_money_previous + hold_num_
previous*table_name.state[i].iloc[-1]['CLOSE'])-1
    hold_money_previous=hold_money
    hold_num_previous=hold_num

else: # 沒有交易
    table_name['action'][i] =0
    buy_num=0
    sell_num=0

    table_name.reward[i]=(hold_money+(hold_num * table_name.
state[i+1].iloc[-1]['CLOSE']))/(hold_money_previous + hold_num_
previous*table_name.state[i].iloc[-1]['CLOSE'])-1
    hold_money_previous=hold_money
    hold_num_previous=hold_num

table_name.q[i] = table_name.reward[i]


return table_name
```

 ## 40.4 模型流程介紹

我們要學的 Q 函數一筆輸入為（$S_t$ , $a_t$），其中 $S_t$ 為各股每筆 20 天數據資料，每天有開盤價 (OPEN)、最高價 (HIGH)、最低價 (LOW)、收盤價 (CLOSE) 等四個參數，因此 $S_t$ 共計 80 個特徵。$a_t$ 為股票交易動作，有買進股票 ([1,0,0])、賣出股票 ([0,1,0])、持有股票 ([0,0,1]) 三種。當期狀態 $S_t$ 下選擇股票交易動作 $a_t$，把 $S_t$、$a_t$ 資料為模型輸入，輸出為（$S_t$ , $a_t$）這個情況下的 Q 值。

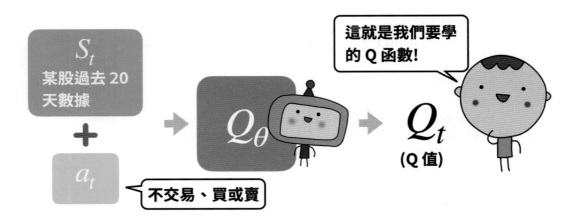

 ## 40.5 建立模型

先來建立我們的模型，後面要處理原始股票資料部分時，可以更了解原始股票資料要變成什麼型態，才會是可以放入模型的資料型態，並且符合強化學習的概念。現在先來載入待會要使用的套件們！

```python
from tensorflow.keras.models import Sequential
from tensorflow.keras.layers import Dense
from tensorflow.keras.layers import Dropout, Activation, Flatten
from tensorflow.keras.layers import BatchNormalization
from tensorflow.keras.optimizers import Adam, RMSprop, SGD
from tensorflow.keras.models import load_model
from tensorflow.keras.utils import to_categorical
```

主角 Q 函數的函數學習機，用 **compile** 做最後的組裝，這裡選擇了平均平方差 **'mse'** 當我們的損失函數，再來用最標準的梯度下降法 **SGD**。

```
q_model = Sequential()
q_model.add(Dense(20, input_dim= n_cols, activation='relu'))
q_model.add(Dropout(0.5))
q_model.add(Dense(10, activation='relu'))
q_model.add(Dropout(0.5))
q_model.add(Dense(10, activation='relu'))
q_model.add(BatchNormalization(momentum=0.9, epsilon=0.001))
q_model.add(Dense(1, activation='tanh'))
q_model.compile(loss='mse', optimizer=SGD(lr=0.001))
```

Out:

```
/usr/local/lib/python3.7/dist-packages/keras/optimizer_v2/
gradient_descent.py:102: UserWarning: The `lr` argument is
deprecated, use `learning_rate` instead.
  super(SGD, self).__init__(name, **kwargs)
```

## 40.6　股票數據放入 Q 表，打造訓練資料

現在要做的就是完成 Q 表，這也是訓練資料。首先，**state_data** 存放我們當期狀態的數據，**next_state_data** 存放下一期狀態的數據。

```
state_data=[]
next_state_data=[]
```

股票數據整理成每 20 天的股票資料為一筆，每 1 天的股票資料是 4 個股票價格（開盤價、最高價、最低價、收盤價），表示說一筆輸入會有 80 個股票價格。

如前面介紹的，如果 **state_data** 是第 1 至 20 天的股票資料，所對應的 **next_state_data** 會是第 2 至 21 天的股票資料；若是 **state_data** 是第 2 至 21 天的股票資料，那麼所對應的 **next_state_data** 會是第 3 至 22 天的股票資料，依此類推。這裡我們把這些數據正式放入 Q 表之中。

```
# 資料處理成 20 天一筆
for i in range(len(stock_data)):
    state_data.append(stock_data.iloc[i:i+20,:])
    next_state_data.append(stock_data.iloc[i+1:i+21,:])
```

建立 **df1** 為 Q 表，把上述全部股票資料整理成 20 天一筆的方式後（處理好要放入 Q 表的狀態資料們），要來把股票資料 **state_data**、**next_state_data**，放入 **df1** 的欄位 **state**、**next_state**。

```
df1 = q_table('q_table', state_data, next_state_data)
df1
```

Out:

| | state | action | reward | | next_state | q |
|---|---|---|---|---|---|---|
| 0 | OPEN MAX MIN CLOSE TIME ... | NaN | NaN | | OPEN MAX MIN CLOSE TIME ... | NaN |
| 1 | OPEN MAX MIN CLOSE TIME ... | NaN | NaN | | OPEN MAX MIN CLOSE TIME ... | NaN |
| 2 | OPEN MAX MIN CLOSE TIME ... | NaN | NaN | | OPEN MAX MIN CLOSE TIME ... | NaN |
| 3 | OPEN MAX MIN CLOSE TIME ... | NaN | NaN | | OPEN MAX MIN CLOSE TIME ... | NaN |
| 4 | OPEN MAX MIN CLOSE TIME ... | NaN | NaN | | OPEN MAX MIN CLOSE TIME ... | NaN |
| ... | ... | ... | ... | | ... | ... |
| 2949 | OPEN MAX MIN CLOSE TIME ... | NaN | NaN | | OPEN MAX MIN CLOSE TIME ... | NaN |
| 2950 | OPEN MAX MIN CLOSE TIME ... | NaN | NaN | | OPEN MAX MIN CLOSE TIME ... | NaN |
| 2951 | OPEN MAX MIN CLOSE TIME ... | NaN | NaN | | OPEN MAX MIN CLOSE TIME ... | NaN |
| 2952 | OPEN MAX MIN CLOSE TIME ... | NaN | NaN | | OPEN MAX MIN CLOSE TIME ... | NaN |
| 2953 | OPEN MAX MIN CLOSE TIME ... | NaN | NaN | Empty DataFrame Columns: [OPEN, MAX, MIN, CLOS... | | NaN |

2954 rows × 5 columns

## 40.7　Q 表執行交易

動作一開始要如何選擇？我們先隨機選擇交易動作就好，畢竟不是超會投資的專家，手上也沒有實際投資的經驗給我們當參考（如果你有實務經驗當然可以用專業的角度決定動作），總之別擔心，最終是希望由模型幫我們決定。這邊動作是隨機給予，所以接下來大家的執行結果不一定會相同喔！

```
# Q 表動作：隨機動作
for i in range(len(df1)):
    df1["action"][i] = np.random.choice(3)
```

接著，有了交易動作後，使用之前交易設定函數，就可以開始來執行股票交易了！（交易邏輯依據我們的交易設定），特別提醒，Q 表同一列的 **state**、**action**、**reward**，意思為當期狀態 **state**（前 20 天不含今天）去決定今天的交易動作 **action**，再依據今天交易動作去計算今日報酬 **reward**，所以 Q 表下一列的 **state** 才會有今日的資料。

```
# Q 表：計算 reward、q
transaction(0,len(df1)-1,df1)
```

Out:

/usr/local/lib/python3.7/dist-packages/ipykernel_launcher.py:34: RuntimeWarning: divide by zero encountered in double_scalars

| | state | action | reward | next_state | q |
|---|---|---|---|---|---|
| 0 | OPEN MAX MIN CLOSE TIME ... | 0 | 0.0 | OPEN MAX MIN CLOSE TIME ... | 0.0 |
| 1 | OPEN MAX MIN CLOSE TIME ... | 2 | 0.0 | OPEN MAX MIN CLOSE TIME ... | 0.0 |
| 2 | OPEN MAX MIN CLOSE TIME ... | 1 | 0.0 | OPEN MAX MIN CLOSE TIME ... | 0.0 |
| 3 | OPEN MAX MIN CLOSE TIME ... | 0 | -0.011706 | OPEN MAX MIN CLOSE TIME ... | -0.011706 |
| 4 | OPEN MAX MIN CLOSE TIME ... | 0 | -0.032149 | OPEN MAX MIN CLOSE TIME ... | -0.032149 |
| ... | ... | ... | ... | ... | ... |
| 2949 | OPEN MAX MIN CLOSE TIME ... | 0 | 0.0 | OPEN MAX MIN CLOSE TIME ... | 0.0 |
| 2950 | OPEN MAX MIN CLOSE TIME ... | 0 | 0.0 | OPEN MAX MIN CLOSE TIME ... | 0.0 |
| 2951 | OPEN MAX MIN CLOSE TIME ... | 0 | 0.0 | OPEN MAX MIN CLOSE TIME ... | 0.0 |
| 2952 | OPEN MAX MIN CLOSE TIME ... | 0 | 0.0 | OPEN MAX MIN CLOSE TIME ... | 0.0 |
| 2953 | OPEN MAX MIN CLOSE TIME ... | 1 | NaN | Empty DataFrame Columns: [OPEN, MAX, MIN, CLOS... | NaN |

2954 rows × 5 columns

## 40.8　訓練資料

開始來把上面整理好的資料，準備成可以丟入深度學習的樣子吧！

先把 Q 表符合訓練期間的部分跟原本 Q 表區分開來，**state** 第 2690 筆的區間是 2020-12-04 到 2020-12-31。後面 2021 年度的部分我們不需要放入訓練資料，因為 2021 年度為測試資料，不能讓模型在訓練的時候就得知這個資料，不然預測時可能會有背答案的現象。

```
df1['state'][2690]
```

Out:

| TIME | OPEN | MAX | MIN | CLOSE |
|---|---|---|---|---|
| 2020-12-04 | 498.5 | 505.0 | 497.5 | 503.0 |
| 2020-12-07 | 512.0 | 515.0 | 506.0 | 514.0 |
| 2020-12-08 | 514.0 | 525.0 | 509.0 | 524.0 |
| 2020-12-09 | 521.0 | 524.0 | 520.0 | 520.0 |
| 2020-12-10 | 511.0 | 515.0 | 510.0 | 512.0 |
| 2020-12-11 | 517.0 | 517.0 | 505.0 | 516.0 |
| 2020-12-14 | 512.0 | 513.0 | 508.0 | 508.0 |
| 2020-12-15 | 507.0 | 510.0 | 504.0 | 504.0 |
| 2020-12-16 | 509.0 | 515.0 | 507.0 | 512.0 |
| 2020-12-17 | 515.0 | 515.0 | 508.0 | 508.0 |
| 2020-12-18 | 508.0 | 512.0 | 507.0 | 510.0 |
| 2020-12-21 | 512.0 | 517.0 | 508.0 | 516.0 |
| 2020-12-22 | 512.0 | 516.0 | 509.0 | 509.0 |
| 2020-12-23 | 508.0 | 511.0 | 506.0 | 509.0 |
| 2020-12-24 | 511.0 | 512.0 | 508.0 | 510.0 |
| 2020-12-25 | 514.0 | 515.0 | 510.0 | 511.0 |
| 2020-12-28 | 512.0 | 515.0 | 509.0 | 515.0 |
| 2020-12-29 | 515.0 | 517.0 | 513.0 | 515.0 |
| 2020-12-30 | 516.0 | 525.0 | 514.0 | 525.0 |
| 2020-12-31 | 526.0 | 530.0 | 524.0 | 530.0 |

為了不想影響到之前 **df1** 的 DataFrame，以 **copy()** 方式把原本 Q 表 **df1**，把 0 到 2690 筆放入到另一個 DataFrame，並把新的 Q 表叫 **data_train**。

```
data_train = df1[:2690].copy()
data_train
```

Out:

| | | state | action | reward | next_state | q |
|---|---|---|---|---|---|---|
| **0** | OPEN MAX MIN CLOSE TIME ... | | 0 | 0.0 | OPEN MAX MIN CLOSE TIME ... | 0.0 |
| **1** | OPEN MAX MIN CLOSE TIME ... | | 2 | 0.0 | OPEN MAX MIN CLOSE TIME ... | 0.0 |
| **2** | OPEN MAX MIN CLOSE TIME ... | | 1 | 0.0 | OPEN MAX MIN CLOSE TIME ... | 0.0 |
| **3** | OPEN MAX MIN CLOSE TIME ... | | 0 | -0.011706 | OPEN MAX MIN CLOSE TIME ... | -0.011706 |
| **4** | OPEN MAX MIN CLOSE TIME ... | | 0 | -0.032149 | OPEN MAX MIN CLOSE TIME ... | -0.032149 |
| **...** | ... | | ... | ... | ... | ... |
| **2685** | OPEN MAX MIN CLOSE TIME ... | | 0 | 0.001961 | OPEN MAX MIN CLOSE TIME ... | 0.001961 |
| **2686** | OPEN MAX MIN CLOSE TIME ... | | 0 | 0.007828 | OPEN MAX MIN CLOSE TIME ... | 0.007828 |
| **2687** | OPEN MAX MIN CLOSE TIME ... | | 0 | 0.0 | OPEN MAX MIN CLOSE TIME ... | 0.0 |
| **2688** | OPEN MAX MIN CLOSE TIME ... | | 0 | 0.019417 | OPEN MAX MIN CLOSE TIME ... | 0.019417 |
| **2689** | OPEN MAX MIN CLOSE TIME ... | | 2 | 0.009524 | OPEN MAX MIN CLOSE TIME ... | 0.009524 |

2690 rows × 5 columns

我們每個 **state** 欄位，都是一個 DataFrame 喔！

```
type(df1.state[0])
```

Out: **pandas.core.frame.DataFrame**

為了解決價格資料長期均為向上成長，而我們是採用日對日的股價計算，如果沒有將資料正規化的話，模型無法推出長期的變化，所以我們需要先把原始價格調整，來解決這個問題。計算方式：當期狀態的 20 天價格皆除以前一期狀態最後一日的收盤價來計算。

```
data_train.state[0] = data_train.state[0]/54.5
for i in range(1,len(data_train)):
    data_train.state[i] = data_train.state[i]/df1.state[i-1].CLOSE.
iloc[-1]
for i in range(0,len(data_train)):
    data_train.next_state[i]=data_train.next_state[i]/df1.state[i].
CLOSE.iloc[-1]
```

在 Q 表的 **state**、**next_state** 每一個欄位的型態為 pandas.core.frame.DataFrame，是無法丟入模型。所以我們要來把 **state**、**next_state** 每一個欄位維度拉平，讓調整後的型態可以丟入模型，讓模型可以訓練！可以去比較下，如果你好奇，可以省略這些型態改變，可以觀察出錯的警語，就是為什麼我們需要這樣去處理。

```
for i in range(len(data_train.state)):
    data_train.state[i] = np.array(data_train.state[i])
    data_train.state[i] = data_train.state[i].flatten()
for i in range(len(data_train.next_state)):
    data_train.next_state[i]=np.array(data_train.next_state[i])
    data_train.next_state[i] = data_train.next_state[i].flatten()
```

```
data_train
```

Out:

| | state | action | reward | next_state | q |
|---|---|---|---|---|---|
| 0 | [1.1926605504587156, 1.1926605504587156, 1.174... | 0 | 0.0 | [1.056910569105691, 1.0585365853658535, 1.0390... | 0.0 |
| 1 | [1.056910569105691, 1.0585365853658535, 1.0390... | 2 | 0.0 | [1.0785953177257526, 1.085284280936455, 1.0652... | 0.0 |
| 2 | [1.0785953177257526, 1.085284280936455, 1.0652... | 1 | 0.0 | [1.1, 1.1016949152542372, 1.088135593220339, 1... | 0.0 |
| 3 | [1.1, 1.1016949152542372, 1.088135593220339, 1... | 0 | -0.011706 | [1.0618729096989967, 1.0752508361204014, 1.061... | -0.011706 |
| 4 | [1.0618729096989967, 1.0752508361204014, 1.061... | 0 | -0.032149 | [1.0829103214890017, 1.098138747884941, 1.0744... | -0.032149 |
| ... | ... | ... | ... | ... | ... |
| 2685 | [0.9577603143418467, 0.9666011787819253, 0.955... | 0 | 0.001961 | [0.9666666666666667, 0.9676470588235294, 0.942... | 0.001961 |
| 2686 | [0.9666666666666667, 0.9676470588235294, 0.942... | 0 | 0.007828 | [0.9579256360078278, 0.958904109589041, 0.9461... | 0.007828 |
| 2687 | [0.9579256360078278, 0.958904109589041, 0.9461... | 0 | 0.0 | [0.9699029126213592, 0.970873786407767, 0.9582... | 0.0 |
| 2688 | [0.9699029126213592, 0.970873786407767, 0.9582... | 0 | 0.019417 | [0.9699029126213592, 0.9699029126213592, 0.961... | 0.019417 |
| 2689 | [0.9699029126213592, 0.9699029126213592, 0.961... | 2 | 0.009524 | [0.9495238095238095, 0.9619047619047619, 0.947... | 0.009524 |

2690 rows × 5 columns

現在,開始要來把模型輸入的資料準備一下了,首先把當期狀態 **data_train** 的 **state** 一整個 column 放入 **x_train_state**,當作輸入時,要給模型的當期狀態。

```
x_train_state = data_train.state
x_train_state
```

Out:

```
0        [1.1926605504587156, 1.1926605504587156, 1.174...
1        [1.056910569105691, 1.0585365853658535, 1.0390...
2        [1.0785953177257526, 1.085284280936455, 1.0652...
3        [1.1, 1.1016949152542372, 1.088135593220339, 1...
4        [1.0618729096989967, 1.0752508361204014, 1.061...
                                 ...
```

```
2685        [0.9577603143418467, 0.9666011787819253, 0.955...
2686        [0.9666666666666667, 0.9676470588235294, 0.942...
2687        [0.9579256360078278, 0.958904109589041, 0.9461...
2688        [0.9699029126213592, 0.970873786407767, 0.9582...
2689        [0.9699029126213592, 0.9699029126213592, 0.961...
Name: state, Length: 2690, dtype: object
```

接下來，把上述當期狀態 **x_train_state**，每個 array 合併成一個大 array，才符合輸入資料型態。

```
x_train_state =np.stack(x_train_state)
x_train_state
```

Out:
```
array([[1.19266055, 1.19266055, 1.17431193, ..., 1.12844037,
        1.08990826, 1.12844037], [1.05691057, 1.05853659,
        1.03902439, ..., 0.98699187, 0.96747967, 0.97235772],
       [1.07859532, 1.08528428, 1.06521739, ..., 1.01003344,
        0.98662207, 0.98662207], ..., [0.95792564, 0.95890411,
        0.94618395, ..., 1.00782779, 0.99608611, 1.00782779],
       [0.96990291, 0.97087379, 0.95825243, ..., 1.0038835 ,
        0.9961165 , 1.          ],
       [0.96990291, 0.96990291, 0.96116505, ..., 1.01941748,
        0.99805825, 1.01941748]])
```

```
x_train_state.shape
```

Out: (2690, 80)

模型輸入的當期狀態準備好後，使用 **to_categorical** 來把交易動作 **action** 欄位轉換成 one-hot encoding 的方式，並且跟已經整理好的當期狀態資料 **x_train_state** 使用 **np.concatenate** 合併一起。

```
x_train_a = to_categorical(data_train.action)
merged_x_train = np.concatenate((x_train_state, x_train_a),axis=1)
```

```
x_train_a
```

Out:

```
array([[0., 0., 1.],
       [1., 0., 0.],
       [1., 0., 0.],
       ...,
       [1., 0., 0.],
       [1., 0., 0.],
       [1., 0., 0.]], dtype=float32)
```

```
merged_x_train
```

Out:

```
array([[1.19266055, 1.19266055, 1.17431193, ..., 0.        , 0.        ,
        1.        ],
       [1.05691057, 1.05853659, 1.03902439, ..., 1.        , 0.        ,
        0.        ],
       [1.07859532, 1.08528428, 1.06521739, ..., 1.        , 0.        ,
        0.        ],
       ...,
       [0.95792564, 0.95890411, 0.94618395, ..., 1.        , 0.        ,
        0.        ],
       [0.96990291, 0.97087379, 0.95825243, ..., 1.        , 0.        ,
        0.        ],
       [0.96990291, 0.96990291, 0.96116505, ..., 1.        , 0.        ,
        0.        ]])
```

```
data_train.groupby('action').count()
```

Out:

| action | state | reward | next_state | q |
|---|---|---|---|---|
| 0 | 2523 | 2523 | 2523 | 2523 |
| 1 | 59 | 59 | 59 | 59 |
| 2 | 108 | 108 | 108 | 108 |

這樣模型的輸入就準備 OK ！下一步模型輸出的部分，以 Q 表的 q 值來當作模型輸出，放入 **y_train** 中。

```
y_train = data_train.q.values
y_train
```

Out:

```
array([0.0, 0.0, 0.0, ..., 0.0, 0.01941747572815533,
       0.009523809523809712], dtype=object)
```

因為模型不接受 float64，我們修改 **x_train** 跟 **y_train**，變成 float32。修改成 float32 後，就完成丟入模型的訓練資料了！

```
merged_x_train = np.float32(merged_x_train)
y_train = np.float32(y_train)
```

1. 請試著抓取看看自己喜歡的股票、指數或是某個金融數據，在 2021 年度的價格資訊、成交量等等，並儲存成檔案。
2. 計算報酬方式以自己的想法，還可以怎麼改變呢？

冒險41 自動交易系統：程式實作篇

現在真的要進行最終冒險了，我們準備完成自動交易系統！

**41.1 訓練資料丟入模型**

設定 **n_cols** 為模型輸入的維度，這樣丟入模型時，可以確保維度是正確的。接下來，把我們的訓練資料丟入模型，去訓練一下吧！**merged_x_train** 是我們冒險 40 定義的函數，在冒險 40 有詳細說明。

```
n_cols = merged_x_train.shape[1]
n_cols
```

Out:

83

```
q_model.fit(merged_x_train, y_train, validation_
split=0.1, epochs=50, batch_size=16, verbose=1)
```

Out:

```
Epoch 1/50
152/152 [==============================] - 3s 5ms/step - loss: 0.2108 - val_loss: 0.0103
Epoch 2/50
152/152 [==============================] - 1s 3ms/step - loss: 0.1398 - val_loss: 0.0227
Epoch 3/50
152/152 [==============================] - 1s 4ms/step - loss: 0.0921 - val_loss: 0.0187
Epoch 4/50
152/152 [==============================] - 0s 3ms/step - loss: 0.0742 - val_loss: 0.0261
Epoch 5/50
152/152 [==============================] - 1s 4ms/step - loss: 0.0591 - val_loss: 0.0218
Epoch 6/50
152/152 [==============================] - 0s 3ms/step - loss: 0.0481 - val_loss: 0.0329
Epoch 7/50
152/152 [==============================] - 1s 4ms/step - loss: 0.0404 - val_loss: 0.0200
Epoch 8/50
152/152 [==============================] - 1s 4ms/step - loss: 0.0368 - val_loss: 0.0121
Epoch 9/50
152/152 [==============================] - 1s 4ms/step - loss: 0.0341 - val_loss: 0.0099
Epoch 10/50
152/152 [==============================] - 1s 5ms/step - loss: 0.0299 - val_loss: 0.0084
```

## 41.2　計算最大 Q 值

**a1** 為持有、**a2** 買、**a3** 賣，2690 為我們 **data_train** 的 rows 數量。為了讓我們訓練的狀態，每個動作都有去讓模型計算 Q 值。

```
a1 = np.array([[1.,0.,0.]]*2690)
a2 = np.array([[0.,1.,0.]]*2690)
a3 = np.array([[0.,0.,1.]]*2690)
```

強化學習中的下一期狀態 **next_state_data**，是從 **data_train** 的 **next_state** 欄位來取得，並把它們每個 array 合成一個大 array，符合資料型態。接下來，把下一期狀態 **next_state_data**，加上動作 ( 可能的每個動作選項 ) 後，各自組合一起。

```
next_state_data =data_train.next_state
next_state_data =np.stack(next_state_data)
next_state_data.shape
```

Out:

```
(2690, 80)
```

```
next_state_a1 = np.concatenate((next_state_data, a1), axis=1)
next_state_a2 = np.concatenate((next_state_data, a2), axis=1)
next_state_a3 = np.concatenate((next_state_data, a3), axis=1)
```

原先模型資料型態這邊需要使用 **np.float32** 來調整一下：

```
next_state_a1 = np.float32(next_state_a1)
next_state_a2 = np.float32(next_state_a2)
next_state_a3 = np.float32(next_state_a3)
```

```
next_state_a1
```

Out:

```
array([[1.0569105 , 1.0585365 , 1.0390244 , ..., 1.        , 0.        ,
        0.        ],
```

```
    [1.0785953 , 1.0852842 , 1.0652174 , ..., 1.        , 0.        ,
     0.        ],
    [1.1       , 1.101695  , 1.0881356 , ..., 1.        , 0.        ,
     0.        ],
    ...,
    [0.96990293, 0.9708738 , 0.95825243, ..., 1.        , 0.        ,
     0.        ],
    [0.96990293, 0.96990293, 0.9611651 , ..., 1.        , 0.        ,
     0.        ],
    [0.9495238 , 0.96190476, 0.947619  , ..., 1.        , 0.        ,
     0.        ]], dtype=float32)
```

接下來，利用模型預測下一期狀態在所有動作所獲得的結果，一一丟入模型預測。可以得到每個動作的 q 值是多少。

```
    next_q_a1 = q_model.predict(next_state_a1)
    next_q_a2 = q_model.predict(next_state_a2)
    next_q_a3 = q_model.predict(next_state_a3)
```

我們建立一個 **q_model_table**，來把模型 **predict** 的 next_q_a1、next_q_a2、next_q_a3 的 q 值存放。

```
    q_model_table = pd.DataFrame()
    q_model_table['next_q_a1'] = next_q_a1.flatten()
    q_model_table['next_q_a2'] = next_q_a2.flatten()
    q_model_table['next_q_a3'] = next_q_a3.flatten()
```

我們現在每個狀態中，模型有所有可能動作各自的 q 值，接著，**q_model_table**要來新增一個欄位名稱 **max**，用來放入在相同狀態下三個動作中最大 q 值。再新增一個欄位名稱 **argmax**，用來放入最大 q 值轉換成的動作，就是說可以知道在此狀態的最佳動作是什麼。

```
q_model_table['max']=''
q_model_table['argmax']=''
for i in range(len(q_model_table)):
  e = np.array([q_model_table.next_q_a1[i],q_model_table.next_q_
a2[i],q_model_table.next_q_a3[i]])
  q_model_table['max'][i] = max(e)
  q_model_table['argmax'][i] = np.argmax(e)
```

```
q_model_table
```

Out:

|  | next_q_a1 | next_q_a2 | next_q_a3 | max | argmax |
|---|---|---|---|---|---|
| 0 | -0.008525 | -0.008541 | -0.009192 | -0.008525 | 0 |
| 1 | -0.008637 | -0.008654 | -0.009304 | -0.008637 | 0 |
| 2 | -0.008760 | -0.008777 | -0.009427 | -0.00876 | 0 |
| 3 | -0.008672 | -0.008691 | -0.009340 | -0.008672 | 0 |
| 4 | -0.008687 | -0.008707 | -0.009355 | -0.008687 | 0 |
| ... | ... | ... | ... | ... | ... |
| 2685 | -0.008620 | -0.008647 | -0.009287 | -0.00862 | 0 |
| 2686 | -0.008594 | -0.008623 | -0.009262 | -0.008594 | 0 |
| 2687 | -0.008531 | -0.008560 | -0.009199 | -0.008531 | 0 |
| 2688 | -0.008533 | -0.008561 | -0.009200 | -0.008533 | 0 |
| 2689 | -0.008442 | -0.008470 | -0.009109 | -0.008442 | 0 |

2690 rows × 5 columns

```
q_model_table.groupby('argmax').count()
```

Out:

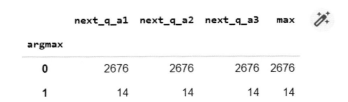

| argmax | next_q_a1 | next_q_a2 | next_q_a3 | max |
|---|---|---|---|---|
| 0 | 2676 | 2676 | 2676 | 2676 |
| 1 | 14 | 14 | 14 | 14 |

## 41.3　更新 Q 表 Q 值、新的訓練資料，再訓練模型

　　讓模型計算出我們下一期狀態可能得到的 Q 值後，因為一開始模型效果還需要再優化，所以接下來就是要來更新 Q 函數啦！首先，讓我們複習 Q 函數的更新公式為 $Q_t = r_t + \gamma \max_{a \in \mathcal{A}} Q_\theta(S_{t+1}, a)$。這裡 $\gamma$ 是我們自己設定的值，表示為折現率，通常會取 0 ~ 1 之間，這邊我們設定為 0.2。為了區分不要影響之前的表格，我們也另外使用 **copy()** 再建立一個 **data_train_update** 來查看我們的 q 值更新狀況。

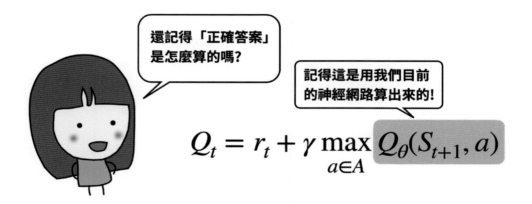

```
data_train_update = df1[:2690].copy()
data_train_update
```

Out:

|  | state | action | reward | next_state | q |
|---|---|---|---|---|---|
| 0 | OPEN MAX MIN CLOSE TIME ... | 0 | 0.0 | OPEN MAX MIN CLOSE TIME ... | 0.0 |
| 1 | OPEN MAX MIN CLOSE TIME ... | 2 | 0.0 | OPEN MAX MIN CLOSE TIME ... | 0.0 |
| 2 | OPEN MAX MIN CLOSE TIME ... | 1 | 0.0 | OPEN MAX MIN CLOSE TIME ... | 0.0 |
| 3 | OPEN MAX MIN CLOSE TIME ... | 0 | -0.011706 | OPEN MAX MIN CLOSE TIME ... | -0.011706 |
| 4 | OPEN MAX MIN CLOSE TIME ... | 0 | -0.032149 | OPEN MAX MIN CLOSE TIME ... | -0.032149 |
| ... | ... | ... | ... | ... | ... |
| 2685 | OPEN MAX MIN CLOSE TIME ... | 0 | 0.001961 | OPEN MAX MIN CLOSE TIME ... | 0.001961 |
| 2686 | OPEN MAX MIN CLOSE TIME ... | 0 | 0.007828 | OPEN MAX MIN CLOSE TIME ... | 0.007828 |
| 2687 | OPEN MAX MIN CLOSE TIME ... | 0 | 0.0 | OPEN MAX MIN CLOSE TIME ... | 0.0 |
| 2688 | OPEN MAX MIN CLOSE TIME ... | 0 | 0.019417 | OPEN MAX MIN CLOSE TIME ... | 0.019417 |
| 2689 | OPEN MAX MIN CLOSE TIME ... | 2 | 0.009524 | OPEN MAX MIN CLOSE TIME ... | 0.009524 |

2690 rows × 5 columns

```
discount_rate =0.2
for i in range(len(data_train_update)):
    data_train_update.q[i]=data_train_update.reward[i]+discount_
rate*q_model_table['max'][i]
data_train_update
```

Out:

| | state | action | reward | next_state | q |
|---|---|---|---|---|---|
| 0 | OPEN MAX MIN CLOSE TIME ... | 0 | 0.0 | OPEN MAX MIN CLOSE TIME ... | 0.004389 |
| 1 | OPEN MAX MIN CLOSE TIME ... | 2 | 0.0 | OPEN MAX MIN CLOSE TIME ... | 0.004335 |
| 2 | OPEN MAX MIN CLOSE TIME ... | 1 | 0.0 | OPEN MAX MIN CLOSE TIME ... | 0.004461 |
| 3 | OPEN MAX MIN CLOSE TIME ... | 0 | -0.011706 | OPEN MAX MIN CLOSE TIME ... | -0.007221 |
| 4 | OPEN MAX MIN CLOSE TIME ... | 0 | -0.032149 | OPEN MAX MIN CLOSE TIME ... | -0.027915 |
| ... | ... | ... | ... | ... | ... |
| 2685 | OPEN MAX MIN CLOSE TIME ... | 0 | 0.001961 | OPEN MAX MIN CLOSE TIME ... | 0.006305 |
| 2686 | OPEN MAX MIN CLOSE TIME ... | 0 | 0.007828 | OPEN MAX MIN CLOSE TIME ... | 0.01194 |
| 2687 | OPEN MAX MIN CLOSE TIME ... | 0 | 0.0 | OPEN MAX MIN CLOSE TIME ... | 0.00416 |
| 2688 | OPEN MAX MIN CLOSE TIME ... | 0 | 0.019417 | OPEN MAX MIN CLOSE TIME ... | 0.023651 |
| 2689 | OPEN MAX MIN CLOSE TIME ... | 2 | 0.009524 | OPEN MAX MIN CLOSE TIME ... | 0.013441 |

2690 rows × 5 columns

一開始交易，我們透過 $\varepsilon-Greedy\ Policy$ 來調整，設定下 $\varepsilon$ 的機率一開始為 0.85，如果我們隨機 **action_p** 機率小於 0.85，動作以隨機亂選更新，如果 **action_p** 機率大於 0.85，動作則由模型決定來更新。並且要把新的一組動作計算報酬為多少。等到模型漸漸可靠後，可以把 **epsilon** 下降，由模型決定更多交易動作。

```
action_p = np.random.rand()
epsilon = 0.85
for i in range(len(data_train_update)):
  if i>0:
    if action_p < epsilon:
      data_train_update.action[i] = np.random.choice(3)
    else:
      data_train_update.action[i] = q_model_table['argmax'][i]
```

```
transaction(0,len(data_train_update)-1,data_train_update)
```

Out:

| | | state | action | reward | next_state | q |
|---|---|---|---|---|---|---|
| 0 | | OPEN MAX MIN CLOSE TIME ... | 0 | 0.0 | OPEN MAX MIN CLOSE TIME ... | 0.0 |
| 1 | | OPEN MAX MIN CLOSE TIME ... | 1 | 0.0 | OPEN MAX MIN CLOSE TIME ... | 0.0 |
| 2 | | OPEN MAX MIN CLOSE TIME ... | 0 | 0.013559 | OPEN MAX MIN CLOSE TIME ... | 0.013559 |
| 3 | | OPEN MAX MIN CLOSE TIME ... | 0 | -0.011706 | OPEN MAX MIN CLOSE TIME ... | -0.011706 |
| 4 | | OPEN MAX MIN CLOSE TIME ... | 0 | -0.032149 | OPEN MAX MIN CLOSE TIME ... | -0.032149 |
| ... | | ... | ... | ... | ... | ... |
| 2685 | | OPEN MAX MIN CLOSE TIME ... | 0 | 0.001961 | OPEN MAX MIN CLOSE TIME ... | 0.001961 |
| 2686 | | OPEN MAX MIN CLOSE TIME ... | 0 | 0.007828 | OPEN MAX MIN CLOSE TIME ... | 0.007828 |
| 2687 | | OPEN MAX MIN CLOSE TIME ... | 0 | 0.0 | OPEN MAX MIN CLOSE TIME ... | 0.0 |
| 2688 | | OPEN MAX MIN CLOSE TIME ... | 0 | 0.019417 | OPEN MAX MIN CLOSE TIME ... | 0.019417 |
| 2689 | | OPEN MAX MIN CLOSE TIME ... | 2 | 0.009524 | OPEN MAX MIN CLOSE TIME ... | 0.013441 |

2690 rows × 5 columns

我們要來繼續訓練我們的模型，輸入的狀態沒有變，加上上面更新過後的動作，丟入模型。輸出 q 值也使用我們更新動作後，所對應的 q 值。方式與第一次訓練相同，先把動作更換成 one-hot encoding，接著與狀態合併一起，則可以丟入模型了！

```
x_train_a = to_categorical(data_train_update.action,3)
merged_x_train = np.concatenate((x_train_state, x_train_a),axis=1)
```

記得我們更新的 **y_train** 是新的一批 q 值，不再是使用之前的舊 q 值。跟之前訓練模型相同，我們一樣要修改下 **merged_x_train**、**y_train** 資料型態，這個步驟相信已經很熟練了。

```
y_train = data_train_update['q'].values
y_train=y_train.ravel()
```

```
merged_x_train = np.float32(merged_x_train)
y_train = np.float32(y_train)
```

新的訓練資料準備齊全後，重要的一步就是 Q 函數更新啦！

```
q_model.fit(merged_x_train, y_train, validation_
split=0.1, epochs=50, batch_size=30, verbose=1)
```

Out:

```
Epoch 1/50
81/81 [==============================] - 0s 2ms/step - loss: 0.0018 - val_loss: 2.9238e-04
Epoch 2/50
81/81 [==============================] - 0s 2ms/step - loss: 0.0016 - val_loss: 2.9131e-04
Epoch 3/50
81/81 [==============================] - 0s 2ms/step - loss: 0.0015 - val_loss: 3.0087e-04
Epoch 4/50
81/81 [==============================] - 0s 2ms/step - loss: 0.0014 - val_loss: 3.3290e-04
Epoch 5/50
81/81 [==============================] - 0s 2ms/step - loss: 0.0012 - val_loss: 3.1986e-04
Epoch 6/50
81/81 [==============================] - 0s 2ms/step - loss: 0.0013 - val_loss: 3.4667e-04
Epoch 7/50
81/81 [==============================] - 0s 2ms/step - loss: 0.0015 - val_loss: 3.2751e-04
Epoch 8/50
81/81 [==============================] - 0s 2ms/step - loss: 0.0016 - val_loss: 3.4364e-04
Epoch 9/50
81/81 [==============================] - 0s 2ms/step - loss: 0.0015 - val_loss: 3.7094e-04
Epoch 10/50
81/81 [==============================] - 0s 2ms/step - loss: 0.0013 - val_loss: 3.7634e-04
Epoch 11/50
```

想再多訓練的話，可以讓 **data_train_update** 重複 41.3 節的步驟們再一次執行，再把 Q 函數更新，看你想更新幾次都可以自己決定。後續 Q 函數更新，可以把 **epsilon** 下降，由模型決定更多交易動作。等到模型訓練差不多後，可以來實際測試看看了！

## 41.4　測試資料

我們使用 2021 整年度來讓模型自己選擇動作吧！並且計算出模型選的動作所得到的報酬率。我們測試資料第一筆狀態為 2021 年起 20 天交易日到 1 月 29 日，為 **data_test** 第 2710 筆資料。

```
data_test = df1[2710:2934].copy()
data_test
```

Out:

| | state | action | reward | next_state | q |
|---|---|---|---|---|---|
| 2710 | OPEN MAX MIN CLOSE TIME ... | 0 | 0.033841 | OPEN MAX MIN CLOSE TIME ... | 0.033841 |
| 2711 | OPEN MAX MIN CLOSE TIME ... | 0 | 0.03437 | OPEN MAX MIN CLOSE TIME ... | 0.03437 |
| 2712 | OPEN MAX MIN CLOSE TIME ... | 0 | -0.003165 | OPEN MAX MIN CLOSE TIME ... | -0.003165 |
| 2713 | OPEN MAX MIN CLOSE TIME ... | 0 | -0.004762 | OPEN MAX MIN CLOSE TIME ... | -0.004762 |
| 2714 | OPEN MAX MIN CLOSE TIME ... | 0 | 0.007974 | OPEN MAX MIN CLOSE TIME ... | 0.007974 |
| ... | | ... | ... | | ... |
| 2929 | OPEN MAX MIN CLOSE TIME ... | 0 | -0.0033 | OPEN MAX MIN CLOSE TIME ... | -0.0033 |
| 2930 | OPEN MAX MIN CLOSE TIME ... | 0 | 0.003311 | OPEN MAX MIN CLOSE TIME ... | 0.003311 |
| 2931 | OPEN MAX MIN CLOSE TIME ... | 0 | 0.014851 | OPEN MAX MIN CLOSE TIME ... | 0.014851 |
| 2932 | OPEN MAX MIN CLOSE TIME ... | 0 | 0.001626 | OPEN MAX MIN CLOSE TIME ... | 0.001626 |
| 2933 | OPEN MAX MIN CLOSE TIME ... | 0 | -0.001623 | OPEN MAX MIN CLOSE TIME ... | -0.001623 |

224 rows × 5 columns

在 **data_test** 的 **state**、**next_state** 每一個欄位的型態為 pandas.core.frame. DataFrame，是無法丟入模型。所以我們要來把 **state**、**next_state** 每一個欄位維度拉平，讓調整後的型態可以丟入模型，讓模型可以測試！

```
for i in range(len(data_test.state)):
  data_test.state[2710+i] = np.array(data_test.state[2710+i])
  data_test.state[2710+i] = data_test.state[2710+i].flatten()
for i in range(len(data_test.next_state)):
   data_test.next_state[2710+i]=np.array(data_test.next_
state[2710+i])
   data_test.next_state[2710+i] = data_test.next_state[2710+i].
flatten()
```

跟之前處理訓練資料一樣，我們會把當期狀態的價格除以前一期狀態最後一日的收盤價做正規化處理，並且當作模型輸入要使用的當期狀態。

```
for i in range(len(data_test)):
   data_test.state[2710+i] = data_test.state[2710+i]/df1.
state[2710+i-1].CLOSE.iloc[-1]
```

```
x_test_state = data_test.state
x_test_state =np.stack(x_test_state)

x_test_state
```

```
Out:
```

```
array([[0.88186356, 0.8985025 , 0.87853577, ..., 1.02995008, 0.98336106,
        0.98336106],
       [0.90693739, 0.91708968, 0.90524535, ..., 1.03553299, 0.99323181,
        1.03384095],
       [0.90834697, 0.90834697, 0.88543372, ..., 1.04418985, 1.01800327,
        1.03436989],
       ...,
       [0.9884106 , 0.99337748, 0.97847682, ..., 1.00993377, 1.         ,
        1.00331126],
       [0.98349835, 0.9950495 , 0.98019802, ..., 1.01485149, 1.00660066,
        1.01485149],
       [0.98373984, 1.         , 0.97886179, ..., 1.00650407, 0.99837398,
        1.00162602]])
```

　　下一步驟要來讓模型以測試資料的當期狀態，去判斷說每個狀態應該如何決定交易動作，所以先把所有測試狀態，都搭配所有的動作，丟入給模型去計算出 q 值，全部交易動作 q 值最大，則決定出所有交易動作中，要選擇的交易動作為 **a1**、**a2**、**a3** 其中哪一個。這邊訓練的模型，因為隨機動作每個人所訓練的模型皆不同，可以多訓練幾個模型選擇效果最好的來使用。

```python
a1 = np.array([[1.,0.,0.]]*len(x_test_state))
a2 = np.array([[0.,1.,0.]]*len(x_test_state))
a3 = np.array([[0.,0.,1.]]*len(x_test_state))

state_t_a1 = np.concatenate((x_test_state, a1), axis=1)
state_t_a2 = np.concatenate((x_test_state, a2), axis=1)
state_t_a3 = np.concatenate((x_test_state, a3), axis=1)
```

```
q_a1 = q_model.predict(state_t_a1)
q_a2 = q_model.predict(state_t_a2)
q_a3 = q_model.predict(state_t_a3)
q_a1 = q_a1.flatten()
q_a2 = q_a2.flatten()
q_a3 = q_a3.flatten()
```

建立一個 **test_table** 來看測試的每個動作 q 值，動作中最大 q 值，以及最大 q 值表示的交易動作，也是我們實際要執行的交易動作。

```
test_table = pd.DataFrame()
test_table["q_a1"] = q_a1 # hold
test_table['q_a2'] = q_a2 # buy
test_table['q_a3'] = q_a3 # sell
test_table['max']=''
test_table['argmax']=''

for i in range(len(test_table)):
  k =np.array([test_table.q_a1[i],test_table.q_a2[i],test_table.q_a3[i]])
  test_table['max'][i] = max(k)
  test_table['argmax'][i] = np.argmax(k)
```

讓模型去選擇的動作中，主要是持有股票、少數買入股票跟賣出股票。持有股票主要集中於一開始跟最後的部分。

```
test_table
```

Out:

| | q_a1 | q_a2 | q_a3 | max | argmax | |
|---|---|---|---|---|---|---|
| **0** | -0.008774 | -0.008803 | -0.009442 | -0.008774 | 0 | |
| **1** | -0.008822 | -0.008851 | -0.009489 | -0.008822 | 0 | |
| **2** | -0.008635 | -0.008663 | -0.009302 | -0.008635 | 0 | |
| **3** | -0.008387 | -0.008407 | -0.009054 | -0.008387 | 0 | |
| **4** | -0.008470 | -0.008486 | -0.009137 | -0.00847 | 0 | |
| **...** | ... | ... | ... | ... | ... | |
| **219** | -0.008572 | -0.008601 | -0.009239 | -0.008572 | 0 | |
| **220** | -0.008536 | -0.008563 | -0.009203 | -0.008536 | 0 | |
| **221** | -0.008563 | -0.008590 | -0.009230 | -0.008563 | 0 | |
| **222** | -0.008500 | -0.008526 | -0.009167 | -0.0085 | 0 | |
| **223** | -0.008454 | -0.008483 | -0.009121 | -0.008454 | 0 | |

224 rows × 5 columns

為了可以清楚模型決定出的動作如何使用，所以我們用個表格來看看，跟一開始的 Q 表相似。一樣建立個測試用的 Q 表，名稱取名為 **q_table_test**。

```
q_table_test=pd.DataFrame()
q_table_test['state'] = df1.state[2710:2934].copy()
q_table_test['action']=test_table.argmax.values
q_table_test['reward'] = ''
q_table_test['q']=''
```

可以看出，此次模型大部分 **argmax** 的交易動作為 1，表示為買股票。我們用先前設定好的交易函數來執行交易吧！從表格中，**state** 是我們交易當日的前 20 天價格資訊，**action** 是當天的交易動作，依據交易邏輯計算後，報酬的部分存放在 **reward** 欄位。

```
transaction(2710,2710+len(q_table_test)-1,q_table_test)
```

Out:

| | state | action | reward | q |
|---|---|---|---|---|
| 2710 | OPEN MAX MIN CLOSE TIME ... | 0 | 0.0 | 0.0 |
| 2711 | OPEN MAX MIN CLOSE TIME ... | 0 | 0.0 | 0.0 |
| 2712 | OPEN MAX MIN CLOSE TIME ... | 0 | 0.0 | 0.0 |
| 2713 | OPEN MAX MIN CLOSE TIME ... | 0 | 0.0 | 0.0 |
| 2714 | OPEN MAX MIN CLOSE TIME ... | 0 | 0.0 | 0.0 |
| ... | ... | ... | ... | ... |
| 2929 | OPEN MAX MIN CLOSE TIME ... | 0 | -0.0033 | -0.0033 |
| 2930 | OPEN MAX MIN CLOSE TIME ... | 0 | 0.003311 | 0.003311 |
| 2931 | OPEN MAX MIN CLOSE TIME ... | 0 | 0.014851 | 0.014851 |
| 2932 | OPEN MAX MIN CLOSE TIME ... | 0 | 0.001626 | 0.001626 |
| 2933 | OPEN MAX MIN CLOSE TIME ... | 0 | | |

224 rows × 4 columns

因為交易函數有判斷說如果他這個階段沒錢可以再買入股票的話,我們會修改交易動作為不交易。這就是為甚麼 **q_table_test** 的 **action** 欄位與 **q_table_test** 的 argmax 動作,沒有一模一樣的原因了。

接下來我們要把測試結果儲存下來,就取個喜歡的名稱存放即可,那就取 **1.csv** 真是有夠隨便。如果你覺得這次模型很中意,也可以把模型存起來,這邊就取名 **q_model_1**。要記得把 csv 檔跟模型放入自己雲端喔!

```
q_table_test.to_csv('1.csv')
```

```
q_model.save('q_model_1')
```

## 41.5 績效畫圖比較

接下來要來看看不同策略之間,強化學習與買入持有策略的比較了!

買入持有策略是指說從一開始就持有這檔股票,都沒有買入或賣出,這樣子的方式進行。先讀入我們之前抓取金融數據,所儲存的 **stock_data.csv** 進來,命名為 **df_1**。

```
# stock_data
df_1 = pd.read_csv('stock_data.csv')
df_1
```

Out:

| | TIME | OPEN | MAX | MIN | CLOSE |
|---|---|---|---|---|---|
| 0 | 2010-01-04 | 65.0 | 65.0 | 64.0 | 64.9 |
| 1 | 2010-01-05 | 65.0 | 65.1 | 63.9 | 64.5 |
| 2 | 2010-01-06 | 64.5 | 64.9 | 63.7 | 64.9 |
| 3 | 2010-01-07 | 64.9 | 65.0 | 64.2 | 64.2 |
| 4 | 2010-01-08 | 63.5 | 64.3 | 63.5 | 64.0 |
| ... | ... | ... | ... | ... | ... |
| 2949 | 2021-12-24 | 606.0 | 609.0 | 604.0 | 604.0 |
| 2950 | 2021-12-27 | 604.0 | 610.0 | 604.0 | 606.0 |
| 2951 | 2021-12-28 | 610.0 | 615.0 | 610.0 | 615.0 |
| 2952 | 2021-12-29 | 615.0 | 619.0 | 614.0 | 616.0 |
| 2953 | 2021-12-30 | 619.0 | 620.0 | 615.0 | 615.0 |

2954 rows × 5 columns

　　篩選出測試期間的數據資料，其他時間的數據資料我們不使用它。條件擷取 2021 年度的期間資料，並且跟強化學習測試第一筆資料日期 (2021-02-01) 起始相同。直接取代 **df_1**，更新資料表。把資料表 **TIME** 欄位，變成表格的索引，交易策略比較時，可以有相同的時間點來對照。這邊是先把欄位的型態轉換、設置索引先編輯成函數後，有需要時再呼叫執行。如果想要對表格欄位改名，可以先使用 **rename** 修改，並且取代。當然如果你想要買入持有策略是 2021-01-01 開始也可以。

```
df_1=df_1[df_1['TIME']>='2021-02-01']
df_1.reset_index(drop=True, inplace=True)

df_1
```

Out:

|  | TIME | OPEN | MAX | MIN | CLOSE |
|---|---|---|---|---|---|
| 0 | 2021-02-01 | 595.0 | 612.0 | 587.0 | 611.0 |
| 1 | 2021-02-02 | 629.0 | 638.0 | 622.0 | 632.0 |
| 2 | 2021-02-03 | 638.0 | 642.0 | 630.0 | 630.0 |
| 3 | 2021-02-04 | 626.0 | 632.0 | 620.0 | 627.0 |
| 4 | 2021-02-05 | 638.0 | 641.0 | 631.0 | 632.0 |
| ... | ... | ... | ... | ... | ... |
| 219 | 2021-12-24 | 606.0 | 609.0 | 604.0 | 604.0 |
| 220 | 2021-12-27 | 604.0 | 610.0 | 604.0 | 606.0 |
| 221 | 2021-12-28 | 610.0 | 615.0 | 610.0 | 615.0 |
| 222 | 2021-12-29 | 615.0 | 619.0 | 614.0 | 616.0 |
| 223 | 2021-12-30 | 619.0 | 620.0 | 615.0 | 615.0 |

224 rows × 5 columns

　　簡單估計看看,該如何計算報酬呢?我們以最簡單的日報酬當成出發點,把今天的收盤價與前一個交易日的收盤價相除後再減 1,就能算出日報酬;接著為了精確地去計算報酬率,我們是採用幾何報酬率的方法,所以再將報酬率加上 1;而最後再將這些算出來的 (1+ 日報酬 ) 相乘,就能得到幾何報酬率了。

```python
df_1[' 日報酬 '] = ''
for i in range(1,len(df_1)):
  df_1[' 日報酬 '][i] = df_1['CLOSE'][i]/df_1['CLOSE'][i-1]-1

df_1['1+ 日報酬 '] = ''
for i in range(1,len(df_1)):
  df_1['1+ 日報酬 '][i] = df_1[' 日報酬 '][i]+1

df_1[' 相乘 '] = ''
a = 1
for i in range(1,len(df_1)):
  a *= df_1['1+ 日報酬 '][i]
  df_1[' 相乘 '][i] = a
```

為了三個交易策略可以比較，也需要對 **df_1** 資料表的 **TIME** 建置索引。

```
def time(df):
  df['TIME'] = pd.to_datetime(df['TIME'])
  df=df.set_index(df.TIME)
  return df
```

這裡就是建置時間標記。

```
df_1=time(df_1)
```

來看看裡面的內容。

```
df_1
```

Out:

| TIME | TIME | OPEN | MAX | MIN | CLOSE | 日報酬 | 1+日報酬 | 相乘 |
|---|---|---|---|---|---|---|---|---|
| 2021-02-01 | 2021-02-01 | 595.0 | 612.0 | 587.0 | 611.0 | | | |
| 2021-02-02 | 2021-02-02 | 629.0 | 638.0 | 622.0 | 632.0 | 0.03437 | 1.03437 | 1.03437 |
| 2021-02-03 | 2021-02-03 | 638.0 | 642.0 | 630.0 | 630.0 | -0.003165 | 0.996835 | 1.031097 |
| 2021-02-04 | 2021-02-04 | 626.0 | 632.0 | 620.0 | 627.0 | -0.004762 | 0.995238 | 1.026187 |
| 2021-02-05 | 2021-02-05 | 638.0 | 641.0 | 631.0 | 632.0 | 0.007974 | 1.007974 | 1.03437 |
| ... | ... | ... | ... | ... | ... | ... | ... | ... |
| 2021-12-24 | 2021-12-24 | 606.0 | 609.0 | 604.0 | 604.0 | -0.0033 | 0.9967 | 0.988543 |
| 2021-12-27 | 2021-12-27 | 604.0 | 610.0 | 604.0 | 606.0 | 0.003311 | 1.003311 | 0.991817 |
| 2021-12-28 | 2021-12-28 | 610.0 | 615.0 | 610.0 | 615.0 | 0.014851 | 1.014851 | 1.006547 |
| 2021-12-29 | 2021-12-29 | 615.0 | 619.0 | 614.0 | 616.0 | 0.001626 | 1.001626 | 1.008183 |
| 2021-12-30 | 2021-12-30 | 619.0 | 620.0 | 615.0 | 615.0 | -0.001623 | 0.998377 | 1.006547 |

224 rows × 8 columns

最後，要來讀入我們測試資料的結果檔案。原先我們就有當日報酬率的計算，要與買入持有策略用相同方式來計算報酬，所以也要對於 **reward** 欄位算出幾何報酬率。

```
rl_1 =pd.read_csv('1.csv')
```

首先，先把買入持有策略建立一個複製表 (**rl_2**)，把強化學習的資料 (**rl_1**) 放入這個複製表中，拿來比較看看差異，都是相同來源 ( 同一支股票、時間相同 )。

```
rl_2 = df_1.copy()
rl_2
```

Out:

| | TIME | OPEN | MAX | MIN | CLOSE | 日報酬 | 1+日報酬 | 相乘 |
|---|---|---|---|---|---|---|---|---|
| **TIME** | | | | | | | | |
| **2021-02-01** | 2021-02-01 | 595.0 | 612.0 | 587.0 | 611.0 | | | |
| **2021-02-02** | 2021-02-02 | 629.0 | 638.0 | 622.0 | 632.0 | 0.03437 | 1.03437 | 1.03437 |
| **2021-02-03** | 2021-02-03 | 638.0 | 642.0 | 630.0 | 630.0 | -0.003165 | 0.996835 | 1.031097 |
| **2021-02-04** | 2021-02-04 | 626.0 | 632.0 | 620.0 | 627.0 | -0.004762 | 0.995238 | 1.026187 |
| **2021-02-05** | 2021-02-05 | 638.0 | 641.0 | 631.0 | 632.0 | 0.007974 | 1.007974 | 1.03437 |
| **...** | ... | ... | ... | ... | ... | ... | ... | ... |
| **2021-12-24** | 2021-12-24 | 606.0 | 609.0 | 604.0 | 604.0 | -0.0033 | 0.9967 | 0.988543 |
| **2021-12-27** | 2021-12-27 | 604.0 | 610.0 | 604.0 | 606.0 | 0.003311 | 1.003311 | 0.991817 |
| **2021-12-28** | 2021-12-28 | 610.0 | 615.0 | 610.0 | 615.0 | 0.014851 | 1.014851 | 1.006547 |
| **2021-12-29** | 2021-12-29 | 615.0 | 619.0 | 614.0 | 616.0 | 0.001626 | 1.001626 | 1.008183 |
| **2021-12-30** | 2021-12-30 | 619.0 | 620.0 | 615.0 | 615.0 | -0.001623 | 0.998377 | 1.006547 |

224 rows × 8 columns

當然，也要來計算強化學習的報酬是如何，方式與前面所提到的買入持有策略方式相同。

```
rl_2['rl_reward'] = ''

for i in range(224):
  rl_2['rl_reward'][i] = rl_1.reward[i]

rl_2['1+rl 日報酬 '] = ''
for i in range(0,len(rl_2)):
  rl_2['1+rl 日報酬 '][i] = rl_2['rl_reward'][i]+1

rl_2['rl 相乘 '] = ''
a = 1
for i in range(0,len(rl_2)):
  a *= rl_2['1+rl 日報酬 '][i]
  rl_2['rl 相乘 '][i] = a
```

這時，買入持有策略與強化學習策略，在 **rl_2** 表格中，可以看出強化學習的報酬欄位出現多個 NaN 值，是因為我們要狀態有前 20 日後，強化學習才會有狀態來決定交易動作。

```
    rl_2
```

Out:

| | TIME | OPEN | MAX | MIN | CLOSE | 日報酬 | 1+日報酬 | 相乘 | rl_reward | 1+rl日報酬 | rl相乘 | |
|---|---|---|---|---|---|---|---|---|---|---|---|---|
| **TIME** | | | | | | | | | | | | |
| **2021-02-01** | 2021-02-01 | 595.0 | 612.0 | 587.0 | 611.0 | | | | 0.0 | 1.0 | 1.0 | |
| **2021-02-02** | 2021-02-02 | 629.0 | 638.0 | 622.0 | 632.0 | 0.03437 | 1.03437 | 1.03437 | 0.0 | 1.0 | 1.0 | |
| **2021-02-03** | 2021-02-03 | 638.0 | 642.0 | 630.0 | 630.0 | -0.003165 | 0.996835 | 1.031097 | 0.0 | 1.0 | 1.0 | |
| **2021-02-04** | 2021-02-04 | 626.0 | 632.0 | 620.0 | 627.0 | -0.004762 | 0.995238 | 1.026187 | 0.0 | 1.0 | 1.0 | |
| **2021-02-05** | 2021-02-05 | 638.0 | 641.0 | 631.0 | 632.0 | 0.007974 | 1.007974 | 1.03437 | 0.0 | 1.0 | 1.0 | |
| **...** | ... | ... | ... | ... | ... | ... | ... | ... | ... | ... | ... | |
| **2021-12-24** | 2021-12-24 | 606.0 | 609.0 | 604.0 | 604.0 | -0.0033 | 0.9967 | 0.988543 | -0.0033 | 0.9967 | 1.015126 | |
| **2021-12-27** | 2021-12-27 | 604.0 | 610.0 | 604.0 | 606.0 | 0.003311 | 1.003311 | 0.991817 | 0.003311 | 1.003311 | 1.018487 | |
| **2021-12-28** | 2021-12-28 | 610.0 | 615.0 | 610.0 | 615.0 | 0.014851 | 1.014851 | 1.006547 | 0.014851 | 1.014851 | 1.033613 | |
| **2021-12-29** | 2021-12-29 | 615.0 | 619.0 | 614.0 | 616.0 | 0.001626 | 1.001626 | 1.008183 | 0.001626 | 1.001626 | 1.035294 | |
| **2021-12-30** | 2021-12-30 | 619.0 | 620.0 | 615.0 | 615.0 | -0.001623 | 0.998377 | 1.006547 | NaN | NaN | NaN | |

224 rows × 11 columns

要來進行交易策略的畫圖比較了！先載入一下要使用的套件吧！

```
    import matplotlib.gridspec as gridspec
```

因為儲放策略的欄位資料型態不是數值，我們先進行調整，將這些資料轉變成數值類型。

```
    df_1[' 相乘 ']=pd.to_numeric(df_1[' 相乘 '])
    rl_2['rl 相乘 ']=pd.to_numeric(rl_2['rl 相乘 '])
```

來看看強化學習跟其他策略的報酬曲線變化，看看強化學習是不是有機會實現在交易股票上呢？藍色表示為買入持有策略，綠色表示為強化學習策略。

```
plt.figure(figsize = (10,6))
plt.title('', fontsize = 16)
df_1.相乘.plot(color = 'blue', linewidth = 1)
rl_2.rl相乘.plot(color = 'green', linewidth = 1)
plt.grid()
plt.xlabel('time', fontsize = 13) # X 座標名稱
plt.ylabel('return(%)', fontsize = 14) # Y 座標名稱
plt.legend(['buy&hold','RL_model'],  bbox_to_anchor=(1, 1));
plt.savefig(' 績效圖 .png') # 儲存圖片
```

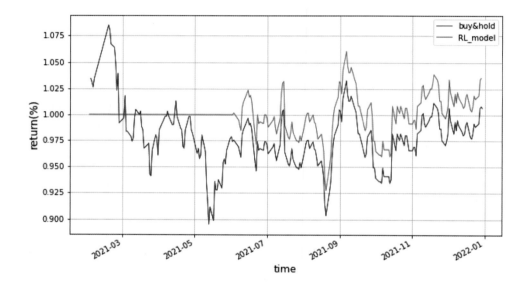

我們比較的基準為買進持有的策略。買進持有策略是另外一個常見的投資策略，就是買入並且持有到期末的方法，因為我們的強化學習策略會在中間買入跟賣出，所以也會想要去比較哪個策略的報酬會比較好。從上面的圖表來說，可以發現強化學習策略的期末報酬比較高，建議也可以去比較波動度，因為實際上交易時也會很看重策略的波動度，或是跟市場比較，像是台灣加權指數。

整體來看，可以看出強化學習在股票交易還是可行的，畢竟我們粗略的設計可以讓它有這樣的成效，表示說強化學習在股票交易應用是具有發展性的。在實務上，金融領域確實也有很多不同強化學習的應用。

因為**強化學習不容易收斂，在訓練模型時，很容易訓練結果不是很理想**。這時，直接捨棄現在的模型，從頭再重新訓練另一個模型吧！多訓練幾個模型後，選擇其中收斂比較好的模型存下來（如果錯過，這次訓練的模型就會消失）。接著，在把存下來的強化學習模型拿來測試或者優化它，基本上這章節著重在強化學習的理論執行，這邊的模型成效好壞還有很多可以調整或者更貼近實務喔！

## 41.6　踏上自己的冒險旅程

再提醒一次，最後一次的冒險，其實只是一次怎麼完成自己專案的示範，其實還有其他方式也能解決問題，千萬不意侷限自己的想法，多多去思考問題本身才是重點。在歷次的冒險中，相信你已有許多自己 AI 應用的想法。屬於你的時間來了，踏上自己的 AI 冒險旅程吧！

1. 先前所想過的問題中（包含之前冒險旅程的問題們），哪些可以換成使用強化學習的方式來處理呢？

# NOTE

## 本書範例檔案可用下列三種方式下載：

方法 1：掃描 QR Code

範例檔案-解壓縮密碼：06499007

方法 2：連結網址

原網址：

http://www.chwa.com.tw/CHWAtoS3.asp?misId=61745&dname=jrjgN20220829152517

短網址：https://tinyurl.com/y28r6xu3

方法 3：請至全華圖書 OpenTech 網路書店

（網址 https://www.opentech.com.tw），在搜尋欄位中搜尋本書，進入書籍
頁面後點選「課本程式碼範例」，即可下載範例檔案。

國家圖書館出版品預行編目資料

少年 Py 的大冒險：成為 Python AI 深度學習達人
的第一門課/蔡炎龍, 林澤佑, 黃瑜萍, 焉然編著.
-- 初版. -- 新北市 ： 全華圖書股份有限公司,
2022.09
　　面；　　公分
ISBN 978-626-328-296-4(平裝附光碟片)

1.CST: Python(電腦程式語言) 2.CST: 人工智慧
312.32P97　　　　　　　　　　　　111012853

# 少年 Py 的大冒險－成為 Python AI 深度學習達人的第一門課
## (附範例光碟)

作者／蔡炎龍 林澤佑 黃瑜萍 焉然

發行人／陳本源

執行編輯／王詩蕙

封面設計／戴巧耘

出版者／全華圖書股份有限公司

郵政帳號／0100836-1 號

印刷者／宏懋打字印刷股份有限公司

圖書編號／06499007

初版一刷／2022 年 9 月

定價／新台幣 580 元

ISBN／978-626-328-296-4 (平裝附光碟片)

ISBN／978-626-328-301-5 (PDF)

全華圖書／www.chwa.com.tw

全華網路書店 Open Tech／www.opentech.com.tw

若您對書籍內容、排版印刷有任何問題，歡迎來信指導 book@chwa.com.tw

**臺北總公司(北區營業處)**
地址：23671 新北市土城區忠義路 21 號
電話：(02) 2262-5666
傳真：(02) 6637-3695、6637-3696

**南區營業處**
地址：80769 高雄市三民區應安街 12 號
電話：(07) 381-1377
傳真：(07) 862-5562

**中區營業處**
地址：40256 臺中市南區樹義一巷 26 號
電話：(04) 2261-8485
傳真：(04) 3600-9806(高中職)
　　　(04) 3601-8600(大專)

歡迎加入 全華會員

● 會員獨享

會員享購書折扣・紅利積點・生日禮金・不定期優惠活動…等。

● 如何加入會員

掃 QRcode 或填妥讀者回函卡直接傳真 (02) 2262-0900 或寄回,將由專人協助登入會員資料,待收到 E-MAIL 通知後即可成為會員。

如何購買 全華書籍

1. 網路購書

全華網路書店「http://www.opentech.com.tw」,加入會員購書更便利,並享有紅利積點回饋等各式優惠。

2. 實體門市

歡迎至全華門市(新北市土城區忠義路 21 號)或各大書局選購。

3. 來電訂購

(1) 訂購專線:(02) 2262-5666 轉 321-324
(2) 傳真專線:(02) 6637-3696
(3) 郵局劃撥(帳號:0100836-1 戶名:全華圖書股份有限公司)
※ 購書未滿 990 元者,酌收運費 80 元。

OpenTech.com.tw 全華網路書店

全華網路書店 www.opentech.com.tw
E-mail: service@chwa.com.tw

※ 本會員制如有變更則以最新修訂制度為準,造成不便請見諒。

# 讀者回函卡

## 掃 QRcode 線上填寫 ▶▶▶

姓名：

電話：（　　）　　　　　　　手機：

e-mail：（必填）

生日：西元　　　　年　　　月　　　日　性別：□男 □女

通訊處：□□□□□

學歷：□高中・職　□專科　□大學　□碩士　□博士

職業：□工程師　□教師　□學生　□軍・公　□其他

學校/公司：　　　　　　　　　　　科系/部門：

· 需求書類：

□ A. 電子　□ B. 電機　□ C. 資訊　□ D. 機械　□ E. 汽車　□ F. 工管　□ G. 土木　□ H. 化工　□ I. 設計
□ J. 商管　□ K. 日文　□ L. 美容　□ M. 休閒　□ N. 餐飲　□ O. 其他

· 本次購買圖書為：　　　　　　　　　　　　　　　　書號：

· 您對本書的評價：

封面設計：□非常滿意　□滿意　□尚可　□需改善，請說明
內容表達：□非常滿意　□滿意　□尚可　□需改善，請說明
版面編排：□非常滿意　□滿意　□尚可　□需改善，請說明
印刷品質：□非常滿意　□滿意　□尚可　□需改善，請說明
書籍定價：□非常滿意　□滿意　□尚可　□需改善，請說明
整體評價：請說明

· 您在何處購買本書？

□書局　□網路書店　□書展　□團購　□其他

· 您購買本書的原因？（可複選）

□個人需要　□公司採購　□親友推薦　□老師指定用書　□其他

· 您希望全華以何種方式提供出版訊息及特惠活動？

□電子報　□ DM　□廣告（媒體名稱　　　　　　　　　　）

· 您是否上過全華網路書店？（www.opentech.com.tw）

□是　□否　您的建議

· 您希望全華出版哪方面書籍？

· 您希望全華加強哪些服務？

感謝您提供寶貴意見，全華將秉持服務的熱忱，出版更多好書，以饗讀者。

填寫日期：　　/　　/

註：數字零，請用 Φ 表示，數字 1 與英文 L 請別註明並書寫端正，謝謝。

2020.09 修訂

---

親愛的讀者：

感謝您對全華圖書的支持與愛護，雖然我們很慎重的處理每一本書，但恐仍有疏漏之處，若您發現本書有任何錯誤，請填寫於勘誤表內寄回，我們將於再版時修正，您的批評與指教是我們進步的原動力，謝謝！

全華圖書　敬上

## 勘　誤　表

| 書　號 | | 書　名 | | 作　者 |
|---|---|---|---|---|
| 頁　數 | 行　數 | 錯誤或不當之詞句 | | 建議修改之詞句 |
| | | | | |
| | | | | |
| | | | | |
| | | | | |
| | | | | |
| | | | | |
| | | | | |

我有話要說：（其它之批評與建議，如封面、編排、內容、印刷品質等・・・）